正解は一つじゃない 子育てする動物たち

齋藤慈子・平石界・久世濃子 編
長谷川眞理子 監修

東京大学出版会

Different animals, different solutions:
Comparative views on animal parenting
Atsuko SAITO, Kai HIRAISHI, and Noko KUZE, Editors
University of Tokyo Press, 2019
ISBN 978-4-13-063373-4

はじめに

子どもを育ててみて、驚いたことがあります。人類は有史以降、何千年も子どもを産み育ててきているはずなのに、未だに科学的に解明されていないこと、正しい方法はこれだ、と断定できないことがたくさんあるのです。逆に言うと、ヒトの子育てに唯一無二の正解はなく、ある程度の幅に収まる育て方であれば、子どもは問題なく育つ、個々の子どもによって正解は異なる、ということではないでしょうか。しかし、現代の子育てには、「すべし」が蔓延しています。少子化、核家族化が進み、幼い子どもと接する経験がほとんどないまま親となり、社会的なサポートも少なく、孤独な子育ての中で、今のお父さん、お母さんは、インターネット上にあふれる情報の中の無数の「すべし」に翻弄され、苦しんでいるような気がします。

本書は、そんなお父さん、お母さんたちに、いろいろな動物の子育てを眺めてみて、進化という視点から子育てをとらえなおしてもらうことを目的につくられました。動物の子育ては多様であり、完全に育児をしないという戦略を取るものもあれば、ひとりで子どもを育て、時には自分を犠牲にしてまで子どもを守るものもあります。同じ種だからといって、皆が同じ子育てをするわけでもなく、種内でも多様性があります。性別によって子育てへのかかわり方が違うものもあれば、同じ性別の個体でもその時々によって、異なるやり方をするものもあります。そういった子育てを見てみると、ヒトと似ていると思うこともあれば、信じられない！と思うこともあるでしょう。こういった子育ての多様性は、進化的な意味がある、つまり、個々の動物がいかに自分の遺伝子を次世代に残すかという課題を解決しようとした結果ととらえることができます（もちろん動物がそのような意識を持って行動しているわけではありませんし、すべての行動がこの理屈でうまく説明できるわけでもないのですが……）。

動物との比較や進化的視点からヒトの子育てを見ると、これまでは不思議としか思えなかったこと、たとえば、なぜ赤ちゃんは抱っこしてゆらゆらすると泣き止むのか、離乳が多くの場合大変なのはなぜか、きょうだいはなぜけんかするのか、といったことが理解できるのではないかと思います。動物の子育ての多様性を知ること、ヒトの子育てもそういった動物と共通の子育ての理論から理解可能であることを知ってもらうことで、私たちがとらわれがちな、子育てにおける「べき論」に振り回される必要はないんだ、と思っていただければ、本書の目的は達成できたと言えます。

この本は子育てのハウツー本ではありません。また、直接的に子育てのヒントを与える本でもありません。子育ての正解を求めている人には向かないかもしれません。ただ、ヒトを含めた動物の子育てとはどのようなものなのか、心理学、行動学、進化学に基づき、現時点でのできるだけ正確な科学的情報を伝えるようにしていますので、現在進行形で子育てをしているお父さん、お母さんだけでなく、動物好きの方にも楽しんでもらえるものとなっているでしょう。ヒトは社会的な生物ですが、このことが最も明白で重要となるのは、子育ての時であるとも言われます。つまり、ヒトは社会の中で子育てをする種だということです。ぜひ、子どものいない方にも、ヒトを動物という観点から見て、その子育てとはどういうものか、興味を持ってもらえればと思います。

本書は四部構成になっています。第I部は、動物の子育ての基本を伝える内容になっています。特に第1章は、進化的考え方の枠組みを紹介しているので、最初に目を通していただきたいと思います。第2・3章はヒトの子育て、第4章は生殖とは何かについて解説しています。第II部では、動物の子育てに共通するメカニズムや行動、葛藤について紹介します。最もメカニズムの研究が進んでいるラット・マウスの子育て（第5・6章）、離乳のタイミング（第7章）、両性による育児の意義（第8章）、親の働きかけと発達（第9章）などの話題が取り上げられます。第III部では、さまざまな子育てのあり方を紹介します。ワンオペ（第10・11章）に始まり、特殊な血縁社会での子育て（第12章）、父母での子育て（第13~15章）、近縁種内でも状況に応じて子育て方法が変わる（第16章）など、多様な子育てスタイルがあることを知っていただきたいのです。最後の第IV部では、動物たちの驚くべき姿を紹介します。身近なイヌ・ネコの子育て行動の進化（第19・20章）や、出産が母体に与える影響（第17章）、育児寄生（第18章）、重複障害児を育てたり里親になったり（第21・22章）など、雑学的にも楽しめるでしょう。

執筆は、自身も子どもを育てながら、動物の行動を研究している方々にお願いしました。各動物の専門家として、正確かつ最新の研究成果に関する情報を本文やコラムで提供していただくとともに、動物研究が子育てにどう役立ったのか、研究者としての子育てについてもエッセイでご紹介いただきます。読者のみなさんは、動物の行動の理論的なことも知っている研究者なら、スマートに子育てをこなしているのでは、と思うかもしれません。しかし、理論を知っているからといって簡単にいかないのが子育てです。子育て行動を当事者として実施するにあたり、試行錯誤をし、さまざまな喜び、驚き、不安や後悔を感じつつ、いろんな人に助けてもらいながら奮闘している姿をご覧いただけるでしょう。研究という世界で、具体的にどうやって子育てと仕事を両立させてがんばっているのかを垣間見ることは、多くのお父さん、お母さんの励みにもなるのではないかと思います。

編者を代表して　齋藤慈子

本書での基本事項

動物の名前がアルファベットで併記されていることがあります。種を同定するための、学名というものです。学名は、属名と種名からなり、ヒトなら *Homo sapiens*（属名の最初は大文字、斜体にするのが一般的）で、Homo 属の sapiens 種ということになります。生き物の分類は階層的になされ、近い種をまとめた分類名が属で、近い属をまとめたものが科（ネコ科などはよく耳にするでしょう）、近い科をまとめたものが目《もく》になります。さらに上の階層には、綱、門、界があります。ヒトは、動物界・脊索動物門・哺乳綱・霊長目・ヒト科・ヒト属・ヒトというように分類されています。

よく、ほ乳類、霊長類というように、「類」という語が使われますが（本書にも出てきます）、これはざっくり「たぐい」という意味で、綱や目の代わりに使われることが多いようです。また、亜科や亜種、という言葉も登場しますが、亜科は科の下に、亜種は種の下に置かれる階層を意味します（英語では sub-）。科ほど、種ほどは違わないけれども、分類できるという場合に用いられます。たとえば、種は基本的には交配ができない、あるいは交配できても生まれた子には子どもができない、というのが境界ですが、亜種間では交配が可能です。

子育てのしかたを左右する項目の一覧（表）でそれぞれの動物をイメージし、比べてみてください。

表　本書に登場する動物と子育てのしかたを左右する項目

動物名（登場順）	分類群	体長・体重	配偶形態	寿命	1回の産子／産卵数	ひとり立ちまでの期間	子殺し（記載なしは♂♀ともに）	子の死亡率
ヒト	哺乳綱・霊長目	150〜180cm・45〜90kg	一夫一妻〜一夫多妻	60〜80年	1子	15年	あり	少産少死
ラット	哺乳綱・げっ歯目	頭胴長25cm・♂300〜700g♀200〜400g	一夫多妻	3年（飼育下）	6〜14子	3〜4週間	あり	多産多死
マウス	哺乳綱・げっ歯目	頭胴長7cm・20〜40g	乱婚	2年（飼育下）	5〜10子	3〜4週間	あり	多産多死
ニホンザル	哺乳綱・霊長目	50〜65cm・♂10〜15kg♀7〜10kg	乱婚	20年	1子	2年	あるがまれ	少産少死
ハト	鳥綱・ハト目	30〜35cm・300〜600g	一夫一妻	15〜20年（飼育下）	2卵	2カ月	なし	少産少死
テナガザル	哺乳綱・霊長目	60〜70cm・5〜10kg	一夫一妻	40年超（飼育下）	1子	8年	なし	少産少死
オランウータン	哺乳綱・霊長目	♂130cm・75〜80kg　♀110cm・35〜40kg	乱婚	50〜60年	1子	6〜8年	なし（※飼育下で♀の育児放棄あり）	少産少死
トゲウオ	条鰭綱・トゲウオ目	10cm	乱婚	1〜2年	数百	5〜10日	あり	多産多死
アリ	昆虫綱・ハチ目	♂1cm　♀女王アリ2cm・労働アリ1cm	一夫一妻〜一妻多夫	女王アリ20年／ほか半年〜1年	不明	2カ月？	あり（栄養状態が悪化した際）	不明
マーモセット	哺乳綱・霊長目	20〜25cm・250〜450g	一夫一妻〜多夫多妻	15年（飼育下）	2子	6カ月	あり（♀のみ）	多産多死
ゴリラ	哺乳綱・霊長目	♂170〜180cm・200kg超　♀150〜160cm・80〜100kg	一夫多妻	40年	1子	3〜4年	あり（♂のみ）	少産少死
ペンギン	鳥綱・ペンギン目	体高40〜120cm	一夫一妻	10〜20年	1〜2個	2カ月〜1年	なし	少産少死
シクリッド	条鰭綱・スズキ目	数cm〜数十cm	さまざま	数年〜20年	数百個	数週間〜1カ月	あり	多産多死
ツキノワグマ	哺乳綱・食肉目	110〜130cm・♂60〜100kg♀40〜60kg	乱婚	25年（飼育下では30年超）	1〜2頭	1年半	あり	少産少死
ジュウイチ	鳥綱・カッコウ目	32cm・120g	不明（おそらく乱婚）	不明	1卵（年30卵）	1カ月	なし（※育児寄生）	比較的多産多死
ノラネコ（イエネコ）	哺乳綱・食肉目	頭胴長50cm・4〜8kg	乱婚	3〜5年（飼育下15年）	3〜6子	1.5カ月	あり（♂のみ）	多産多死
オオカミ／イヌ	哺乳綱・食肉目	体高80〜100cm・体重30〜80kg／体高15〜100cm・体重2〜100kg	一夫一妻／乱婚	5〜10年／8〜十数年	4〜6子／6子（年12子）	2年／10〜11週	なし	少産少死
チンパンジー	哺乳綱・霊長目	130〜140cm・♂40〜50kg♀30〜40kg	乱婚	40〜50年	1子	5〜6年	あり（♂のみ）（※飼育下で♀の育児放棄あり）	少産少死
イルカ	哺乳綱・鯨偶蹄目	2.5〜3.7m※ミナミハンドウイルカはやや小型	乱婚	40〜50年	1子	3.5年	あり（ハンドウイルカの♂・ほかは不明）	少産少死

目次

目　次

●本文イラスト――スソ　アキコ

I　まずは知りたい！

子育てといういとなみ

1 進化の中で子育てをとらえる

平石　界

1　親の役割とは何か

親の力は弱い？

親は子どもの成長にどの程度の影響力を持っているのでしょうか。親が子育てをがんばればがんばるほど、子どもはもっとすこやかで、もっと賢く、もっと豊かな人間性を持つよう成長するのでしょうか。ここに衝撃的な論文があります。その論文によれば、「賢さ」や「人柄」などに家庭環境が与える影響は、ごくごく小さいといいます（Turkheimer, 2000）。たとえば「ほにゃらら教育法」で三人の子どもを育てたとして、三人が揃いもそろって天才児・人格者に育つとは限らないというのです。

双子はなぜ似る／似ないのか

なぜそのようなことが言えるのでしょうか。先ほどの論文の主張は「行動遺伝学」という研究分野での数十年にわたる研究成果に基づくものです。その行動遺伝学における中心的な研究方法の一つが双生児研究です。その理屈を少し紹介してみましょう。

世の中には一卵性双生児と、二卵性双生児がいます。見た目がそっくりな二人はだいたい一卵性双生児です。似ているけど「そっくり」とは言えないね、となると二卵性双生児であることが多いです。それではなぜ二つのタイプの双生児で「そっくり度」が違うのでしょうか。一卵性双生児の二人は遺伝子が同じだから？　その通りです。顔のつくりには遺伝の影響が大きいので、遺伝子が同じ一卵性双生児の二人は見た目もそっくりになるのだと考えられます。もしも顔の造作に家庭環境（たとえば毎日の食事）が大きく影響するなら、二卵性双生児も見た目がそっくりになるはずです。

それでは顔以外のこと、たとえば双生児二人の「賢さ」や「人柄」のそっくり度を調べたら、どのようになるでしょうか。数十年にわたって研究が行われてきました。その結果、二卵性双生児の「賢さ」や「人柄」の類似度は、一卵性双生児のそれと比べると、ほどほどでしかない（普通のきょうだいと同じくらいにしか似ていない）ことが明らかになってきたのです。つまり、子どもの「賢さ」や「人柄」に、家庭環境が与える影響はかなり小さいようなのです。

正解は一つじゃない

それでは子育てに意味はないのでしょうか。そんなはずはない、と私たちは考えます。同時に、そんなにがんばりすぎる必要もない、とも思うのです。人間社会にも、放任から過保護まで、さまざまな子育てのスタイルがあることは、皆さんもご存じでしょう。人間以外の動物にまで目を広げた時、そのバリエーションはさらに広がります。さまざまな動物が、それぞれが置かれた場所で、それぞれのやり方で子育てをしています。誰にでも当てはまる、誰もが従うべき「子育てを成功させるたった一つの正解」などというものは存在しないようなのです。「そんなにがんばりすぎる必要はない」とは、そうした意味です。他方で、ヒトの親が子を愛おしく思うことが無意味とも言えません。ほかの動物の子育てを知ると、逆にヒトの子育ての特別さ、不思議さ、その意味が見えてきます。

本書では「子育てにはさまざまな姿がある。あって当然である」ということを「進化」という視点を軸に考えていきます。最初の章であるここでは、進化とは何なのか、進化の視点から子育てを考えるとはどういうことなのか、紹介したいと思います。

2　進化とは何か

自然が淘汰《とうた》する？

新聞やテレビ、ネットなど、さまざまな媒体で使われている「進化」という言葉は、しばしば本書で使う「進化」とは違うものです。本書では「自然淘汰による進化」について考えます。

「自然淘汰」とは何でしょうか。「淘汰」という日常あまり使わない熟語が使われていますが、もともとは selection という英語です。セレクション、つまり選別です。自然に選別される、といった意味合いが「自然淘汰」という言葉にはあります。

ある架空の病気を例に考えてみましょう。人間にはABO式血液型があり、誰もがA型、B型、AB型、またはO型のいずれかの血液型を持っています。どの血液型だからといって、人生が極端に困難だったり、逆に楽勝モードだったりということはありません（血液型で性格はわかりません、念のため）。ところがある日、A型の人だけが罹患し、そして患者は男女問わず不妊になってしまう「A型病」という不治の感染症が発生したと想像してみてください。世界はどうなるでしょうか。A型病にかかったからといって死ぬわけではなく、むしろ患者の健康状態は以前よりよくなるとします。しかしどれほど健康になり日々が充実していても、A型病患者は子孫を残すことがありません。そのためA型の人が産む子が減り、A型の遺伝子が段々と減っていくと推測できます。いずれ世の中からはA型と、そしてAB型の人もいなくなるはずです。これが自然淘汰による進化です（イラスト）。

少し整理してみましょう。現時点では血液型によって、環境への適応度に大きな差はありません。適応度とは、ごく簡単に言うと、生存確率と繁殖確率をかけ合わせたものです。しかしA型病が発生することで、A型遺伝子は環境に不適応な遺伝子となります。A型の人の生存確率は高くなる（患者は健康になる）ものの、繁殖確率がゼロになってしまうからです。そのため、いずれA型遺伝子は自然に淘汰（選別）されて消えていくことになります。世の中に残るのはA型病ウイルスに耐性を持つ、環境に適応した人々（B型、O型の人々）ということになります。自然淘汰による進化とはこのように、環境に適してないものの子孫が減り、適したものの子孫が増えていくことで、結果として、生物

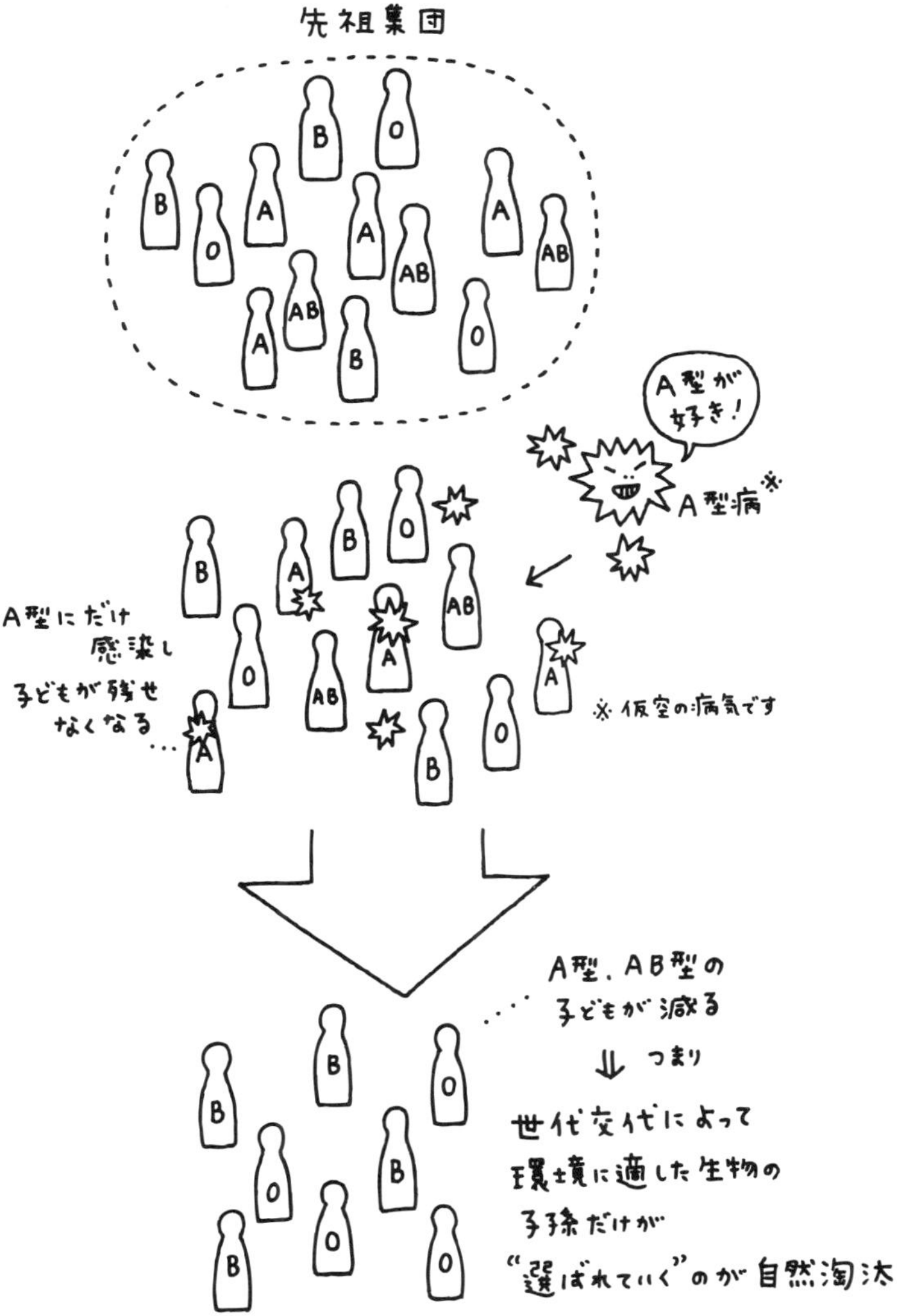
先祖集団
B
O
B
O
A
A
AB
A
AB
A
AB
B
O
A型が好き！
A型病※
A型にだけ感染し
子どもが残せなくなる……
※仮空の病気です
A型、AB型の子どもが減る
⇓ つまり
世代交代によって
環境に適した生物の
子孫だけが
“選ばれていく”のが自然淘汰

の集団（個体群）が環境により適した姿へと変化していくことを言います。

進化に「ゴール」はない

自然淘汰による進化には、何の「意思」も「目的」も介在しません。B型やO型の人が淘汰されないのは「A型病への抵抗力を身につけよう！」と考えて食生活を変えたり、血液を鍛え直したりしたおかげではありません。たまたまA型病にかかりにくかっただけです。同じことはA型の人々（何を隠そう筆者もそのひとりです）についても言えます。彼ら彼女らが淘汰されたのは、怠惰で努力を怠ったからではありません。たまたまにすぎないのです。誰も何も考えていないのに、結果的に、生物が環境に適した「よい」姿に変化してしまうのが、自然淘汰による進化なのです。

この点が、私たちがしばしばニュースなどで見かける「進化」と大きく異なる点です。スポーツ選手がインタビューなどで「もっと練習して進化していきたいです」などと言うことがあります。この「進化」は、何かのゴールをめざし、そこに到達するために計画を立て、意思を持って進んでいく変化をさしています。それに対し、自然淘汰による進化にはあらかじめ決められたゴールはありません。スポーツ選手の進化も、自然淘汰による進化も、どちらも生物の姿が変化していく過程を表した表現ですが、その中身は大きく違うのです。

自然なことは善いこと？

生物は、その暮らす環境に適した姿かたち、能力を進化させています。それでは、進化した姿は「よい」ものと言えるでしょうか。ここで「環境への適応としてのよさ」と「道徳的な善さ」を区別しておかねばなりません。本書で紹介する動物には、思わず眉をひそめてしまうような例も、逆に感心してしまうような例もあります。例えば第20章では、身近なある動物の父親の無責任な姿と、その近縁種の父親の（人間の目から見て）称賛に値する姿が紹介されます。しかし彼らの一方を「悪い父親」、他方を「善い父親」と評価することは控えなければなりません。

なぜでしょうか。「私たちからすると感心できないが、彼らの生き方では、それが善なのだ」という意見もあるでしょう。うっかり賛成してしまいそうな意見ですが、これも少し違います。このような論法で考えると、ある動物にとって「自然」なことは、道徳的にも善いことになってしまいます。それでは、病気で余命三カ月の人が三カ月後に亡くなるのは「善い」ことでしょうか。自然であることとイコール道徳的に正しいとしてしまうのは、いささか安直であることがわかります。

さまざまな子育ての例を知って、「こんなやり方があるのか！」「こんな手抜きもあるのか！」と驚いてほしい。そう私たちは考えています。しかしその時に、「この動物は道徳的に劣っている」とか、逆に「人間より道徳的だ」といった価値判断に飛びついてしまわないようにも、お願いしたいのです。

3　子育ての進化

なぜ子育ては大変なのか

進化とは環境に適した生物の子孫が増えていくことだ、と書きました。それでは、なぜ動物は子育てをするように進化したのでしょうか。この問いへの解答は一見簡単です。生まれてきた子を放置するよりも、手をかけて育てたほうが、子どもの死亡率が下がり、子孫が増えてよさそうです。しかし本当にそうでしょうか。世の中には子育てをほとんどしない生物もいます。たとえばアゲハチョウの父親からの子への関与は、交尾をするところまでです。母親も、子の食べ物のそばに産卵するくらいのことはしますが、そこまでです。はらぺこあおむしを見守って、りんごやいちごやアイスクリームを用意するわけではないのです。

アゲハチョウのような放任主義でも、子（幼虫）はきちんと成長します。それならなぜ、われわれヒトは手間暇をかけて子育てをし、夜三時間ごとに起きて赤ちゃんにミルクを与えているのでしょうか。その解答は第2章に譲るとして、ここでは進化から子育てを考える時に鍵となる点を紹介するにとどめましょう。それは子育てにかかわったことのある人ならば誰もが知っていることです。「子育ては大変」。これが鍵です。しかしなぜ子育ては大変なのでしょうか。考えてみると、それは親の持っている資源（時間、体力、財産など）が有限だからだということに気づきます。王侯貴族のように資源が潤沢にあれば、ずいぶんと子育ては楽になるはずです。しかし、現実の親の多くは、限りある資源をやりくりして、一方で自身の生命を維持し、他方で子どもを育てなければなりません。進化的視点から見れば、自身の成長や配偶にも資源を回す必要があります。

何にどれくらい手間がかかるか

何にどれくらいの資源を費やすか。ベストなバランスは、その動物の生活スタイルによって変わってきます。より手間暇がかかることには、より多くの資源を使わざるをえないからです。資源配分のベストなバランスを決める要因には、さまざまなものがあります。たとえば食べ物の種類です。手近で簡単に手に入る食料（たとえば草原の草）と、あちこちに散らばっている食料（森の中の果実）とでは、手に入れるための手間暇が変わります。肉食ならば手間はさらに大きくなるでしょう。加えて、もし子どもが大人と同じものを食べられないなら、途中まで消化してから与えるとか、全く違うかたち（ミルク）に変えてから与えるといった手間が増えます。食べ物によっては、探し方や取り方を子どもに学ばせる手間も必要となってくるでしょう。

同じくらい重要な問題として、自分たちが食べ物となってしまう危険性も無視できません。子が自分で身を守ることができないなら、親がそばにいて捕食者から守ってやる必要があります。親が狩りに出かける間、残された子の安全を確保するためには、安全な場所まで運んで隠す必要もあるかもしれません。いくら保護してもある程度は死んでしまうことが避けられないなら、たくさんの子を産む、という対抗策が進化することもあります。

個々の子にどれだけ手間をかけるのか、という問題もあります。たとえば、ある親が持っている資源の合計を五〇として、そのうち子育てに使えるのが一〇だったとしましょう。その一〇を子一人にすべて使うのと、二人に五ずつ使うのと、どちらがより多くの子孫を残すことにつながるでしょうか。一人にかける手間が五でも一〇でもその子の生存確率に大きな差がないのならば、二人に五ずつ配分するのが「正解」でしょう。しかし五から八に増やすことで大幅な効果があるならば、ほかに回す資源を削ってでも、二人に八ずつ合計一六の資源を子育てに使うのが、最適となるかもしれません。全く逆方向に、一人に〇・一ずつにして一〇〇の子を産むほうが、子孫の数という点ではよい場面もあるでしょう。同時に産む子の数だけでなく、出産間隔も同じような意味を持ちます。一年に何度も出産するのと、数年間隔で出産するのとでは、話がだいぶ違ってきます。

さらにややこしいことに、親にとってちょうどよいバランスと、子どもから見たそれは必ずしも等しくありません。親にとって「二人に五ずつ合計一〇がベスト」であっても、子からすれば「自分に一〇、弟に四がベスト」かもしれないのです。人間くさい話に聞こえるかもしれませんが、ヒトでもヒト以外でも理屈は同じです。

誰が子育てをするのか

こうして子育てにかけられる資源の量と、子どもにかかる手間の大きさが決まってくると、それを誰が負担するのか、という問題が立ち現れてきます。ひとり親で子育ての手間が十分にまかなえるとなると、父親と母親のどちらがそれを担うのか、夫婦の葛藤が生じます。両親のかかわりが必須な場合であっても、ズルして自分の負担を逃れようとする者が出てくるかもしれません。鳥類やほ乳類など、受精がメスの体内で生じる場合、オスからすれば、生まれてきた子が自分の子である保証は一〇〇パーセントではありません。父性が不確実ならば、オスは子育てへの投資に消極的になるかもしれません。

他方で、親以外の個体が子育ての負担を担うよう進化が働くこともあります。自然淘汰の説明をした時のＡ型病の話を考えると、淘汰されるのは「Ａ型の人」ではなく「Ａ型の遺伝子」だったことに気づきます。つまり進化で重要なのは、遺伝子を残していくことなのです。血のつながった子どもの成長を助けることで自分の遺伝子を増やせる可能性があるので、きょうだいや親戚が子育てに参画する場合も出てきます。

このように子育てには、その動物の暮らしがさまざまにかかわってきます。そこで各章ではまず、それぞれの動物について紹介することにしました。どれくらいの大きさの動物で、何を食べているのか。誰と誰が一緒に暮らしているのか（もしくは単独生活者なのか）。一度に産む子の数はどれくらいで、どのくらいの頻度で出産するのか。子どもの成長にどの程度の手間がかかるのか。そうした生き方をふまえてから、それぞれの動物の子育てを見ていきたいと思います。

「子孫を増やそうとか思ってない」

ここまで読んできて、自分は子どもがかわいいから子育てしているのであって、子孫を増やそうとか、ましてや自分の遺伝子を増やそうと思って子育てしているのではない。そう思った人も少なくないでしょう。その意見は正しいです。自然淘汰は、結果として子孫の数が増えてしまうような特徴や行動を進化させるのであって、個々の動物が何を考えているかは重要でないからです。身近にいる小さくてコロコロしていて、ギャンギャン泣くけれど、時にとろけるような笑顔を見せる存在。その笑顔を見たくてお世話してしまうことが、結果として子孫を残すことにつながっていれば、自然淘汰が働くのには十分なのです。甘いお菓子を食べることが、結果として栄養摂取につながるのと同じように。お菓子の「甘さ」や、赤ちゃんの「かわいらしさ」は、適応的な行動を引き出す「スイッチ」と言えるでしょう。

ところで世の中には、この「スイッチ」を利用する者がいます。人間の家には、しばしば見た目の「かわいさ」を武器に入り込んで寵愛を受けている、異種の動物がすんでいます。あれなど、その最たるものと言えるでしょう。寵愛する人の心は満たされても、子孫の数は増えないのですから（もちろんこの「侵入者」を「悪」と呼ぶのは安易な価値判断です）。第18章で同じ構造の話を紹介できるでしょう。

以上、「自然淘汰による進化」という視点から子育てを考える枠組み、ポイントを紹介してきました。抽象的な話が多かったかと思いますが、これからの章は具体的な例が満載ですので、心配ありません。さまざまな動物のさまざまな子育て話を、存分に楽しんでいただければ幸いです。

4　再び親の役割について

本章の冒頭で、家庭環境（たとえば「ほにゃらら教育法」）の効果は小さそうだ、という話を紹介しました。なぜそうなのか、それが何を意味するのか、最後に少し考えてみましょう。実は、公教育の整備が不十分だと、家庭環境が子どもの知的能力に大きく影響するようだ、という議論があります。学校での教育が不十分だから、家庭や親による差が出るということです。逆に言えば、「親のがんばり」による上乗せがほとんどないことは、公教育が十分であることを示唆します。そう考えると、親の影響力が小さいことは、嘆くことではありません。子どもの視点で見れば、特別な教育法を行う意思や余裕がない家に育っても、社会の中に学ぶ環境がきちんと用意されていることを意味するからです。私たちが「親」としてがんばるならば、そのがんばりの一部は、自分の子どもにではなく、そうした社会を作り維持していくことに向けられても、よいのではないでしょうか。

研究紹介コラム

おもしろそうと思うと次から次へと手を出してしまう性質で、いろいろと毛色の異なる研究をしてきましたが、本文からの流れで双生児研究を一つ紹介したいと思います。ある年に数百ペアの双生児協力者の方の指の長さを調べさせていただきました。眉につばをつけたくなるような話ですが、薬指に対する人さし指の長さの比（指比）は、平均すると男性のほうが短く、それは母親の胎内での性ホルモン曝露量の影響らしいと言われているのです。同じ年の調査で、研究グループの仲間が性的指向（異性愛指向・同性愛指向）を協力者にたずねていました。この二つをかけ合わせたのが性的指向不一致一卵性双生児ペアの指比研究です（Hiraishi *et al.*, 2012）。

遺伝的クローンである一卵性双生児の二人であっても、すべてが同じわけではありません。「どのような人を（性的な意味で）好きになるのか」という問題は、進化的視点から非常に重要な問題ですが、遺伝的に同一な二人の意見が異なり、一人が異性愛指向、一人が同性愛指向（または両性愛指向）というペアがいるのです。そして、そのペアの指比を比べてみると、非異性愛指向の女性は双子の姉妹よりも指が男性的、非異性愛指向の男性は兄弟よりも指が女性的だったのです。

このことは、一卵性双生児であっても胎内で異なる経験をしていて、その違いが二人の成人後の性的指向に影響している可能性を示唆します。もっとも性的指向が不一致だったのは女性で八ペア、男性四ペアだけですから、あまり大きなことは言えません。二〇一八年には英国の研究者が、女性では同じパターンが見られるが、男性ではそうでもないという論文も発表しています（Watts *et al.*, 2018）。もっとデータが集まったら、いずれすべての結果が否定されるかもしれません。それでも今のところは、遺伝子だけでは人生が決まらないことを示唆している研究として、個人的に気に入っています。

子育てエッセイ

子育てをしていて、つくづく「言うは易く行うは難し」と思います。本文では「家庭環境の影響力は小さい！」などと偉そうに書きましたが、自分自身が「親はなくとも子は育つ」と大きく構えて余裕の毎日を過ごしているかというと、そんなことは全くありません。娘も大きくなってきた（原稿執筆時で中学一年生）し、あまり具体的なことを書くと彼女への人権侵害となりかねない（何より本人からの抗議が怖い）ので避けますが、どこからどう見ても自分の性質が遺伝したとしか思えない彼女のさまざまな行動を見るにつけ、「家庭環境の効果は小さい。親が言って変わるものでもない」などという学会や講義での発言はどこへやら、ついいろいろと口出しをしてしまいます。面目ない……。

ところで私の専門とする心理学では、人間の心や行動にさまざまな非合理的な偏りがあることが明らかにされてきました。たとえば人間には、よく目立つ、印象の強い事象の確率を高めにとらえてしまうというバイアスがあります（Tversky & Kahneman, 1973）。飛行機事故と自動車事故で言えば、後者に遭う確率のほうがずっと高いのに、前者のほうが危険と感じてしまうといったことです。大学一年生の心理学入門で学ぶ内容で、自分も日頃からその罠にかからないよう注意し、心理学入門の授業をする時にも偉そうに説明してきました。ところがある日、論文を読んでいて愕然としたのです（Thomas *et al.*, 2016）。その論文曰く、「米国で子どもが誘拐される確率は年間〇・〇〇〇〇七パーセント。実質的にゼロである。誘拐に遭わないように子どもを車で送り迎えするほうがよっぽど危険である（意訳）」。すみません、女の子だから何があるかわからないと信じて疑わずに、せっせと送り迎えをしてきました。まだしばらくは、夜遅くはお迎えに行くと思います。たとえそれが非合理的と言われようとも……。

なかなか知識を実生活に活かせないままですが、娘がひとり立ちするまであと一〇年くらい、もうしばらく右往左往しながら子育てを楽しみたいと思っています。

さらに学びたい人のための参考文献

安藤寿康（二〇一一）：遺伝マインド　有斐閣

長谷川眞理子（一九九九）：進化とは何だろうか　岩波書店

マーカス、G／大隅典子（訳）（二〇一〇）：心を生み出す遺伝子　岩波書店

引用文献

Hiraishi, K. *et al.* (2012). The second to fourth digit ratio (2D: 4D) in a Japanese twin sample: Heritability, prenatal hormone transfer, and association with sexual orientation. *Archives of Sexual Behavior, 41(3)*, 711–724.

Thomas, A. J. *et al.* (2016). No Child Left Alone: Moral Judgments about Parents Affect Estimates of Risk to Children. *Collabra, 2(1)*, 10.

Turkheimer, E. (2000). Three laws of behavior genetics and what they mean. *Current Directions in Psychological Science, 9(5)*, 160–164.

Tversky, A., & Kahneman, D. (1973). Availability: A heuristic for judging frequency and probability. *Cognitive Psychology*. http://doi.org/10.1016/0010-0285(73)90033-9

Watts, T. M. *et al.* (2018). Finger Length Ratios of Identical Twins with Discordant Sexual Orientations. *Archives of Sexual Behavior, 47(8)*, 2435–2444.

2 ヒトという動物の子育て

蔦谷　匠

1　どんな動物？

二足歩行で脳の大きなおサルさん

ヒト（*Homo sapiens*）は、地球上の最も多様な場所に生息している「サル」（霊長類）です。顔の正面についていて立体的にものが見える目、親指とほかの指で何かをつかめる手、体重に対して大きな脳などは、いずれも霊長類に共通する特徴です。ＤＮＡの塩基配列の違いを調べても、チンパンジーと非常に近く、ヒトとチンパンジーの系統は五九〇万～七三〇万年前頃に分かれたと推定されています。ヒトは二〇万～三〇万年前のアフリカに誕生し、約六万年前以降、世界各地に広がって定着していきました。野生霊長類の多くは熱帯や温帯の森林に暮らしていますが、ヒトは海を越えて行き来し、衣服によって寒さをしのぎ、オーストラリアや北極圏にすらも分布を広げました。

直立二足歩行と、体重に対して特に大きな脳は、ヒトのユニークな身体的特徴です。直立二足歩行は五〇〇万〜七〇〇〇万年前くらいに開始され、だんだん洗練されたものになっていきました。よつんばいではなく、まっすぐ立って歩くことで、ヒトの祖先は森林を出て生息域を広げることができるようになりました。

直立二足歩行が完成した後、二五〇万年前以降に、今度はヒトの祖先の脳が急激に大きくなり始めます。脳の大型化を可能にしたのが、肉食と火の利用だったと考える研究者もいます。実は、日常的にこれほど動物の肉を食べる霊長類は、ヒトくらいしかいません。大型霊長類の主食である生の果実や葉と比べて、肉や火を通した食物は、消化吸収しやすく、得られるエネルギーも大きいことが知られています。腸は脳の次に多量のエネルギーを消費する器官ですが、消化吸収しやすいものを食べるようになれば、腸を短縮させて、消費エネルギーを節約できます。こうして生じた余剰のエネルギーを、大きな脳にまわすことができるようになったのです。

ゆっくり成長して長く生きる

ヒトはゆっくり成長して長く生きる動物です。ほかの霊長類の子どもは、離乳が終わると独立して自力で生きていくのに対し、ヒトの子どもは離乳後も大人に依存します。伝統的な狩猟採集や農耕に従事する人々では、自分で獲得するエネルギーが消費するエネルギーを上回るようになるのは一〇代中頃から二〇代前半で、それ以前には大人から食物の供給を受けて生きています。

一〇代の思春期になると、ヒトは急激に成長して大人の身体に変わっていきますが、これはヒト特有の現象です。思春期には体つきが女性／男性らしくなる二次性徴があり、生殖能力が獲得されますが、男女でその様相は異なります。ヒトの女の子は先に身体が成熟しますが、排卵サイクルが確立して繁殖可能になるのは数年後です。見た目は大人ですが、早すぎる妊娠のリスクを負うことなく大人の活動に加わり、後に繁殖を開始した時のための学習や経験を積むことができます。一方、ヒトの男の子は、生殖能力を先に獲得し、その後に身体が成熟します。見た目は子どものままなので、大人との競合を避けつつ、子孫を残すための競争にこっそり参入できるメリットがあります。

ヒトは、長い時間かけて成長し、学習や経験を積んだ後、長く生きてこの投資を回収していきます。昔のヒト社会では、乳幼児の死亡率が高いため、平均をとると寿命は短くなってしまうのですが、長く生きる人は長く生きていたようです。たとえば生活環境の厳しかった縄文時代でも、一五歳まで生き残れば、そのあと四割程度の人は六〇歳以降まで生き続けられたとする研究成果もあります。

ペアが集まって社会をつくる

基本的に男女がペアをつくり、長期間にわたって配偶関係を継続するのがヒトの特徴です。オスがハーレムをつくったり、交尾相手をころころ変えたりする種と異なり、ヒトでは、闘争の武器になるオスの犬歯（真正面から数えて三番目の糸切り歯）のサイズが小さく、精子を産生する精巣（陰嚢）のサイズもそこまで大きくありません。ヒトはペアをつくるため、メスをめぐるオスの身体闘争や交尾回数の競争が比較的ゆるやかなのがその理由です。

セックスに見られる特徴も、ヒトが基本的にペアを維持する種であることを示しています。発情期にのみ交尾する多くの霊長類と異なり、ヒトはいつでもセックスできます。また、女性がいつ排卵期にあるかは、行動や外見の特徴からはわかりません。妊娠可能な排卵期にある女性にのみアプローチする移り気な戦略がとれなくなり、確実に自分の子どもを残したければ、男性はペアをつくった女性と常に一緒にいる必要があります。女性のほうも、ペアをつくって男性をつなぎとめておくことで、子育てや外敵からの防御に男性の協力を得られます。繁殖のためだけでなく快楽のためにヒトが行うセックスには、こうした男女のペアを維持するはたらきがあると考えられています。

ヒトではさらに、ペアを基本とする単位が集まり、なわばりをつくって敵対することもなく、友好的に共存して大きな集団をつくります（しかし集団間ではかなり敵対的な闘争が起こることもあります）。ほかの霊長類は基本的に、集団のほかのメンバーの前でも平然と交尾を行います。しかし、ヒトは他者の目の届かない場所でセックスをします。ヒトでは、浮気を誘発することのないようにセックスが隠蔽されたのではないかとする説があります。

2　どんな子育て？

大変な出産

直立二足歩行と脳の大型化のため、ヒトの出産は特に難産です。腰やお尻の部分にある骨盤は、二足歩行を支える重要な部位であるとともに、その内側には産道が通っています。二足歩行に適応したヒトの骨盤では、産道が湾曲して中央部が狭くなっており、胎児の頭がぎりぎり通れるだけの幅しかありません。これ以上産道を広げようとすると、骨盤の脚のつけ根が離れていき、足を踏み出すたび体の軸が左右にぶれて、二足歩行のエネルギー効率が低下します。そのため、胎児の頭がかなり通りづらいにもかかわらず、ヒトはこれ以上産道を大きくできなくなりました。そして、ヒトの出産には命の危険がともなうようになり、医療の介入がない場合、出産によって母親が死亡する割合は一・五パーセントにのぼるとする報告もあります。その一方、四足歩行をするほかの大型霊長類ではこうした制約がないため、胎児の頭に対して産道のサイズはわりと余裕があります。

大きくかたい頭を通すため、胎児のほうにもヒト独自の特徴が見られます。ヒトの産道の入口は左右に幅広で、出口は前後に広くなっています。前後に長い頭を通すため、胎児は、産道の入口では頭を横に向け、中央部で九〇度回転し、出口では頭を後ろに向けて出てきます。そして幅広の肩を通すため、また回転します。また、頭の骨は複数のパーツからなりますが、胎児の段階ではそれらがまだ完全にはくっついていません。頭の形が少し変わることで、産道の通過の困難さをやわらげます。

新生児の顔の向きも問題になるという説があります。産道から出てきた新生児の顔は、ニホンザルなどの小型の霊長類では一般的に母親の腹側を向いていますが、ヒトでは背側を向きます。これは、胎児の頭の中でも最も大きくかたい後ろ側が、産道をどう通るかが異なるためです。新生児が母親の腹側を向いていれば、母親は頭を出した新生児をひっぱって取り上げることができます。しかしヒトのように背側を向いている新生児を母親がひっぱると、新生児はエビ反りする方向に曲がり、場合によっては脊椎を損傷してしまいます。このため、ヒトの出産では産婆や親類などの他者がつきそい、胎児がなかなか出てこない時には、母親に代わって取り上げてやる必要があります。しかし、ヒトに近縁なオランウータンやチンパンジーでも、新生児の顔は母親の背中を向いて出てくるという報告もあり、頭が背中を向くと他者のつきそいが必要になるという因果関係に疑問を呈する研究者もいます。

手のかかる乳幼児

ヒトの乳幼児はひときわ無力な状態にあり、子育てには手がかかります。ヒト以外の霊長類では、乳幼児は親の身体に自力でつかまり、眠っている時も離しません。しかしヒトの乳幼児は自力でつかまることができないため、誰かが抱っこしてあげる必要があります。生後しばらくは首もすわりませんし、寝かしつけなども必要です。

ヒトの乳幼児が特に無力なのは、脳が大型化したためと言われています。ヒトの祖先で脳が大型化し始めたのは直立二足歩行が完成した後だったため、胎児の段階で脳を成長させて大きくすると、もはや産道を通ることができなくなってしまいます（前節参照）。そのためヒトは、胎児のように未熟な状態で生まれ、生後しばらくは急速に脳を成長させることで、脳を大型化させるようになりました。たとえばチンパンジーやゴリラでは、五歳くらいまでに脳重量は出生時の二倍になって大人の大きさに達しますが、ヒトの脳重量は出生後一年で二倍になり、五歳くらいまでには三・五倍になって、よ

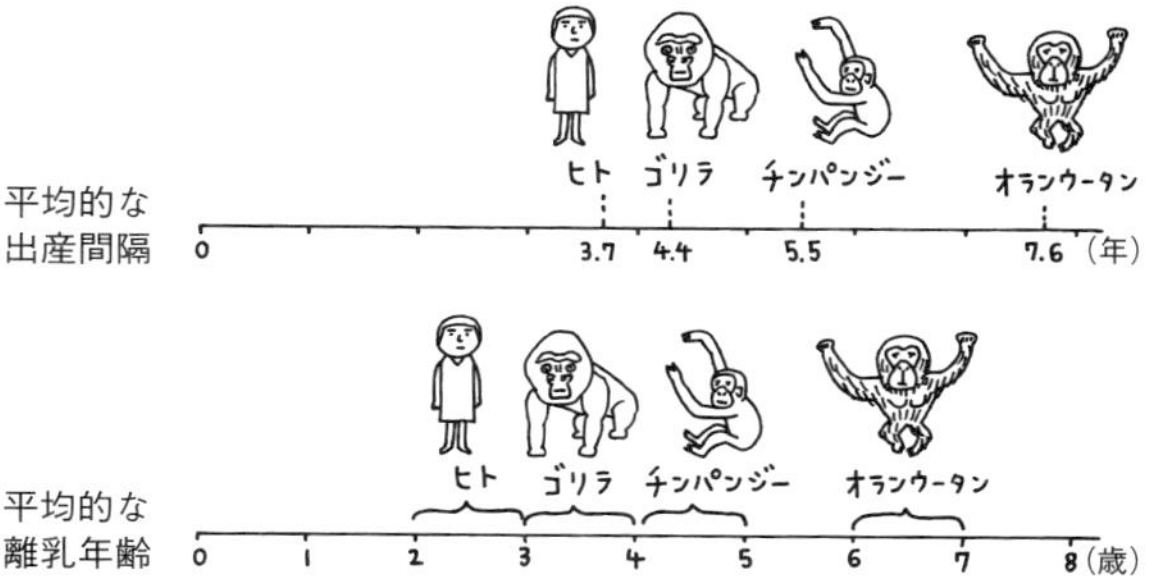

図2-1　ヒトおよび大型類人猿の平均的な出産間隔と離乳年齢

うやく大人の脳の大きさの約九〇パーセントに達します。

出生後もしばらくは脳の成長にエネルギーをとられるため、ヒトの乳幼児の身体の発達はゆっくりになり、大人に依存する期間が長びきます。安静時のヒトが消費するエネルギーのうち、脳の消費分は、ヒトの大人では二〇パーセント程度なのに対し、五歳以下では約三九パーセントから六六パーセントに達します。

しかし多産

難産で乳幼児には手がかかるにもかかわらず、ヒトは非常に多産な霊長類です。野生チンパンジー、ゴリラ、オランウータンの平均的な出産間隔はそれぞれ五・五年、四・四年、七・六年ですが、ヒト狩猟採集民では三・七年です（図2-1）。ヒトの出産間隔が比較的短く、短期間にたくさん子どもを産み育てられるのは、共同保育、子どもへの食物提供、早く柔軟な離乳のためです。

ヒトでは、母親以外の個体も子育てをよく手伝い、子育てのコストを母親から他者に分散させています。ほかの霊長類では、子育てをするのは母親ひとりという種がほとんどです。しかしたとえば、工業化されていない社会の複数のヒト集団を調べた民族学的な研究では、乳幼児に対する直接的な世話（食事、抱っこ、身づくろいなど）のうち母親が担当する時間割合は平均して五〇パーセント程度で、残り五〇パーセントは年上のきょうだいやおばあちゃんや父親が担っていました。母親以外の女性による授乳もヒト社会では広く見られ、調べられた約二〇〇集団のうち四七パーセントで観察されていますが、ほかの霊長類では、キンシコウやキツネザルや中南米の新世界ザルの一部でよく観察されるくらいです。

霊長類の中でヒトの女性にのみ明確な閉経が進化したのも、共同保育に関連があります。個人差はありますが、狩猟採集民の女性は一〇代後半から繁殖可能になり、二五〜三五歳くらいで繁殖力はピークに達し、五〇歳までには閉経して子どもを産めなくなります。女性にとっては、死ぬまで繁殖力を保ち自分の子どもを産み育てるよりは、中年以降は繁殖せず、血のつながった孫の子育てを手伝うほうが、ヒトの進化してきた環境では、結果的に多くの子孫を残せたと考えられています。実際、さまざまなヒト集団を調べても、特に母方のおばあちゃんが子育ての重要な協力者であることがわかっています。

ほかの霊長類とは異なり、ヒトでは、男女や子どもがそれぞれ獲得してきた食物を分かち合い、特に大人から子どもに積極的に食物を提供します。ヒト以外の霊長類でも母子間や大人間で食物を分配することはありますが、他個体が食物を取っていくのを黙認するという側面が強く、ヒトのように積極的に分け与えることはまれです。こうした特徴のため、ヒトの子どもはスキルが未熟で体力が弱くても、肉や根茎など、獲得が難しいけれども栄養価の高い食物を多く食べることができ、病気や怪我をして一時的に食物を獲得できなくなっても、飢え死にすることなく、回復し生きながらえることができます。

離乳が早く柔軟であることも、ヒトの多産な性質に貢献しています。授乳中は母親の体内で分泌されるホルモンの濃度が変化し、栄養条件がそこまでよくなかった場合、排卵サイクルが停止し、妊娠できない状態になります。そのため、出産間隔を短くするには、離乳を早める必要があります。しかし、ヒト以外の霊長類では、離乳が終わると子どもは自力で生きていかねばならないため、まだ独立できない状態で無理に離乳を早めると、子どもは餓死したり捕食されたりしてしまいます。一方ヒトでは、離乳後も大人が子どもに食物を提供するため、子どもの死亡率を増加させることなく離乳を早められます。また、授乳中は乳を出せる母親の存在が必要ですが、離乳が終われば、ヒトでは共同保育と食物提供によって、母親がいなくとも子どもを育てられるようになり、母親は時間やエネルギーを次の子どもの妊娠に割り振ることができます。こうした特徴のため、平均的な離乳年齢は、チンパンジーで四〜五歳、オランウータンでは六〜七歳ですが、工業化していないヒトの社会では二〜三歳と早くなっています（図2-1）。さらに、ヒト以外の霊長類の離乳年齢はそこまで融通のきかないものですが、ヒトの離乳年齢は柔軟で、全体の分布を見ると〇〜六歳といった広い幅があります。

このように、ヒトは、食物提供によって、子どもの死亡率を低下させ、条件に応じて早く柔軟に子どもを離乳させて出産間隔を短くできるようになりました。さらに、共同保育によって、子育ての負

担を母親以外にも分散させ（イラスト）、上の子どもがまだ独立していない段階で下の子どもを産み、手のかかる子どもを複数同時に育てられるようになったのです。

3　現代の子育て

長い時間をかけて進化してきたヒトの子育てに関する性質が、現代の社会・文化の状況とミスマッチを起こしている例があります。たとえば、二〇世紀になって子育ては核家族などのごく狭い関係に閉じられるようになりましたが、共同保育によって分散させていたコストや苦労が特に母親に集中し、虐待や自殺など、時に母子の命を危険にさらすほどのストレスがかかることになりました。また、帝王切開で産まれる子どもの数は世界的に増加し続けていますが、帝王切開で産まれた新生児は、膣を経由する際に獲得するはずだった、母親の持つ細菌の一部を受け継ぐ機会を失っており、免疫関連の疾患などにかかるリスクがわずかに増加することがわかっています。商業主義の粉ミルクが市場を席巻した結果、ヒトの早く柔軟な離乳が極端に走りすぎ、母乳のもたらす免疫的な防御を受けられずに亡くなる乳幼児が増加したという痛ましい過去もありました。進化によってヒトという動物の性質が生物学的に変わっていく速度より、ヒトをとりまく社会や文化の状況が変化する速度のほうが圧倒的に早いため、こうしたミスマッチが起こっています。

しかし、ヒトの生物学的な性質と食い違うからといって、こうしたミスマッチをすぐさま悪と断罪することもできません。帝王切開は危険な状況にある母子の命を数えきれないほど救ってきましたし、粉ミルクは親たちの心強い味方でもありましょう。現代の日本であれば、西洋医学や多種多様の公的・私的サービスを適切に活用することで、こうしたミスマッチから生じ得るリスクは無視できるほど小さくなります。

ヒトも長い進化の歴史を背負った動物であるという事実は、現代に生きる私たちの子育てに対して正解を指し示すものではなく、よりすこやかに子育てをするためのまた別な視点を与えてくれるものであると私は思います。人間にとっての常識や「当たり前」は、わずか数十年で変化し固定し、私たちの子育てを縛り制約します。何十万年という進化の時間の中でヒトが行ってきた子育ての原型を知り、現代社会の子育てがどのくらい同じだったり違ったりするかを考えることで、そうした束縛を一歩引いて冷静に眺めることができるのではないでしょうか。

研究紹介コラム

筆者は、質量分析などの自然科学的な手法を用いて、主に過去のヒトの授乳・離乳習慣について調べています。江戸町人の古人骨を分析した研究では、当時の子どもは三歳一カ月くらいまで授乳されていたことを明らかにしました（Tsutaya *et al.*, 2014）。江戸時代の医学書などには三歳くらいまで乳をあげるのがよいといった記述もあり、歴史学の研究成果とも矛盾しない結果でした。縄文時代の離乳年齢を復元した研究では、当時の子どもは三歳半くらいまで授乳されていたことを明らかにしました（Tsutaya *et al.*, 2016）。現代の感覚からするとだいぶ離乳が遅いように思えますが、母親の労働形態の変化や粉ミルクの普及のため、現代の工業化社会では一般的に授乳期間が短くなっています。

ヒトに近縁な霊長類の授乳や離乳にも興味を抱き、オランウータンやチンパンジーの離乳年齢も同様の手法で調べています。新しい方法の開発にも着手しており、タンパク質を網羅的に調べるプロテオミクス分析という手法を授乳や離乳の研究に応用したりもしています（Tsutaya *et al.*, 2019）。

子育てエッセイ

子どもが生まれてから、「大丈夫」という言葉に妙にひっかかりをおぼえるようになりました。他人から手助けの声をかけられた時、私たちはよく「大丈夫です」と応えるように思います。そのような時、本当に手助けがいらないこともあるのですが、多くの場合は、「手伝ってくれるならたしかにうれしいけれど、自分ひとりでやってできないこともないし、そんなことのために他人の手をわずらわせるのは申し訳ない……それに、もし万が一不測の事態が起きた時、相手を責めるくらいなら自分がすべての責任を負ったほうがいいし……うん、まあ、好意だけ受け取っておこう」という複雑な葛藤を、「大丈夫」という一言にまとめて、面倒な人間関係が生じうる恐れを締め出しているように感じてしまいます。

〇歳の娘を連れてふたりで外にいると、月齢の若いかわいらしさに惹き寄せられるのか、男性である私がひとりで子どもを抱えているのが頼りなく見えるのか、特に年配の女性からよく手助けの声をかけられます。ソファーを空けてもらって「ここに置きなさいよ」と言われたり、「抱っこしてもいい？」と訊かれたり。子どもとふたりでいると、小さな好意も本当にありがたいものです。しかし、やっと首もすわりかけたくらいの赤ちゃんのこと、万が一何かあったらどうしようという不安も脳裏をよぎります。自分が無理をすればひとりでできないこともないし、ここは「大丈夫です」と応じてしまおうかと考えが傾く時に、いつも、ヒトの進化のことが思い出されます。

ヒトは進化の時間の大部分を、（母）親以外の他者が子育てをかなりの程度手伝う共同保育者として過ごしてきました。しかし、核家族化が進行し、保育がサービス業となった現代日本では、多くの人にとって、他人の子どもを世話するどころか、まじまじと見つめるような機会さえ、そうめったにはないかもしれません。こうして大人のつくる社会から赤ちゃんとその（母）親は隔離され、赤ちゃんの存在に対する無理解と非寛容が社会に蔓延していくような気がしてしまいます。私の場合、妻も研究者であり、勤務地が神奈川と沖縄で離れているため、子どもを連れて長距離を移動することがあります。そうした様子を見た人に、「あちこち連れ回して赤ちゃんがかわいそう」と言われたこともありました。こうした発言も、悪意からではないにせよ、赤ちゃんとその母親はおとなしく家にこもっているべきだという窮屈な規範を無意識に体現したものであるように思います（とはいえ、ヒトとその祖先は何百万年間も遊動生活を送ってきたのだから、今さらそんなことを言われてもなあ……と思ったりもしましたが）。

現代の日本では、子どもにとっても、親と学校の先生以外の大人とはほとんど交流のないままに育っていくような状況になっているかもしれません。そうした限られた範囲の大人との関係が良好でなかった場合、子どもにとっては人間関係の閉塞感が大きなストレスになるでしょう。共同保育は、親と子どもの閉じられた関係を外に開き、子どもが広い世界に自分なりの居場所を見つけ出す助けになっていたかもしれません。

こうしたことを思いながら、ことあるごとに娘を外へ連れ出し、たとえ本当に手助けが必要なかったとしても、「大丈夫」という言葉をぐっと飲み込んで、「どうもどうも」なんて言いながら、見知らぬ他人の手助けに、積極的にわが子を委ねています。ここで私が拒絶してしまうと、手助けを申し出てくれた人が、次回本当に助けを必要としている人への申し出を躊躇してしまうかもしれませんし。そうしたささやかな試みが、異なる他者への理解と信頼を促進して、現代の日本社会に人間らしい血を通わせることになるといいなあと、妄想したりもしているのでした。

さらに学びたい人のための参考文献

ダイヤモンド、J／長谷川寿一（訳）（二〇一三）．人間の性はなぜ奇妙に進化したのか　草思社

ハーディー、S・B／塩原通緒（訳）（二〇〇五）．マザー・ネイチャー　早川書房

山極寿一（二〇一二）．家族進化論　東京大学出版会

引用文献

Tsutaya, T. *et al.* (2014). Stable isotopic reconstructions of adult diets and infant feeding practices during urbanization of the city of Edo in 17th century Japan. *American Journal of Physical Anthropology*, *153*, 559-569.

Tsutaya, T. *et al.* (2016). Isotopic evidence of breastfeeding and weaning practices in a hunter-gatherer population during the Late / Final Jomon period in eastern Japan. *Journal of Archaeological Science*, *76*, 70-80.

Tsutaya, T. *et al.* (2019). Palaeoproteomic identification of breast milk protein residues from the archaeological skeletal remains of a neonatal dog. *Scientific Reports*, *9*, 12841.

3 「母親」をめぐる大きな誤解

齋藤慈子

1 「三歳までは母の手で」のワケ

三歳児神話という言葉を、聞いたことがあるでしょうか。その定義は、「子供の成長・発達には、三歳までという幼少期の時期が非常に大切である。この時期は、母親の愛情が子に最適であり、母親は育児の適性を備えているので、産みの母親が育児に専念すべきである。母親が育児に専念しないと、将来子供の発達に悪影響を及ぼす」というものです（大日向、二〇〇一）。この子育て観は、すでに一九九八年の『厚生白書』で合理的根拠のない「神話」であるとされていますが、未だこのような考え方に意識的・無意識的にとらわれ、小さい子どもと離れて働くことに罪悪感を抱く母親は少なくないようです。本章では、母性神話、愛着理論といった三歳児神話の背景やその反例から、三歳児神話がいかに「神話」であるかを説明していきます。

三歳児神話がまことしやかにささやかれるようになった理由には、経済的・政治的背景があるでしょう。大正期以降、産業化にともない、サラリーマン家庭が出現しました。それまでの農業など一次産業が主流であった社会では、職住が近接していましたが、仕事と生活の場が分離し、主に男性が外に働きに出ることになり、結果「男は仕事、女は家事・育児」という性別役割分業が生まれました。高度経済成長期には、産業社会を維持発展させるため、この分業が合理的で効率がよかったのでしょう。その後、一九七〇年代の経済低成長期になると、保育所等の福祉予算削減の目的から家庭内保育の重要性が強調され、母親が育児に専念する生活が一般化したと言われています。

2　母性神話のウソ

三歳児神話の根底には、先の定義にもあるように、女性には生まれつき子どもを産み育てる「母親」としての性質が備わっているという考えがあります。これが母性神話です。しかし、母性神話自体、およそ四〇年も前から否定されています。

「母の手で」は産業化の結果

前述のように、産業化により、母親が家庭を支え子育てもひとりで担うようになりました。産業化以前の社会では、父親だけでなく多くの母親も農業や漁業などの仕事に従事していました。当然母親は手が離せないこともあり、そんな時は、赤ちゃんはエジコやツグラといったワラ製のカゴに入れておかれたり、ハイハイしたりして動き回るようになると、兵児帯を使って柱に結ばれたりしたそうです（谷口・柳田、二〇〇九）。二、三歳になれば近所の年上の子どもたちと遊び、その中で社会のルールを学んだと言われています（イラスト）。現代では、親が子どものイヤイヤに悩まされる時期ですが、そもそも親が一対一で子どもに対応する状況ではなかったのでしょう（川田、二〇一九）。昔は祖父母や親戚だけでなく、近隣の人たちとも密な関係があり、子どもはいろいろな人に面倒を見てもらっていました。つまり、母親ひとりで四六時中、乳幼児を見るような状況は、ヒトの長い歴史の中でごく最近になって現れたものなのです。それ以前の何百年、何千年の長きにわたる歴史の中では、「男も女も仕事、子育てはみんなで」が伝統だったと言えるでしょう。

「母は強し」は本当？——母親の生理的・心理的変化

ヒトの母親は、ほかのほ乳類と同様、子どもをお腹の中で育て、産み、乳を与えて育てますが、当然、そのようないとなみを支えるための生理的な変化が体の中で起こります。代表的なものとしては、ホルモンの変化でしょう（第5章）。特にここ数十年、注目を集めているのが、オキシトシンというホルモンです。もともとほ乳類では、出産の際、子宮を収縮させたり、母乳を絞り出すように胸の筋肉を収縮させたりする機能が知られています。脳内でも働き、母親の子育て行動をはじめ、社会的な行動や認知にも影響があることが知られるようになり、母子の心理的絆における役割も重視されるようになりました。母親ではこういった生理的変化が生じますので、心理的にも行動的にも、赤ちゃんに対して反応性が高まるなどの変化が起きることは想像に難くありません。

実際、母親は妊娠中に始まって、出産後数週から数カ月後まで、子どものことをたくさん考えるようになると言われます。精神分析家のドナルド・ウィニコットはこの現象を「原初的没頭」と呼びました。未熟な状態で生まれ、生存に他者の積極的かかわりが必須であるヒトの新生児の生存率を高めるためには、最も世話をする確率が高い存在である母親がそのような心理的状態になることは適応的なのでしょう。ほかにも、授乳により不安やうつ、ストレス反応といったネガティブな感情が軽減されるという報告もありますので、「母は強し」には、科学的にも裏づけがあると言えそうです。

母性だけ？　いや父性も

もし、「母は強し」、母性というものの根拠を、妊娠出産にともなう生理的・心理的変化に求めるとすれば、母性同様、父性もあってもおかしくありません。というのも、父親でも配偶者の妊娠・出産にともないホルモンの値が変化することが知られていますし、原初的没頭も、母親に比べ弱いながらも見られます。父親は授乳できませんが、子どもとかかわることでオキシトシンの濃度が上昇します。

また、子どもの主な世話役を担うと、父親にも母親と類似した、対乳児発話と呼ばれる高い声での話しかけや、ほほえみなどの行動が見られます。母親の存在・かかわりが子どもの発達に重要であるとされますが、父親の存在やかかわりも子どもの学業成績や情緒的発達に影響を与えるといいます(Flouri & Buchanan, 2004)。

このように見てみると、母親だけではなく、父親にも子育て能力の存在を認めたほうがよいでしょう(第Ⅰ部扉イラスト)。もちろん子育ての能力に個人差があるのは、母親も父親も同様です。

母性神話に反する事実

母性神話が本当であれば、そうはならないだろう、という事実もあります。実母による虐待は、その最たる例と言えるかもしれません。虐待とは行かないまでも、「子どもをかわいいと思えない」といった母親の子どもに対するネガティブな感情が問題視されがちですが、それは、共同保育で子育てするように進化してきている(第2章)にもかかわらず、周囲からのサポートを十分得られない状態で子育てをしている人たちの反応と考えることも可能です。また、育児不安という現象も、一九八〇年代頃から注目されるようになりました。実際に、専業主婦として育児に専念している人のほうが、仕事を持ちながら育児をしている人よりも、育児ストレスや、夫や子どもへのネガティブな感情が大きい傾向があるというデータもあります。この事実は、母性神話が「神話」であることを如実に表しています(柏木、二〇〇八)。

育児ストレスの原因──経験不足と女性のライフコースの変化

一九八〇年代頃に子育てを始めた世代は、核家族化した中で育った人たちです。自身が年下のきょうだいや近隣の子どもとかかわる経験が少なかったために、育児不安という現象が見られるようになったのでしょう（原田、二〇〇六）。

また、二〇世紀前半頃までの日本の女性の一生は、早くに結婚し、子どもを産み続け、最後の子を育て終わる頃に死ぬか、孫の子育てをして死ぬ、というものでした。しかし産業化以降は、少子化が進んでいます。医療の発展のおかげもあり、乳児の死亡率は格段に下がりました。子どもは「授かる」ものから「つくる」ものになり、親は少ない子どもを大切に育てる、少産少死社会となりました。長子出産から末子出産までの出産期間は、一〇年以上だったものが二～三年と短くなり、長子出産から末子就学までの期間のいわゆる子育て期間も二〇年近くだったものが一〇年未満へ短縮されました（原田、二〇〇六）。かたや寿命は延び、子育て終了後の期間が非常に長くなりました。母親業を勤め上げるだけでは、人生は終わらなくなったのです。

日本では、女性の就労率は年齢を横軸に取るとM字型となっており、谷のカーブが浅くなってはきたものの、結婚や出産でいったん離職する人が多いのが現状です。経験や知識、身近で支えてくれる人が少ない中、ひとりで子どもの相手だけをしていると、社会から隔絶された感覚に襲われ、子育て後の長い人生を思うと、育児ストレスを感じたり、現状・将来に不安を抱いたりするのは不思議ではないでしょう（柏木、二〇〇一）。

子育て観の多様性

そもそも、母親は自らの子どもを愛すべきである、という主張も、人類の歴史の中で普遍的なものではありません。狩猟採集民族の伝統的社会の中には、環境の厳しさによるのかもしれませんが、子どもが生まれたらまず育てるか否かを決める（つまり育てないという判断もあり、その場合は子どもが遺棄される）という文化もあります。

また、中世フランスでは、ある階級以上の家では、子どもは自分で育てないで里子に出すのが当たり前だったようです。二〇世紀前半のイギリス貴族も、子どもを嫌いだと公言し、日常的には子どもをそばに置かずに乳母や家庭教師に育てさせたといいます（ハリス、二〇一七）。日本でも江戸時代には乳母の文化がありました。さらに、育児書は、今では母親向けのものが多いですが、ヨーロッパでも日本でも昔は父親向けに書かれていたといいます。誰がどのように子どもを育てるのかは、時代や文化によって大きく変わりうるのです。

3 愛着の実態

愛着理論とは、精神科医ジョン・ボウルビィが提唱した理論で、子どもの精神的健康には、乳児が特定の人物に対して形成する特別な情緒的結びつきである「愛着（アタッチメント）」が重要だとするものです（ボウルビィ、一九九一）。愛着の対象人物と自分との関係についてのイメージが三歳頃に確立し、それがその子どもの他者との社会的関係のもととなり、成長後も社会性に影響を及ぼす、と考えます。三歳児神話の理論的背景の一つと言えるでしょう。子どもの発達には養育者との愛着の形成が重要だという事実は、疑う余地もないと思うかもしれませんが、それだけを絶対視すべきかどうかは、再検討されつつあります。

愛着理論の背景

愛着理論は、二〇世紀後半から広く知られるようになりますが、ボウルビィが理論を提唱するに至った背景の一つは、動物行動学者のコンラート・ローレンツが刷り込み（インプリンティング）という現象を報告したことです。アヒルなどのヒナが、孵化後一定時間内に見た動くものに接近欲求を持ち、追従するという現象です。未熟な状態で生まれるヒトにも、自分を保護してくれる対象を生後すみやかに認識、記憶し、近接を求めるという生得的な傾向があるとボウルビィは考えました。

二つ目の背景は、ルネ・スピッツによるホスピタリズムの発見です。ホスピタリズムとは、劣悪な施設環境で育った子どもたちが、気力・覚醒レベルの低さ、社会的反応および感情表出の欠落などを示すことです。第二次世界大戦により、孤児が増加しましたが、孤児院では、栄養状態、衛生状態には問題がないにもかかわらず、心身の発達が遅れ、二歳になる前に亡くなる子が多数いました。こうした心身の問題は、養育者とのコミュニケーション不足によるものだと考えられました。

三つ目の背景は、ハリー・ハーロウが行ったアカゲザルの代理母実験です。ハーロウは、出生直後の子ザルを母親から引き離し、布製と針金製の代理母を与えて育てました。ミルクが出る出ないにかかわらず、子ザルは布製の代理母にくっついていることが多く、また恐怖を感じた時には、布製の代理母にしがみついて安心感を得ようとしました。この研究結果は、それまでの、養育者との関係は生理的な充足（空腹を満たす）がもととなって形成されるという考え方を再考させるものでした。

これらの背景と、幼少期に親と別れるなどして十分な愛情を受けられなかった子どもたちが窃盗などの社会的問題を起こしているのを目撃した自身の経験から、ボウルビィは、幼少期における養育者との接触を含むかかわりが、子どものその後の発達に大きな影響を与えると考えるに至ったのです。

愛着のタイプとその要因

ボウルビィの共同研究者であるメアリー・エインズワースは、愛着が個人によって異なることを発見し、そのタイプの違いを測定する方法を開発しました。ストレンジ・シチュエーション法と言われるこのテストでは、一二～一八カ月の子どもを対象に、養育者との分離・再会場面を実験的に設けて行動を観察することで、愛着タイプを分類していきます。

子どもと養育者の間に形成される愛着のタイプは、以下の四つに分類されます。①養育者と分離してもあまり泣かず、再会時にも自ら近接を求めず、養育者を回避する回避型、②養育者がいる時は養育者を安全基地として積極的に遊び、分離時には泣くが、再会すると自ら身体接触を求め、しばらくすると安心して遊びを再開する、最も望ましいとされる安定型、③養育者がいても探索行動をあまり示さず、分離時に激しく泣き、再会時に身体接触を求めるが、容易に泣き止まないアンビバレント型、④再会時に顔を背けながら養育者に近づくなど、回避行動と接近行動が同時に見られたり、どっちつかずの状態が続いたりする無秩序・無方向型、です。

子ども、特に赤ちゃんにとって養育者の存在は必須ですが、養育者を選ぶことはできないため、養育者のかかわり方に応じて自身の接近の仕方を調整し、自らの安全であるという感覚を維持すると言われます。安定型では、養育者は子どもの出すシグナルに応答性が高いので、子どもは養育者を安全基地として活用し、世界を広げることができます。回避型では、養育者の応答性が低いため、子どもは効果のない愛着行動システムを使わない方略をとるとされます。アンビバレント型では、子どもは応答に一貫性がない養育者に対して、高めに愛着行動システムを活性化させるように行動するとされます。無秩序・無方向型では、養育者は、抑うつ傾向が見られたり、不安定であったり、虐待をしている場合もあり、子どもにとって愛着の対象かつ恐怖の対象となっているとされます。

つまり、子どもはとても柔軟なのです。実際、双生児研究（第1章）によれば、おしなべて行動・心理的特徴の個人差には遺伝の影響が大きいのですが、乳児期の愛着のタイプの個人差に関しては遺伝の影響が例外的に小さく、家庭環境の影響が大きいとされます。養育者という環境に応じて、自身もふるまいを変えているといえるでしょう。

愛着理論の再考

ここまであえて愛着の対象を「母親」と書かずに「養育者」としてきました。愛着の対象は「母親」に限定されません。ボウルビィ自身も、子どもの精神的健康に「母性的」愛情が不可欠だとしつつも、母性的養育者は必ずしも一人でなくてはならないとは言っていません。子どもは母親以外の人物に対しても愛着を形成し、母親、父親、保育者、それぞれに異なるタイプの愛着を形成するという報告もあります（高橋、二〇一九）。

幼少期に形成された愛着が、成長後もその人の社会性に影響を与えているかも定かではありません。仲間との社会的関係は母親との愛着のタイプでは決まらないという報告もありますし、愛着のタイプも、成人後も不変な人もいれば、そうでない人もいます（高橋、二〇一九）。共同保育をするというヒトの子育ての特徴や、子どもの柔軟性を考えると、初期の養育者のみとの関係性がその後の人生をすべて決めてしまう、と考えるほうがおかしいかもしれません（ただし、虐待については、その後の子どもの発達に重大な影響を及ぼす恐れがあることは言うまでもありません）。

4 母親が専念して育てなかったら？

保育所での育ち

多くの人が気になるのは、子どもが小さい頃に母親が働いていたら、母親が育児に専念していた場合に比べ悪影響があるのか？ということでしょう。実は悪影響がある、という決定的事実はありません。保育所に子どもを預けることの影響は、日本でも海外でも調査されていますが、発達、認知、社会性、行動上の問題や学業成績といった面では、母親の就労の有無で違いはないといいます。アメリカの縦断研究では、たしかに保育所に長時間預けられている子で攻撃性が高くなるという報告もありますが、保育所に預けられていることよりも、子どもの気質や家庭の経済・学歴レベルのほうが影響力が大きいとのことです（NICHD, 2006）。

逆に保育所に預けることのポジティブな効果も報告されています。母親が就労している家庭の子どものほうが身体的、社会的な発達が進んでいるという報告や、保育を受けていることで、先の報告とは逆に、後の攻撃行動が低減するなどの報告もあります。もちろんどのような保育環境かということが大切ですし、その影響も保育の内容によってさまざまです。また、思春期以降の長期的な影響については、まだ十分わかっていません。しかし、質の高い保育を受けることで、子どもの認知能力や社会性の発達に、少なくとも短期的にはよい効果があることがわかってきています（Pianta *et al.*, 2009）。

母親だけいても……、仲間がいれば……

最後に、極端ではありますが、母親がいても仲間がいなければ育たない、母はなくとも子は育つ、という例を紹介したいと思います。愛着理論の背景ともなったサルの実験をしたハーロウですが、彼らは、同年代のサルと遊ぶ機会なく母親に育てられたサルと、母親はいないが同年代のサルと一緒に育ったサルの社会行動を比較しています。すると、母親がいても仲間がいなかったサルは、性的な行動や遊び行動をうまく取れなかったということです。

さらに、こんな逸話もあります。ナチスの捕虜となったユダヤ人の子どもの中には、親を亡くし、また特定の大人とも継続した関係を持つことができなかったけれども、救出まで子ども同士で一緒に過ごすことができた人たちがいました。その人たちの成人後の発達には問題がなかったとのことです。つまり、仲間は時に養育者の代わりにもなるということかもしれません（ハリス、二〇一七）。安定した主たる養育者がいないという状況がよいことだとは思えませんが、一人の主たる養育者だけが大切だと考える必要はない、ということでしょう。

以上のように、母親の愛情は子に最適で、母親は育児の適性を備えているというのは、必ずしも正しいわけではありません。産みの母親が育児に専念することによって、弊害が生じることもあります。母親が育児に専念しないと、将来子どもの発達に悪影響を及ぼすことを示す証拠もありません。親が子育てを放棄してよいということでは全くありませんが、母親ひとりががんばるべきだ、母親であれば育児に専念すべきだ、という「べき論」は捨ててしまってかまわないでしょう。

研究紹介コラム

赤ちゃんや子どもはかわいい、当然のことのように思うかもしれません。しかし私自身は、自分の子どもが生まれるまでは、子どもがかわいいと思ったことはほとんどありませんでした。それはなぜなのか、生き物としてまずいのではないか、という疑問が研究のモチベーションの根底にありました。

赤ちゃんの顔は、大きな目やふくらんだ頬といった、ベビースキーマと言われる特徴を持つため、大人はかわいいと感じ子育て行動が引き出される、とローレンツは指摘しました。しかし、世話の必要量や幼さが、かわいいという感覚や子育て行動を引き出すわけではないということがわかってきています。ヒトの新生児は非常に未熟な状態で生まれてくるため、多大なる世話が必要ですが、新生児期は一歳前後の頃に比べるとかわいいと感じられません。大学生に聞いても、子ども好きか否かで「かわいさ」の評定には差があります。それでも母親は世話をしたいと感じます。

昨今の子育てのしにくさの大きな要因として、世間が子どもに冷たい、つまり万人が子どもをかわいいとは思っていないことが考えられます。さまざまな大人の子どもに対する感情とその要因を明らかにすることで、子育てしやすい社会づくりに貢献できないかと考えています。

子育てエッセイ

長男は生後二カ月、次男は四カ月で保育園に入りました。まだ人見知りも始まっていなかったので、預け始めはスムーズでした。保育士さんも彼らの愛着の対象となり、保育園に預けること自体で苦労することは比較的少なかったと思います。次男などは、休みの日に「○○（担任の先生）はどこ？」と私に聞いてきて、少しさみしい思いをすることもありました。

子どもが保育士さんに愛着を形成するのは、保育士さんからの適切なかかわりがあるからこそと言えます。現在も次男は保育園に在籍しており、担任の先生は代わりましたが、担任以外の保育士さんからも、愛情を存分に受けていることを実感しています。保育士さんは、血がつながっているわけでもなく、同じ生活共同体に属しているわけでもないのに、子どもの世話を喜んでしてくれる、進化的観点から見ても非常に特殊かつありがたい存在です。そして、大人と子どもの比率は保育の質にとって大切だと言われますが、子ども一人ひとりを細やかに見てくれていることが、子どもの日々の生活の質を上げていると思います。

また、愛着のことを考えると担任の先生はずっと同じ人がよいと思うかもしれませんが、先生が代わるメリットもあります。実際に保育士さんから聞いたのですが、子どもたちは以前の担任の先生とも信頼関係を築いているので、現在の担任の先生だけでなく、以前の担任の先生も子どもにとって頼れる存在となりうるのです。もちろん短期間で先生がコロコロ代わるのはよくないでしょうが、乳児の保育に関しても、一人ではなく複数の先生が担当することで、子どもは安全基地を複数持つことができると考えられます。保育士に限らず、母親以外との愛着関係の形成は、母親に万一何かあったときのリスク回避にもなるでしょう。

子どもたちは、卒園後も時折園を訪ねたり、同期で集まったりということがあるようです。ハイハイしているような時から一緒に成長することは、お互いの絆の形成や社会性の発達によい影響を与えてくれると思います。長男は引っ込み思案で、小学校入学の際には友達ができるか親としてはとても心配でした。しかし卒園の際に、一歳から三歳まで担任だった先生が、「大丈夫。友達を信頼する力は育っているから」と言ってくださいました。その言葉どおりに、親の予想を裏切って、長男はすぐに友達をつくってくれました。その社会性を育んでくれた保育園の環境には感謝の念が絶えません。

さらに学びたい人のための参考文献

ハリス、J・R／石田理恵（訳）（二〇一七）：子育ての大誤解（上・下）　早川書房
高橋恵子（二〇一九）：子育ての知恵　岩波新書
大日向雅美（二〇一五）：増補　母性愛神話の罠　日本評論社

引用文献（参考文献を除く）

ボウルビィ、J／黒田実郎ほか（訳）（一九九一）：母子関係の理論1　愛着行動（新版）　岩崎学術出版社
Flouri, E. & Buchanan, A. (2004). Early father's and mother's involvement and child's later educational outcomes. *British Journal of Educational Psychology, 74*, 141-153.
原田正文（二〇〇六）：子育ての変貌と次世代育成支援　名古屋大学出版会
柏木恵子（二〇〇一）：子どもという価値　中央公論新社
柏木恵子（二〇〇八）：子どもが育つ条件　岩波書店
川田学（二〇一九）：保育的発達論のはじまり　ひとなる書房
NICHD Early Child Care Research Network (2006). Child-care effect sizes for the NICHD study of early child care and youth development. *American Psychologist, 61*, 99-116.
大日向雅美（二〇〇二）：三歳児神話とはなにか　助産婦雑誌、第五五巻第九号、七四九―七五三頁
Pianta, R. C. *et al.* (2009). The effects of preschool education. *Psychological Science, 10*, 49-88.
谷口綾子・柳田穣（二〇〇九）：子育て時の外出環境の歴史的変遷に関する一考察　土木計画学研究・講演集（ＣＤ-ＲＯＭ）、第三九巻

4　卵子・精子・生殖にまつわる不思議

藤原摩耶子

1　いのちをつなぐ

無性生殖と有性生殖——オスとメス

この地球には、さまざまな生物が存在しています。すべての生物には、長短はあるものの必ず寿命があります。しかし、親から子へと新しいいのちをつくり続けることで、生物は種として生き続けてきました。もし新しいいのちをつくり出すことができなければ、生物は種として生き残っていけません。つまり子どもをつくり出すこと、「生殖」はあらゆる生物にとって最も重要な行動とも言えます。

生殖には大きく分けて二つの種類があります。無性生殖と有性生殖です。無性生殖はより原始的で単純な生殖方法で、バクテリアや原生生物で用いられる、体がちぎれて増える分裂などによって子どもをつくり出す方法です。一方で有性生殖は、多細胞生物のほとんどで行われる、性別があり、雌雄異なる遺伝子を混ぜて子どもをつくり出す生殖方法です。動物における卵子と精子による受精や、植物におけるめしべとおしべによる受粉もこれにあたります。

無性生殖は自分の体が分裂して子どもをつくるので、相手を探す必要もないため、スピーディーに自分と全く同じ遺伝子の子を増やすことができます。一方、有性生殖の場合、子どもをつくるために相手を見つけなければならないため、増殖スピードは無性生殖に劣り、子どもをつくっても自分とは遺伝的に約半分は違った子どもができます。ほとんどの生物は、「種の存続のため」ではなく、自分自身の遺伝子を残すために子どもをつくっている（利己的行動）と考えられています。その意味では、無性生殖に比べて有性生殖は非効率的に見えます。ではなぜ、実際には地球上の多くの生物にオスとメスがいて、有性生殖を行っているのでしょうか。

自分と全く同じ遺伝子の子を増やす無性生殖は、言い換えると遺伝的多様性が全くないということを表しています。そのため、特定の環境では適応して急速に数を増やせても、環境の変化や病気によって一気に死んでしまう可能性があります。また、偶然に遺伝子に変化（突然変異）が起こったとしても、その遺伝子が子に受け継がれてしまうため、悪い変化もそのまま伝わってしまうというのもデメリットです。その点、有性生殖は相手と共同で自分とは異なる子をつくることで、さまざまな遺伝子を持った子孫を残すことができます。これにより、種として多様性を生み出し、さまざまな環境に適応できる力を持ちました。私たちヒトを含めた動物は、ほとんどがこの有性生殖によって子どもをつくり、多様ないのちをつなげてきたのです。

いのちの始まり――卵子と精子による受精

動物における有性生殖は、ほとんどがオスとメスに体が分かれていて、メスの体でつくられる卵子と、オスの体でつくられる精子が合体（受精）するところから始まります。まれにミミズのように、オスとメスの両方の性質を持っている動物もいますが（雌雄同体）、自分だけで生殖を行うことは滅多になく、別の相手と交配することが普通のようです。前述のように、多様性を持つことが有性生殖のメリットと考えると、納得できます。ほ乳類では、卵子と精子は雌雄それぞれの体の中でつくられ、受精した後、受精卵が母親の子宮に着床、そして胎児として成長し、出産によって子どもが誕生します。このプロセスがほ乳類がいのちをつなぐ、生殖活動です。卵子と精子は動物がいのちをつなぐのに必要な「いのちのもと」とも言えます。

卵子と精子は、姿かたちも、受精における役割も異なります。卵子は、受精後の成長を助ける栄養をたっぷりと蓄えた、体の中で最も大きな細胞で、ミトコンドリアなどの細胞内の小器官の多くは受精後も受け継がれます。卵子はわずかな数だけが受精できるまでに成長し、精子が来るのを待っています。一方、精子は、小さくて尾を持つ運動能力のある細胞です。射精時には非常にたくさんの精子が卵子をめざして自力で進んでいきます。そして一つの精子が卵子に到達・侵入すると、他の精子は侵入できないように卵子にバリアができます。こうして一つの精子と一つの卵子による受精が完了します。ほ乳類の子どもの性別は、この時の精子の持つ性染色体がYかXかで決まります。親の意思でどちらの性染色体の精子が受精に使われるかを体内で意識的にコントロールすること、いわゆる「産み分け」は、どの種でも科学的に証明されておらず、性別は運命的に決まります。

動物はほ乳類だけを見ても、体の大きさや見た目はさまざまですが、どの種も卵子と精子の見た目にはそれほど大きな差はありません。そして、わずかな数の大きな卵子と多数の運動能力のある精子、という構図もほとんど同じです。いのちの始まりは大まかにはどんな種でもほとんど同じなのです。

2　いのちのもとができるまで

始まりは始原生殖細胞

卵子と精子がメスとオスそれぞれの体でつくられるようになること、つまり子どもを産む能力を持つことを、性成熟と言います。一見、いのちの誕生には、性成熟後の大人のみがかかわっているように思われます。しかし、実は将来卵子や精子になる細胞（生殖にかかわる細胞、「生殖細胞」）はずっと小さいうちから、母親の体の中にいる胎児の時からつくられ始めています。しかもその始まりの際、全く姿の異なる卵子と精子になる細胞は、始原生殖細胞という同じ姿をしています（イラスト）。もっと言えば、体のすべての細胞は、受精卵という一つの細胞から生まれます。いのちのもとである卵子と精子は、同じ一つの細胞から、長いプロセスを経てつくられているのです。

受精卵は一つの細胞から細胞分裂をくり返し、やがて内部に空洞を持った胚盤胞になり、母親の子宮に着床します（図4-1）。受精卵が胚盤胞になると、細胞に役割分担が生まれます。胚盤胞の外

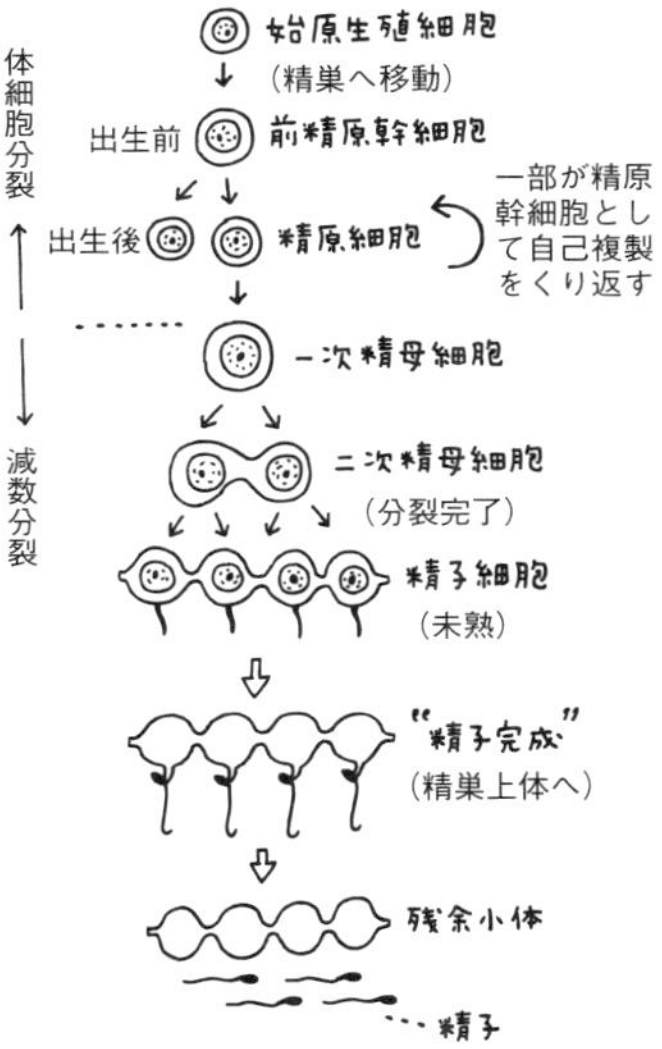

精子ができるまで

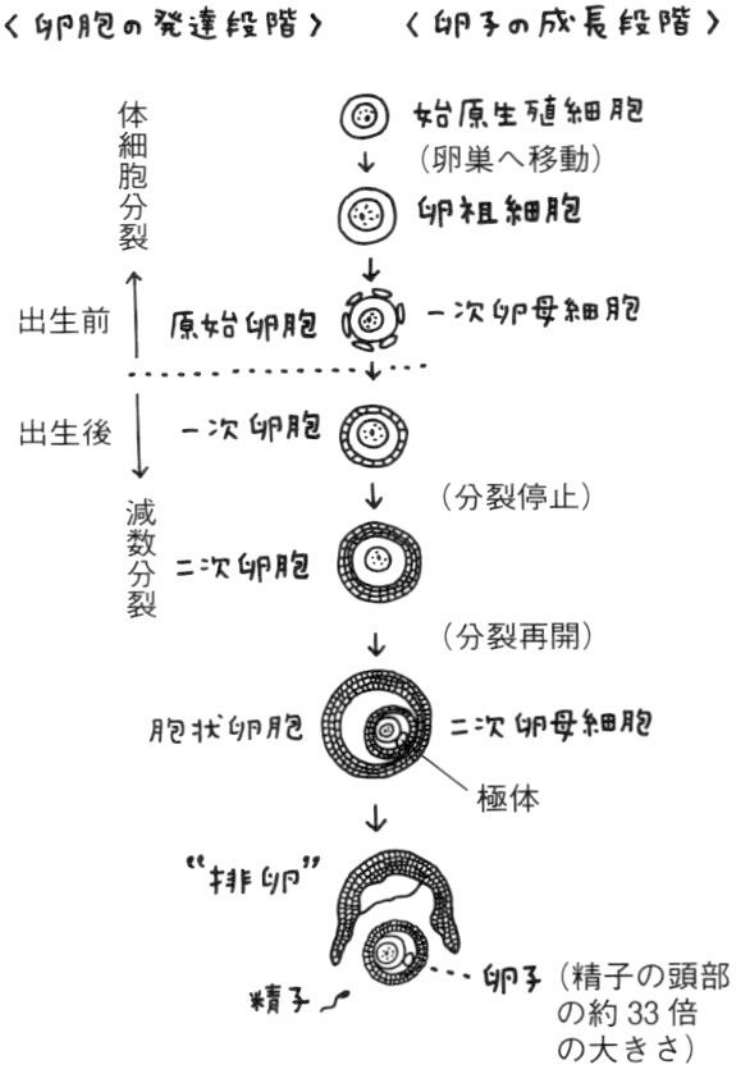

卵子ができるまで

側の細胞（栄養外胚葉）は胎盤など、胎児の体の外側の組織をつくります。一方、胚の内部にできた細胞（内部細胞塊）は、体のさまざまな機能を持った細胞・器官に変化（生物用語では「分化」と呼びます）します。その一つが精子と卵子のもととなる始原生殖細胞です。

始原生殖細胞以降、卵子と精子は異なる歩みでつくられていきます。受精の際、ほんのわずかな数の卵子が使われる一方、精子は一つの卵子につき一つだけが受精するにもかかわらず、毎回莫大な数が交配に使われます。同じ始原生殖細胞から始まっていても、なぜ卵子と精子は全く違った数で受精にのぞめるのでしょうか。そのひみつはつくられ方にあります。

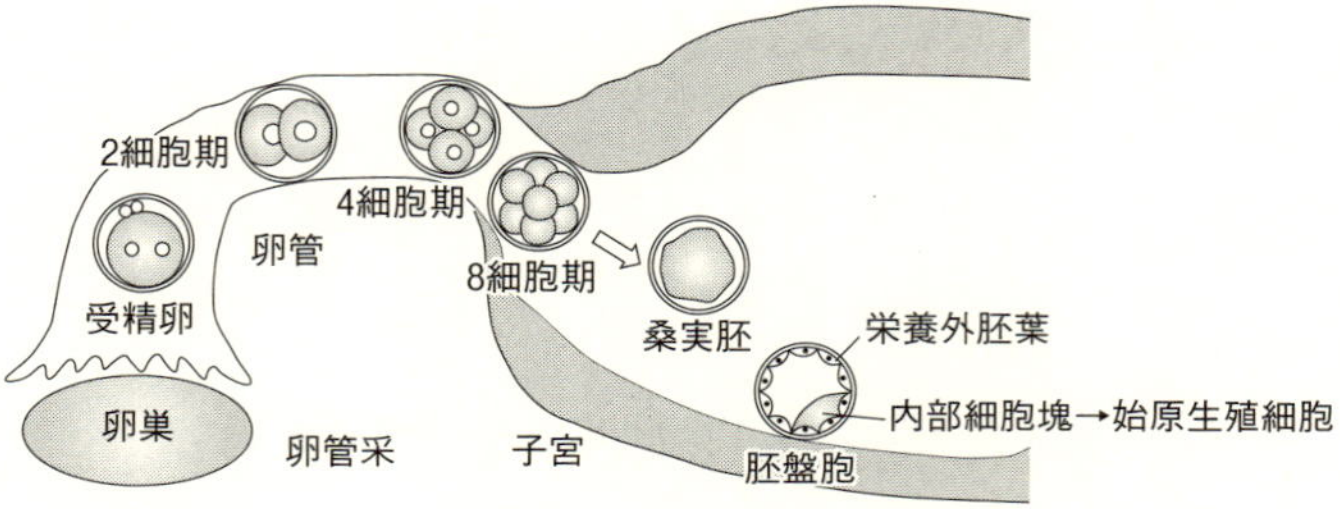

図4-1　受精卵の最初の発育（ほ乳類）

卵子ができるまで

ほ乳類のメスの場合、始原生殖細胞は胎児の体で卵巣がつくられる時、卵祖細胞になります。これが卵子の始まりです。出生までに、卵祖細胞から卵子への成長も始まります。

始原生殖細胞から卵祖細胞になると、しばらくは細胞分裂によって数を増やしますが、やがて受精のために染色体の数を半分にする、生殖細胞特有の分裂、「減数分裂」が始まります。減数分裂を開始した未熟な卵子は一次卵母細胞と言い、卵子のもとになります。この減数分裂は出生の前後で一旦休止しますが、一次卵母細胞から卵子になるための成長は続きます。この時、一次卵母細胞は、周辺の細胞に囲まれた「卵胞」というまとまりとして、成長していきます。

胎児の体の中でつくられる最初の卵胞は、原始卵胞と呼ばれます。生まれた時、卵巣の中にある未熟な卵子は、ほとんどこの原始卵胞の姿をしています。その後、一部の原始卵胞が一次卵胞に、体が性成熟すると、一部の一次卵胞が二次卵胞（図4-2）になり、さらに胞状卵胞へと成長します。大きな胞状卵胞の中の一次卵母細胞は減数分裂を再開し、二次卵母細胞となり、受精の準備を整えて卵巣から飛び出します。これを排卵と呼びます（イラスト）。

すべてのメスの赤ちゃんの卵巣には、原始卵胞が何万個も存在しています。将来卵子になるためのストックです。しかし、成熟した卵子へと成長するのは、原始卵胞のほんの一部であり、卵胞が成長する過程でそのほとんどが死んでしまうとされます。生まれた時に持っている未熟な卵子（原始卵胞）はすでに減数分裂の途中で、これ以上数を増やすことができません。年齢とともに卵子のストックもどんどんと減っていくため、受精に向かない、あるいは受精卵になってもうまく成長しない卵子が排卵される場合もできてきます。これが「卵子の老化」です。一つの未熟な卵子が成長して、状態のよい成熟した卵子がつくられ、莫大な数のうち一つの精子を迎える受精、つまり子どもの誕生を支えるしくみは、奇跡のような確率のもとで起こっているのです。

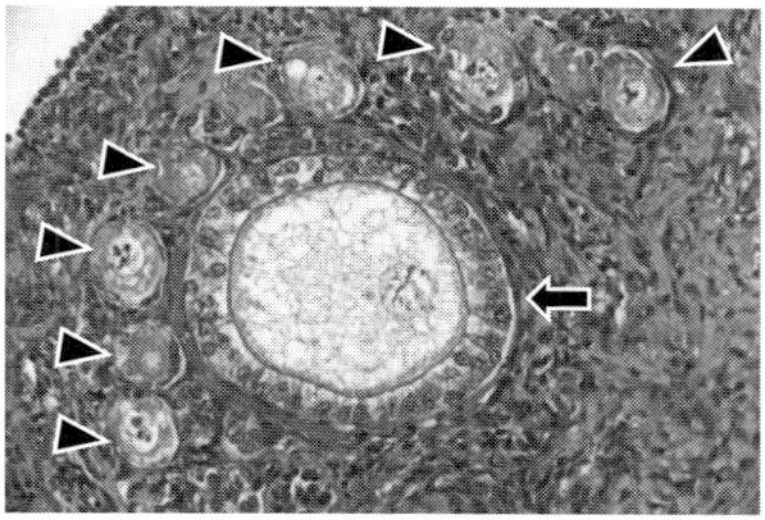

図4-2　オオカンガルーの卵巣断面写真
（▲原始卵胞，➡二次卵胞）

精子ができるまで

ほ乳類のオスでは、始原生殖細胞は、胎児の体で精巣がつくられる時、精子の始まりである前精原幹細胞になります。精細管と呼ばれる精巣内の管の中で、前精原幹細胞は体細胞分裂によってその数を増やします。出生後、前精原幹細胞は精原細胞へと変化（分化）し、精子の生産を進めていきます。性成熟したオスの体の中には、この精原細胞を精子のもととして、精子がつくられるまでのすべての過程の細胞が存在しています。

精原細胞には、体細胞分裂で数を増やし、精子のもとをつくり続ける役目をする細胞（精原幹細胞）があると言われています。成長を進めた精原細胞は減数分裂を始め、一次精母細胞、二次精母細胞となり、減数分裂が完了すると精子細胞となります。その時点ではまだ丸い細胞のかたちをしていますが、それから尻尾ができ、小さな頭を持った体に変化し、精細管の内部を通って精巣上体という部分に移動します。ここで受精の時を待って蓄えられます（イラスト）。

オスは一度の交配で、受精のために莫大な数の精子を放出します。ウシでは八〇―一二〇億、ブタでは一五〇―四五〇億もの数です（入谷・杉江、一九八二）。どうやってこんなにたくさんの精子をつくることができるのでしょうか。メスは卵子のもとを増やすことができないのに対し、オスは生まれた後も精原幹細胞によって精子になる細胞を増やすことができます。このしくみにより、オスは体の中で精子をつくり続け、一度の交配につき驚くほど多くの精子を使うことができるのです。

体の中の信号――ホルモンのはたらき

始原生殖細胞から卵子・精子のもとができるのも、そこから成熟した卵子と精子がつくられるのも、実はホルモンのはたらきです。ホルモンは、脳からの命令によって内分泌腺でつくられ、血液によって体に送られる化学物質の信号であり、さまざまな体の中の機能を支えています。特に生殖にかかわるホルモンのことを、生殖ホルモン（性ステロイドホルモン）と呼びます。たとえば、卵胞刺激ホルモン（ＦＳＨ）や黄体形成ホルモン（ＬＨ）は、卵巣や精巣に作用し、ほかのホルモンを介して卵子や精子の生産を調節しています。生殖ホルモンは、卵子・精子の生産だけではなく、ほかにも多くの生殖活動にかかわっています。たとえば、繁殖期に動物の行動が変わったり、妊娠が維持されたり、出産後に母乳がつくられたりすることにもホルモンがかかわっています。ホルモンの動きを知ることは、その動物の生殖をより深く理解することにもつながっています。

3　いのちのつながりを支える

生殖における壁

子どもをつくるためには、まずメスが、受精可能な成熟卵子が排卵される時期に、性成熟したオスと出会い、交配する必要があります。決まった季節にしか繁殖しないパンダのような動物は、その時期は一年のうちに一～三日間しかありません。そして、もし両者とも交配に適した時期に出会ったとしても、必ず実際に交配が行われるわけではありません。その理由として、よく「相性」が取りざたされますが、実際にその「相性」を決めている科学的な理由というものはまだよくわかっていません。また、交配が起こったとしても、母体や卵子、精子の状態に何らかの問題があれば、受精には至りません。無事に精子が卵子とめぐり会い、受精が完了しても、そこから順調に受精卵が成長し、母親の子宮に着床し、胎児期を経て、出産というイベントを乗り越えなければなりません。そして、出産後も子どもがいのちを落とさずに元気に成長して初めて、いのちがつながったと言えるのです。「いのちをつなげる」生殖には、たくさんの乗り越えないといけないステップがあるのです。

生殖補助技術の役割

この多くのステップの中でも、特に受精までを助ける技術のことを「生殖補助技術」と言います。これはヒトの不妊治療では一般的に使われるようになった技術で、一九七八年に初めてヒトで体外受精が成功して以来、飛躍的に発展し、多くの子どもが誕生しています。この体外受精や人工受精といった技術は、状態のよい卵子や精子の数が不足しているなどの理由から、自力で受精することが難しい場合に、受精・妊娠する確率を上げられる、とても有効な手段です。また、卵子や精子の冷凍保存も生殖補助技術にあたります。たとえば、放射線治療などで卵巣や精巣の機能が落ちる可能性がある場合、事前に卵子や精子を生きたまま冷凍保存しておくことで、将来的に体外受精などによって妊娠する可能性を確保することができます。

生殖補助技術は、家畜でも発展してきました。たとえば、現在、日本の肉牛・乳牛のほとんどは人工授精によって妊娠しています。ウシでは肉質や乳量が収入に直結するため、よりよい仔牛をつくるために、より優秀なオスの精子が求められており、そこで生殖補助技術が用いられているのです。家畜として優秀なオスウシの精子は冷凍保存され、動物そのものを移動させるよりも簡単に日本各地に運ばれ、人工授精によって子どもが生まれています。

野生動物のいのちをつなぐ

人間の医療、そして家畜で発展してきた生殖補助技術は、今、野生動物の世界でも使われるようになってきました。現在、地球上では人間の活動などにより、多くの動物が絶滅の危機に瀕しています。希少な野生動物を絶滅の危機から救うには、生息地を守るだけではなく、いのちが途絶えないように繁殖し続けなければなりません。そうした動物に生殖補助技術を用いることで、繁殖のスピードが絶滅のスピードに追いつかない希少動物でも、繁殖のチャンスが増え、絶滅の危機から救えるかもしれないのです。実際に、国内外の多くの研究機関や動物園では、野生下や動物園の動物で、卵子や精子の冷凍保存、体外授精や人工授精に加え、生殖ホルモンの解析によって交配に適した時期を調べる、といった取り組みが行われています。すでに成功に結びついた例もたくさんあります。米国のクロアシイタチは、一度は絶滅したと思われたほど数が激減していましたが、飼育下で精子の冷凍保存や人工授精を行いながら繁殖に取り組むことで、今では毎年多くの数を野生下に復帰させ、生息数を増やしています。また、生殖についての研究が進み、動物の「相性」を決める要因を見つけることができれば、動物園などでよりよい繁殖ペアを組むことができるようになり、有効な生殖補助技術になることでしょう。

より多くの動物で繁殖の手助けを行うためには、卵子・精子の性質、生殖ホルモンの動きなど、生殖生理のしくみについて動物種ごとに理解する必要があります。生殖のプロセスは大まかには動物種で共通していますが、細かいところは種によって異なります。その違いを理解しなければ動物種ごとに合った方法を開発できないのです。たとえば、ヒトと最もかかわりが長い動物とされるイヌは、精子の冷凍保存や卵子の培養などが難しく、やっと二〇一五年に体外受精が成功したばかりです（Nagashima *et al.*, 2015）。希少な野生動物では体の中のしくみについて調べることが難しいため、生殖にかかわるすべてのステップを理解するには時間がかかるかもしれません。しかし、多くの動物で絶滅の危機が迫っている現在、この技術にかかる期待も大きいです。今後、動物がすみやすい地球環境を維持していくとともに、希少な野生動物でも生殖について研究が進み、繁殖の機会を増やして数を増やせるようになれば、より多くの生物がいのちをつなぎ続けられるようになるでしょう。

研究紹介コラム

動物好きな子どもだった私は、絶滅の危機が迫っている動物がたくさんいることを知り、ショックを受けました。そして、希少な野生動物を絶滅の危機から救うために繁殖の手助けをする海外の取り組みを知り、それを将来の目標としたことが、今の研究につながっています。

生殖には大前提として、卵子と精子が必要です。そのため、卵子と精子を生きたまま保存できれば、繁殖のチャンスを増やすことに直結します。実は、精子は多くの野生動物ですでに冷凍保存できるようになり、亡くなった後でも人工授精で子どもをつくれるようになりました（前述のクロアシイタチの例）。しかし、

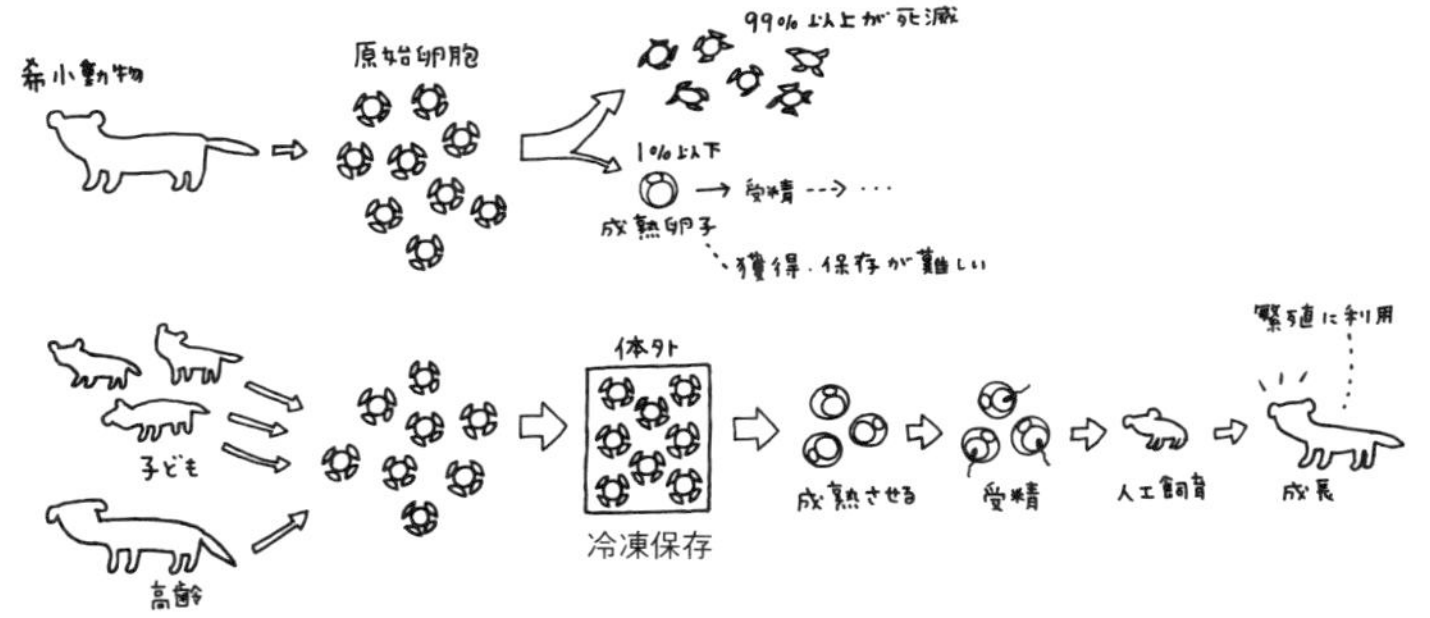

図　未熟な卵子の保存・発育によるメスの遺伝資源の保存（藤原，2018を改変）

受精可能な卵子は、大人になってからほんのわずかな数だけ、しかも多くの種では限られた時期にしかつくられません。そこで私は未熟な卵子である一次卵母細胞（原始卵胞）に注目しています。この未熟な卵子を冷凍保存し、成長させることができれば、一個体のメスからたくさんの成熟卵子を繁殖に使うことができます。さらに、野生動物は子どものうちに亡くなることも多いですが、生まれた時から卵巣内にある未熟な卵子を活用できるようになれば、赤ちゃんのうちに亡くなった動物でも子どもを残せる可能性が生まれます。逆に、高齢でもう成熟した卵子がつくられなくなった動物でも、わずかに残った未熟な卵子を利用し、子どもを残すことが可能になるかもしれません（図）。

貴重な野生動物の卵巣を日常的に実験に使うことはできません。そこで私は動物病院から避妊手術の時に回収されたイヌとネコの卵巣をもらい、野生動物のモデルとして、保存や成長について研究しています。さらに、ライオン、トラなど、動物園で飼育される野生動物が亡くなった際には卵巣を受け入れ、未熟な卵子の冷凍保存も始めています。しかし、まだこの技術を子どもの誕生に結びつけるには解決すべき問題がたくさんあります。これからも、繁殖の機会を増やして野生動物たちを絶滅の危機から救うという夢を持って、この研究を進めて行きたいです。

子育てエッセイ

私には今年六歳と二歳になった二人の息子がいます。同じ両親（私と夫）から生まれた同性の子どもたちで、遺伝的には非常に近いはずです。たしかに顔は親が思うよりも似ているようで、先日スマートフォンの写真整理機能（人工知能）に「この二人は同一人物ですか？」と幼い長男と次男の写真を並べてたずねられて、大笑いをしました。しかし実のところ、性格は全く異なるのです。長男は慎重な性格で、赤ちゃんの頃は水や雪で濡れることも怖がるほどでした。一方で、次男はとても大胆で、川にでもどこにでも自分から飛び込んでいき、ひやひやさせられます。また、長男は「こんなに寝ない赤ちゃん見たことない！」と驚かれるほど活発な赤ちゃんで、今でもよく通る大きな声でにぎやかにおしゃべりし続けています。その一方で、次男はよく寝る赤ちゃんで、授乳するにも起こさないとならず、今でもとてもおだやかで、マイペースに遊んでいます。息子たちは異なる個性も含めてどちらも本当にかわいく、私の宝物です。

兄弟で性格が違うという話はよく聞きます。しかし、親としてその違いをまのあたりにすると、ここまで違うものなのかと毎日のように驚かされます。第一子と第二子とでの親の接し方の違い、兄弟の有無など、周囲の環境による影響はたくさんあるでしょう。特にわが家の場合、環境の違いは大きいかもしれません。私は大学院卒業後、野生動物の生殖研究について学ぶため、アメリカのスミソニアン保全生物学研究所に五年間留学していました。長男はその時にアメリカで生まれ、二歳半で帰国するまでアメリカ社会の中で私と二人暮らしをしていました（お互いの仕事の都合で、夫は別の土地に住んでいました）。一方、次男は日本で生まれ、両親と兄に囲まれて日本で育っているので、大きな環境の違いがあります。また、生まれた時からの性格の違いについては、遺伝学の観点からの研究もあります。私は兄弟の個性にふれることで、そうした研究により興味を持つようになり、それぞれの個性の理由を推測し楽しんでいます。しかしそれ以上に、彼らは私に、いのちの始まりを扱う研究者としての心構えのようなものを再認識させてくれます。

「希少な動物の繁殖のために、メスが持ったくさんの未熟な卵子を保存する」という私の研究において、卵子の死はとても身近です。体の中でも卵子は発育の過程でほとんど死んでしまうため、ある程度しかたない面もあります。そのため、「卵子一つ一つの保存」というよりは、「母親一人の遺伝資源の保存」と一くくりに考えがちです。しかし、全く異なる個性を持つ息子たちに接することは、卵子一つ一つが異なる個性を持った子どもになる可能性を秘めている大切ないのちであり（もちろん精子も同じです）、妊娠、出産を経て新しいいのちを生み出すことがどれだけ奇跡的なことか、という当たり前のことを思い出させてくれるのです。そして卵子の保存にとどまらず、保存した卵子から子どもの誕生にまで到達させてこそ、いのちはつながるのだ、と研究の発展の必要性を強く思わせられます。

息子たちが生まれて、私の動物のいのちへの向き合い方もより真剣になったように感じています。たくさんのことを教えてくれる息子たちの存在に感謝しながら、今後も心を込めて一つ一つのいのちに向き合い、研究に取り組んでいきたいです。

さらに学びたい人のための参考文献

藤原摩耶子（二〇一八）．未熟な卵子から希少な野生動物の繁殖を目指す　京都大学野生動物研究センター（編）野生動物――見つめて知りたい、君のこと（一四二―一四三頁）京都通信社
メイヒュー、P／江副日出夫ほか（訳）（二〇〇九）．これからの進化生態学　共立出版
佐藤英明（編著）（二〇一一）．新動物生殖学　朝倉書店

引用文献（参考文献を除く）

入谷明・杉江佶（編）（一九八二）．最新家畜家禽繁殖学　養賢堂
岩倉洋一郎ほか（編）（二〇〇二）．動物発生工学　朝倉書店
Nagashima, J. B. *et al.* (2015). Live births from domestic dog (*Canis familiaris*) embryos produced by in vitro fertilization. *PLoS One, 10*(*12*), e0143930. https://doi.org/10.1371/journal.pone.0143930
佐藤英明（編）（二〇〇三）．動物生殖学　朝倉書店

II みんな同じ……

子育てをめぐる葛藤

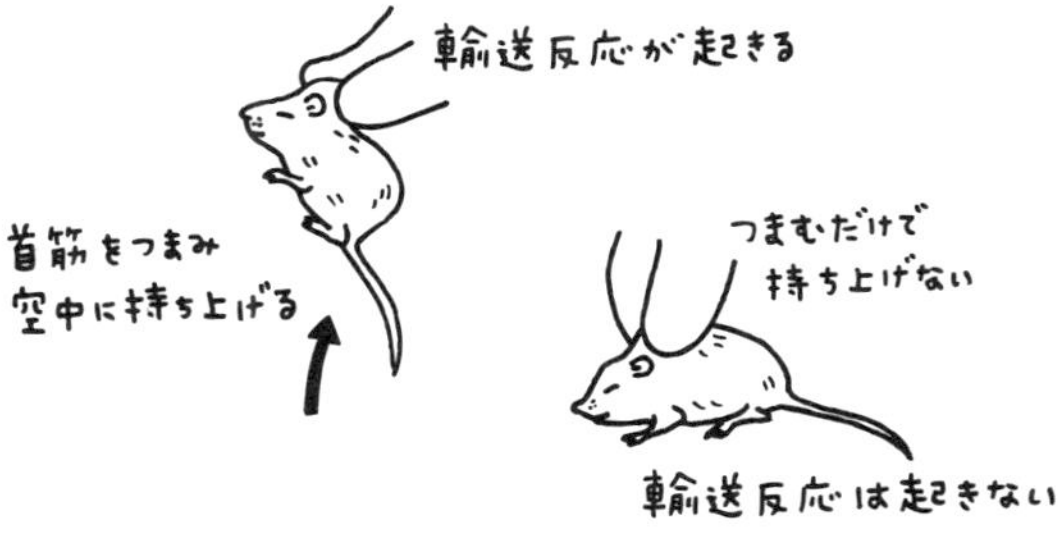
輸送反応が起きる
首筋をつまみ
空中に持ち上げる
つまむだけで
持ち上げない
輸送反応は起きない

5　出産・子育てをめぐる心と体のしくみ――ラット

後藤和宏

1　どんな動物？

ラットとは

ラット（*Rattus norvegicus domestica*）は、クマネズミ属（*Rattus*）のドブネズミ（*Rattus norvegicus*）を家畜化した動物です。実験動物としてのラットは、主に兄妹交配を二〇世代以上繰り返すことで、個体差が小さく、遺伝的にもほぼ同一となった近交系動物（第6章参照）です。現在では特性の異なる系統が一〇〇以上存在します。

特徴的なのは、幅広く先端の鋭い門歯です。門歯は一対ずつ、計四本が上下のあごから生えていて、色々なものを噛み切ったり、敵に攻撃したりするために使われます。門歯は伸び続ける歯で、かたいものをかじり、常に削ることで一定の長さを保っています。頭からお尻までの長さはおよそ二五センチメートル、尾長二〇センチメートルで、体重は、成熟したオスで三〇〇〜七〇〇グラム、メスで二〇〇〜四〇〇グラムくらいになり、両手におさまる大きさです。実験室では、植物性たんぱく質（大豆粕）と動物性たんぱく質を配合した固形ペレットを与えます。

ラットの配偶形態は一夫多妻で、オスは六〇〜八〇日齢、メスは五〇〜八〇日齢で繁殖ができるようになります。寿命はオス・メスともに三年弱ですが、メスのほうが長寿命です。

ドブネズミからラットへ

野生のドブネズミの原産地は、カスピ海北部かあるいは中国北部であると考えられています。しかし、現在では、長年のヒトとの結びつきの中で南極大陸を除き、世界中に生息しています。

ドブネズミは、農耕地や庭園、運河や小川の土手に巣穴をつくります。市街地では、下水道やゴミ捨て場、地下など、湿った場所に棲息しています。朝方と夕方に活動が最も活発になりますが、夜間も活動しています。ドブネズミは雑食性で、何でも食べてしまいます。魚や肉などの動物質のものを好んで食べ、小動物も捕食します。高たんぱく質のものを食べ、窒素を尿として排出するため、多くの水分を摂取する必要があります。

ドブネズミは、オスとメスがつがいになり巣をつくるところから、オス中心の大きな群れをつくります。群れで生活し、オス間で序列やなわばり争いがあります。侵入者のオスに対しては、威嚇の姿勢、攻撃行動などもよく知られており、一般的には体の大きいものが社会的順位の高い個体になります。しかし、社会的遊びとして知られる行動も豊富で、単に攻撃的な動物というわけではありません。

捕獲したオスのドブネズミを集めて、十分な餌と水を用意すると、一緒に遊び、体重も増え、毛並みもよくなります。

現在、研究で利用されているラットは、ヨーロッパでのドブネズミの家畜化に起源があります。一八世紀のヨーロッパでは、ラットを放した後、イヌに嚙み殺されるまでの時間を競う、ネズミいじめ（rat-baiting）というブラッド・スポーツが流行し、そのためのラットが飼いならされるようになりました。また、毛色の変化した珍しいラットがファンシーラットとして愛好されました。ラットは、オスでも容易に飼いならすことができたため、一九世紀初めには、ヨーロッパで実験用動物としても使われるようになりました。二〇世紀初めには、小型で安価な上、飼育しやすく繁殖しやすいという実験動物としてのラットの有用性のため、ヨーロッパからアメリカに伝わり、心理学でも重要な研究対象になりました（ボークス、一九九〇）。なお、日本では、江戸時代には小動物の飼育愛玩が一般に広がる中で、珍しい毛色のネズミが流行しました。一七七五年には、ラットの飼育ガイドブックである『養鼠玉のかけはし』が出版されています（安田、二〇一〇）。

2　どんな子育て？

ラットの妊娠・出産と子育て

ラットはメスがほ乳をはじめとする子育てをしますが、オスは子育てをしません。ラットの妊娠期間はおおよそ三週間で、一回の出産で六〜一四匹の子どもを産みます。分娩が近づくと、母親ラットは、妊娠していないメスラットがつくる睡眠用の巣よりも精巧な子育て用の巣づくりを始め、その中で出産します。実験室では、よく巣材として細長く切った紙を用意します。母親ラットは、分娩時に子どもにまとわりついている羊膜や臍帯、胎盤などを取り除いてきれいにします。分娩が終わると、巣の中にすべての子どもを運び、授乳が始まります。

ラットは何らかの理由で子どもが巣から離れてしまうと、子どもを探し出し、口でくわえて巣に連れ帰ります（回収行動、図5－1）。回収行動は、母親ラットが巣の位置を変えた場合にも生じます。子育て行動の実験では、一般的に、子どもを巣から取り除き、ケージ内の巣から離れた場所に置いて、回収行動を測定します。

母親ラットは子どもをなめ、清潔を保ちます（子なめ行動、図5－1）。子なめ行動には、身体をなめるものと、肛門や性器をなめるものがあります。身体をなめるのは、回収行動の前後や授乳中などさまざまな場面で観察されますが、肛門や性器をなめるのは、子どもが乳を飲んでいる時やあお向けになっている時に観察されます。子なめ行動は、子どもの情動を安定させ、正常な発達に欠かせないものです。また、肛門・性器への子なめ行動は、子どもの排尿・排便を促すとともに、性的な発達にも重要な役割を果たします。

母親ラットの授乳は、乳首を子どもにさらし、子どもにまたがって保温しながら行います。授乳姿勢は二種類あります（図5－1）。母親が体勢を立て直したり、子なめ行動や巣の修繕、自分の毛づ

図5-1　母ラットの子育て行動（写真提供：伊村知子）
巣から離れてしまった子どもを運ぶ回収行動（左）、なめ回して子どもを清潔に保つ子なめ行動（中央）、授乳行動（右）。

くろいなどほかの行動をしたりしながら、子どもの上に覆いかぶさるものをホバリングといいます。授乳以外の活動をせず、うずくまる姿勢をクラウチングといいます。

母親ラットの子育て行動は通常、出産後三〜四週間、子どもが離乳するまで維持されます。しかし、これらの子育て行動は、分娩後、一定のレベルで維持されるわけではなく、子どもの成長につれて、減少していきます。造巣行動や回収行動は、分娩後一〇日を過ぎると減少し始めます。授乳は分娩後、二〇日頃までは減少しませんが、子どもが成長するとともに、巣を離れて歩き回るようになるため、一四日頃から母親ではなく、子どもが授乳の時間的パターンを決めるようになっていきます。

3　ヒトとの比較・つながり

子育て行動の脳のしくみ

ほとんどのほ乳類の子どもは未熟に生まれてくるため、親からの授乳する、外敵から守るなどの子育て行動がなければ成長できません。そのため、ほ乳類には子育て行動の脳のしくみがありますが、ラットは、その理解が最も進んでいる動物の一つです。

母親が子育てをするためには、まず自分の子どもを認識しなければなりません。分娩後の母親ラットの回収行動では、子どもの認識のために匂い（嗅覚）や鳴き声（聴覚）、身体接触（触覚）などの手がかりを用いていると考えられています。鼻面や口唇部の触覚や嗅覚、聴覚、視覚などの個々の知覚を遮断しても子育て行動は阻害されませんが、これらの感覚を複数遮断すると回収行動に何らかの障害が起きます。

ところで、出産を経験していないラットや、オスラットでも、子育て行動は観察されます。生後五〜一〇日目までの子ども（養子）を同じケージに入れると、初めは子どもに近づくのをためらったり、喰殺（食い殺すこと）したりしてしまいます。しかし、毎日、子どもをケージに入れていると、次第に子どもになれ、子育て行動が生じるようになります。出産していないラットやオスラットは授乳できるわけではありませんが、それでもクラウチングの姿勢をとるようになります。これらのことから、子どもという刺激がきっかけで子育て行動を生じさせる脳のしくみが、オスとメスで共通していると考えられています。

子育て行動に関して中心的役割を果たすのは、視床下部の前方にある内側視索前野です（図5-2）。内側視索前野のみを破壊すると、出産を経験したラットの回収行動は生じなくなります。また、回収行動を行わないラットと比べ、行うラットでは、内側視索前野の活動がさかんになることがわかっています。さらに、エストロゲン、プロラクチンなどの出産、授乳にかかわるホルモンの投与により回収行動が促進されます。

内側視索前野のはたらきとは逆に、子育て行動を抑制する脳部位もあります。たとえば、視床下部前核は摂食行動を促進し、視床下部腹内側核は性行動を促進するはたらきがあります。摂食行動や性行動は子育て行動を抑制するため、これらの領域の破壊は、結果的に出産していないラットの回収行動を高めます。扁桃体から内側視索前核などへ伝わる信号の遮断は子育て行動を阻害せず、むしろ促進します。これは、交尾をしたことのないラットが子どもの臭いに対して示す新奇恐怖が、扁桃体を破壊されることで弱まるからであると考えられます。

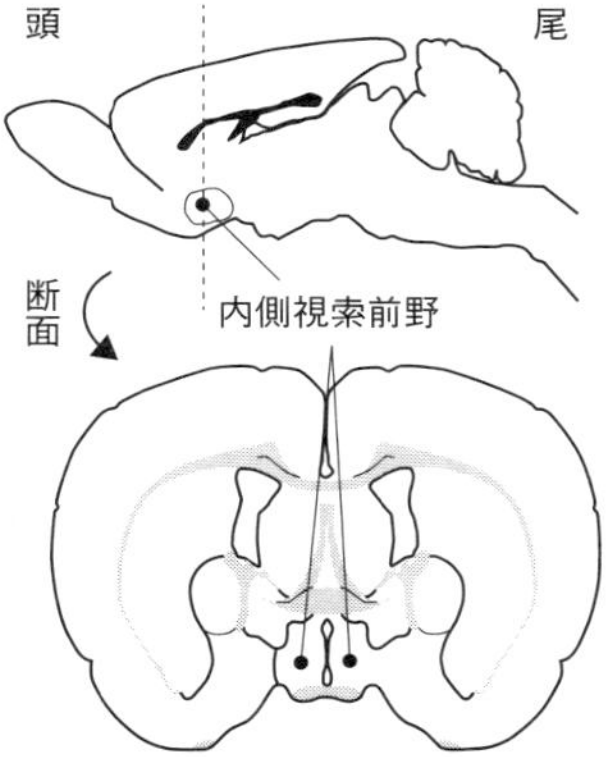

図5-2　内側視索前野
養育行動に関して中心的な役割を果たす。

子育ての動機

母親ラットの子育て行動に対する動機づけを測定する実験があります。この実験には、心理学でよく用いられるオペラント箱という実験装置を用います。オペラント箱内にはレバーが取りつけられていて、ラットがこのレバーを押すたびに、餌が報酬として与えられます。すると、ラットはレバー押しを継続するようになりますが、報酬となる餌を食べ、満腹になるにつれてレバー押しのペースが落ちていきます。妊娠したメ

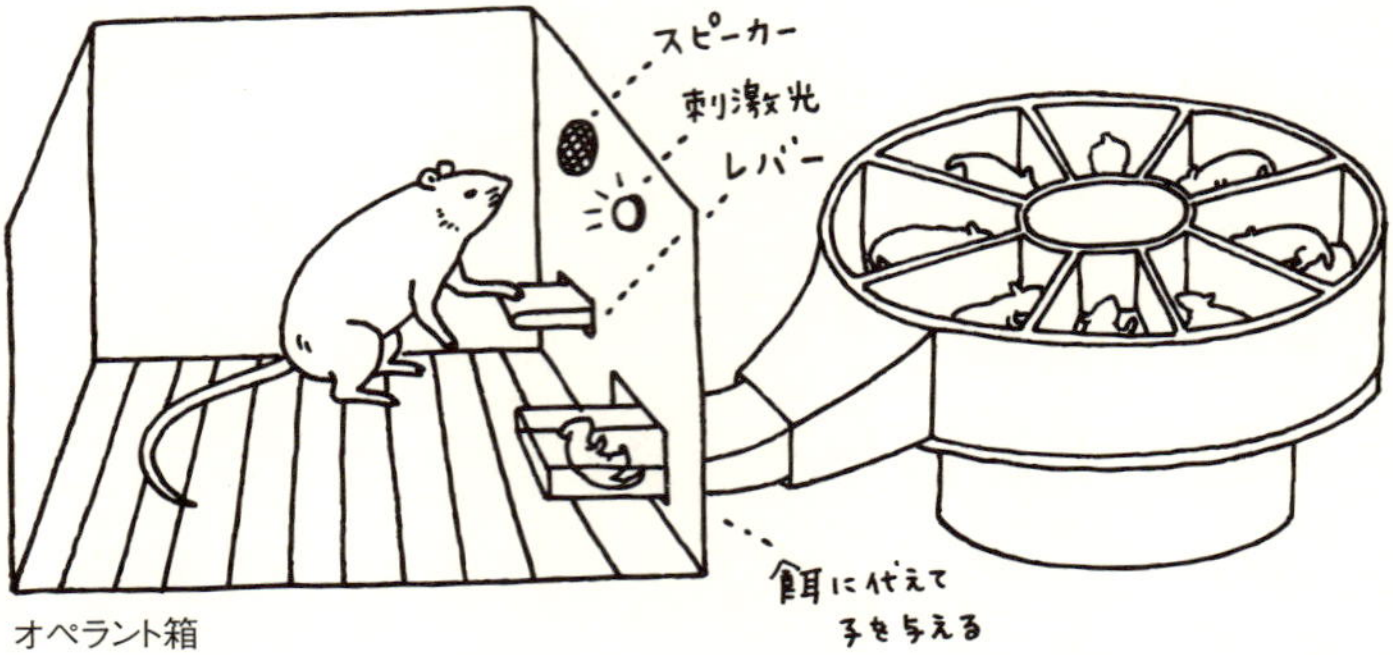

オペラント箱

スラットに対して、餌を報酬として用いてレバー押しを訓練しておき、出産後、餌の代わりに子どもを報酬として与えます（イラスト）。母親ラットは、報酬として与えられた子どもを巣に持ち帰り、またレバーを押しに来ます。母親ラットが子どもを巣に持ち帰ると、実験者が再び子どもを巣から取り上げ、報酬として使い回します。三時間の実験時間のうちに、最もレバー押しが多かった個体で六八四回ものレバー押し（と回収行動）が観察され、実験中に動機づけが弱まることはありませんでした（Wilsoncroft, 1968）。これは、親にとって子どもが報酬となり、その報酬としての価値が低まることがないことを示しています。

子育てに対する動機は、好みの強さを調べるテストによっても調べることができます。条件性場所選好というテストでは、三つの区画がある装置を用います。区画Aと区画Bと中立ゾーンからなり、区画Aではコカインが、区画Bでは子ども三匹が与えられた後、区画Aと区画Bのどちらに長く滞在するかで、強い嗜好性を持つコカインと子どものどちらをより好むかを調べられます。分娩後一〇日以上経つと、母親ラットはコカインが与えられた区画に長く滞在しますが、八日目では子どもが与えられた区画に長く滞在します（Mattson *et al.*, 2001）。この結果は、分娩後間もない幼若な子どもへの子育ての動機がいかに強いかを示しています。

研究紹介コラム

私がラットを研究の対象としていたのは学部生の頃です。大学院に進学して以降、鳥類の視覚情報処理に関する研究をしていましたが、現在、また紆余曲折を経て、げっ歯類で研究するようになりました。ただ、現在はラットではなくマウスを研究の対象としています。私の研究室では、海馬という脳部位の左右差と動物の認知の二つの研究に取り組んでいます。それらの研究では、前述したオペラント箱を用います。私の製作したオペラント箱には、タッチモニタが取りつけられており、モニタ上に課題が呈示されます。マウスは、画面に鼻先でふれることで課題に解答し、正解の場合には、餌が報酬として与えられます。実験は一個体ずつ一日三〇～四五分ほど、週五日おおよそ同じ時間に実施します。

最近取り組んでいる研究テーマの一つに、数の認識があります。左右に並んだ枠内にそれぞれ、複数の○を呈示し、マウスが○の数が多いほうを選ぶと正解です（相対的数量弁別課題といいます）。最初、八個の○と四個の○のうち、八個の○を選択するように訓練します。マウスが、八個と四個を正しく弁別できるようになると、訓練していないさまざまな個数の○を呈示しても、○の数の多いほうを選択します。また、○以外の記号を呈示しても数量の多いほうを選択します。つまり、マウスは相対的な数量の違いを弁別することができるのです（Goto & Kimura, 2019）。

さらに、数の認識に関して、ヒトは普通、1から9の数字を思い浮かべる時に、左端に1、右端に9を思い浮かべます。このように数字が心的空間に配置されることをメンタルナンバーラインといいますが、アカゲザルやチンパンジーなどの霊長類にも共通したものであることが示されています。相対的な数量の大小を弁別するマウスはメンタルナンバーラインを参照するのでしょうか。メンタルナンバーラインを参照する場合、左側に小さい数字、右側に大きい数字を配置するのでしょうか。この問いのように、心のはたらきについて、ヒトとそれ以外の動物の類似点、相違点を明らかにすることで、ヒトらしさとは何かが明らかにできると考えています。

子育てエッセイ

わが家では、夫婦ともにフルタイムで仕事をしながら、現在五歳と三歳の娘二人を育てています。ラットが多くの子どもを一度に、しかも母親のみで育てるのに対して、ヒトは母親がひとりで子育てするのは容易ではありませんし、複数の子どもを同時に育てるのも大変です。私たちの場合は、夫婦二人でも手一杯で、保育園の先生たち、ファミリー・サポート・センターの援助会員の方、ベビーシッターさんなど、血縁関係のない多くの人に助けられ、なんとかこれまでやってきています。これらの人たちは、私たちの子育てを手伝ってくれただけでなく、子育てに悩み、もがく私たちにとっての相談相手でもありました。このように養育を分担し、悲喜こもごもを分かち合えるのはヒトの大きな特徴だと思います。

子育て行動は生まれながらに備わったものだと思いがちですが、親も子も経験による学習も必要となります。私は、娘たちが生まれて間もない頃のことを思い出しながらこの原稿を執筆していますが、当時はどれほどの不安を抱えて子育てをしていたことでしょう。長女が泣くたびに、ミルクをあげ、オムツを替え、抱っこし、それで泣き止めばいいけれど、それでも泣き止まない時も多く、どうすればいいか途方にくれることもしばしばありました。母乳やミルクを飲むたびによく嘔吐し、本当に成長していくのか心配したこともありました。今から思えば、心配するようなことではなかったのですが、歯はきちんと生えてくるのか、離乳食はこれでいいのだろうかなど、思えば些細なことが不安だったものです。このように子育ての能力も低く、未熟な親に養育されながらも、子どもは親の後を追い、親との結びつきを求めることで、親を成長させてくれます。長女のおかげで、次女が生まれた時には、長女の時のような不安はなく、子どもの扱いにも手慣れていたことでしょう。

ラットの子育て行動は求められる課題も期間も限定されたものですが、私たちの子育ては、子どもの成長の段階によって、取り組むべき課題が目まぐるしく変わります。その時々の子どもの求めにきちんと応えられる親でありたいと思っていますが、それも失敗を繰り返しながら、試行錯誤によって学ぶことしかありません。行動分析学には「生活体は常に正しい（the organism is always right）」という格言があります。これは、動物は研究者が予想もしない行動をすることがあるが、そのような行動にも必ず原因を見つけることができ、間違っているとしたら研究者の解釈のほうであるという意味です。子育てに関しては、子どもたちは常に正しく、親は子どもに教わるところが多いのではないかと思っています。

さらに学びたい人のための参考文献

下河内稔（二〇一〇）．脳と性（普及版）　朝倉書店
ウィショー、I・Q、コルブ、B／高瀬堅吉ほか（監訳）（二〇一五）．ラットの行動解析ハンドブック　西村書店

引用文献

ボークス、R／宇津木保・宇津木成介（訳）（一九九〇）．動物心理学史　誠信書房
Goto, K., & Kimura, M (2019). Discrimination of relative numerosity and assessment of the SNARC effect in mice.

The 26th Annual International Conference on Comparative Cognition (Florida, USA.).
Mattson, B. J. *et al.* (2001). Comparison of two positive reinforcing stimuli. *Behavioral Neuroscience*, *115*, 683-694.
Wilsoncroft, W. E. (1968). Babies by bar-press. *Behavior Research Methods & Instrumentation*, *1*, 229-230. doi: 10.3758/BF03208105
安田容子（二〇一〇）．江戸時代後期上方における鼠飼育と奇品の産出　国際文化研究、第一六巻、二〇五—二一八頁（http://hdl.handle.net/10097/00120333）

6　抱っこで落ち着くのはなぜ？――マウス

吉田さちね

1　どんな動物？

マウスとは

げっ歯類であるマウスには、野生マウスと実験用マウスがいます。人目につかないように生活している野生マウスは、主に種子や穀類を餌として食べています。そのため、ヒトの生活圏や生活スタイルと密接にかかわりながら生息域を広げ、進化してきたと考えられています。一説によると、農耕が始まるよりもずっと以前から人間の集落に潜り込み、古代人が採集した種子や穀類を食べていたとも言われています（Weissbrod *et al.*, 2017）。今や野生マウスは、人類と同じくらい世界の至るところに存在しているほ乳類となっています。一方の実験用マウスは、ハツカネズミ（*Mus musculus*）という種に属します。古くからアジア、ヨーロッパなどで、さまざまな毛色のマウスが愛玩用として珍重されてきました。こうした愛玩用マウスから、一九〇〇年代初頭にアメリカで実験用マウス系統がつくり出され、現在でも幅広く研究に用いられています。本章では、実験用マウスを中心に述べていきます。

マウス系統は、遺伝学上の特徴から「近交系」と「非近交系」に大別することができます（小出、二〇一五）。近交系とは、二〇世代以上にわたって兄妹交配を続けた系統です。同一の近交系に属する場合、親兄弟姉妹どの個体をとってもほぼ同じ遺伝子組成を持つので、遺伝要因の個体差を無視して実験できるという大きなメリットがあります。さらに、遺伝子組換技術も活用すれば、特定の遺伝子の働きを抑えたり、あるいは活性化することができます。実際の研究現場では、ある遺伝子が行動や病気の発症などにどうかかわっているかを調べるため、目的の遺伝子の働きを抑えたマウスとそうでないマウスを用意して、比較する方法がとられています。たとえば脳科学研究では、C57BL/6と呼ばれる黒毛の近交系マウスがよく使われていて、子育てや性行動など特定の行動を制御する脳内メカニズムを探る研究がさかんに行われています。一方、非近交系マウスでは、兄妹交配に限定せず、一定の集団の中で自由に交配させることで、あえて遺伝的多様性を維持しています。ヒトの集団も遺伝的に多様です。そのため、非近交系は、医薬品などの毒性試験や、農薬あるいは食品添加物などの安全性評価試験に用いられます。

系統や性別にもよりますが、成体の実験用マウスは、およそ体重二〇～四〇グラムで、片手に乗るくらいの大きさです。マウスは、コロニーと呼ばれる群れで暮らし、寿命は、長くても二年ほどです。生涯にわたる特定のパートナーを持たない、乱婚制の配偶形態をとります。夜行性で、夜間に活動量や食餌量が上がります。実験用マウスは、温度や湿度、照明時間、衛生状態が適切に管理された環境で飼育されます。多くの場合、固形の餌を食べます。実験用マウスを扱う時は、動物実験の国際原則にもとづいて実験計画を立てて実施することが法律で義務づけられています。

2　どんな子育て？

マウスの交尾と妊娠

「子育て」は、オスとメスの交尾から始まる「繁殖」の最終段階とも言えます。まずは、交尾と妊娠を見ていきましょう。通常、オスは生後八週以降、メスは五週以降になると性的に成熟し、交尾できるようになります。メスには性周期があり、発情前期、発情期、発情後期、発情休止期を四〜五日サイクルで繰り返し、オスは発情期のメスと交尾をします。急激に数が増えることを「ネズミ算」と形容しますが、マウスといえどもオスとメスには相性があります。何日経っても交尾しないペアの場合、パートナーを変えるとすんなり交尾が成立することがあります。前の晩に交尾したかどうかは、翌朝、メスの膣に「膣栓」とよばれる白い消しゴムのようなオスの分泌物が詰まっているかを見て判断します。膣栓が詰まっていた場合は、おおよその受精のタイミングを逆算して割り出すことができるので、出産予定日はもちろん、胎内で心臓や骨が形成される時期なども把握することができます。そのため発生学の分野でもマウスは多大な貢献をしています。一つの受精卵からタイムスケジュール

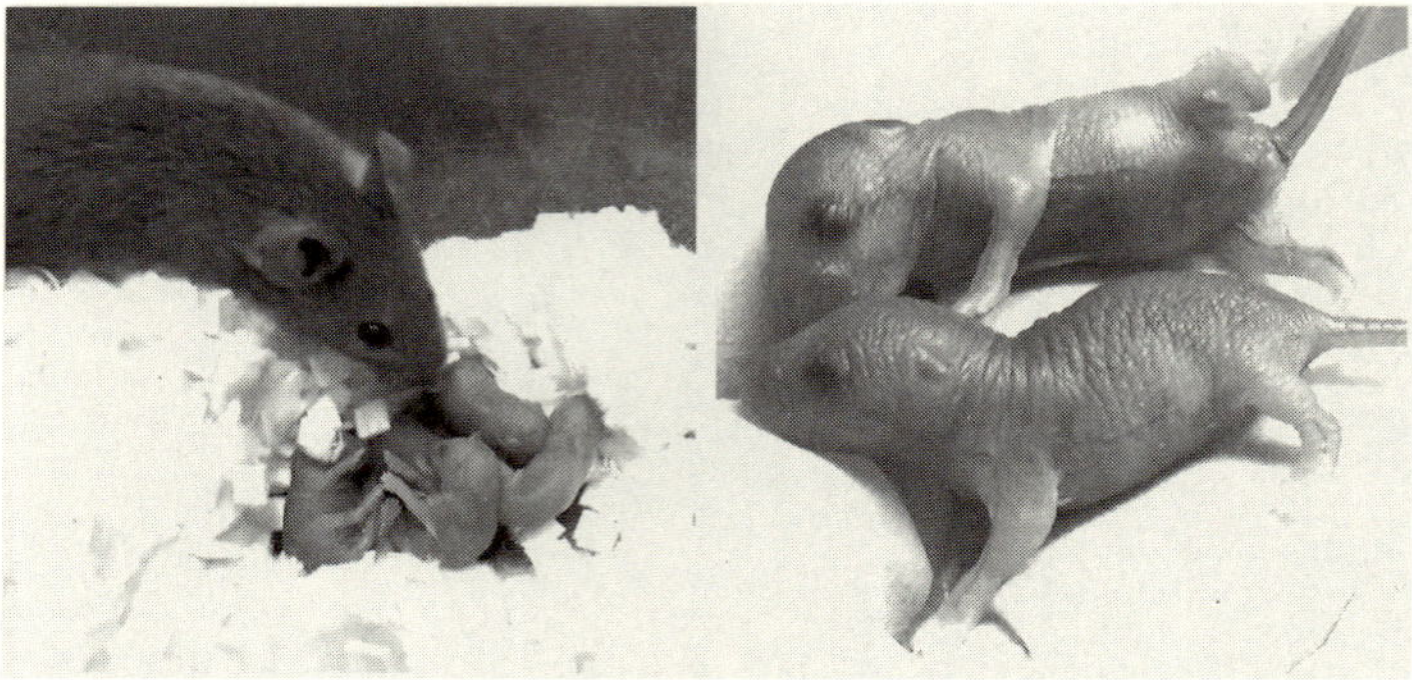

図6-1　出産した日の母親マウスと子マウスたち（左：巣の中、右：筆者の手のひらの上）

通りに複雑な体ができあがっていく様子は、美しく、とても神秘的です。さて、ハツカネズミという名前の由来通り、メスは、二〇日間ほどの妊娠期間を経て、出産します。

産まれたばかりの子マウスは、無毛でピンク色をしています。生後二週目の終わり頃まではまぶたが閉じたままで目も見えず、歩くこともできなければ、満足に体温調節もできません（図6－1）。親からの世話がなければ生きることができないのです。

マウスの出産と子育て

母親マウスは、巣づくり、子なめ行動、授乳といったさまざまな子育て行動を示します。まず妊娠したメスマウスは、オガクズなどの巣材を細かく嚙み砕いて飼育ケージの隅に巣をつくります。よく見かけるのは周囲より高く巣材を盛り上げた逆ドーム型の巣で、外から子マウスが見えづらくなっています。妊娠二〇日目頃になると、母親マウスは数時間のうちに立て続けに五～一〇匹の子マウスを産みます。母親マウスは、産後すぐさま子マウスに付着している羊膜（胎児を包み、羊水を保持している薄い膜）や胎盤（母親の血液・酸素・栄養を胎児に供給する臓器）を食べて産後処理をします。そして巣の中に子マウスたちを集め、身体をなめて清潔にしたり、授乳や保温をします。母親マウスは、巣から離れてしまった子マウスを見つけると、口でくわえてすばやく連れ戻します。

これは、「回収行動」と呼ばれ、実験的に子育てを定量する時によく使われる行動指標です。観察方法はとてもシンプルで、まず巣がある場所を避けて、飼育ケージの隅三カ所に生後数日の子マウスを一匹ずつ置きます。そして、三匹とも回収できたか、回収にかかった時間はどれくらいか、などを記録して、他の母親マウスの回収記録と比べます。

実は、出産したことがないメスマウスでも、回収行動や子なめ行動、保温といった行動を示します。メスには、子育てに必要な脳のメカニズムが備わっており、自分の子でもそうでなくても、子育て行動が起こります。マウスやラットを使った詳細な研究から、本能行動の中枢を担う視床下部と呼ばれる脳部位にある内側視索前野の中心部が子育て行動の中枢であることが明らかになってきました（黒田、二〇一五）。子育て行動をコントロールする基本的な脳のメカニズムは、ヒトを含めて母乳で子を育てるすべてのほ乳類で共通すると考えられています。そのためマウスを使った基礎研究から、ヒトの子育てや母子関係の理解を助ける知見が得られることが期待されます。

オスマウスの場合は、子どもに対する反応が系統や経験によって大きく異なります。C57BL/6系統では、交尾未経験のオスマウスは、子どもの匂いをかぐと興奮し、最終的には血が出るほど子どもに

図6-2　父親マウスが子の世話をする様子

噛みつくなど激しい攻撃性を示します。しかし、メスマウスと交尾して、妊娠したメスとの同居を経験すると、子どもに対する攻撃性は次第に抑えられていきます。そして、子マウスが産まれて父親になると、オスマウスも巣づくりや回収行動といった授乳以外の子育てを行うように変わります。父親マウスも、メスと同じく、自分の子でもそうでなくても世話をします。つまり、オスマウスは、交尾をしたか・していないか、メスマウスと同居していたか・していないか、といった経験によって、子マウスに対し「喰殺」か「子育て」か、という正反対の反応を示すのです。

この変化には、生物学的な理由があります。交尾をしたことがないオスにとって、目の前にいる子どもは明らかに自分の子ではありません。こうした子どもを喰殺することで、子育て中だったメスの生殖周期を再開させ、自分と交尾させることができるようになります。また、自分の子ではない子どもを喰殺しておくことは、将来の競争相手を減らすことにもつながります。つまり、同種の子を殺すという一見残酷な行動は、交尾未経験のオスにとっては、自分の遺伝子を残すための適応的な行動だと言えます。そして、メスと交尾し、父親になると、子育てを行うように変わるのです（図6－2）。

こうした行動変化から、オスが精密にコントロールされた生殖戦略のもと、自分の子を残していることがうかがえます。実際に、野生のライオン、ヒヒなど一夫多妻の配偶制度を持つ種では、リーダーオスの交代にともなって、新リーダーが旧リーダーの子を殺すことがしばしば見られます。最近のマウス研究から、子を攻撃している時にはオスの前脳にある分界条床核と呼ばれる神経細胞集団の一部分が活性化していることが明らかになりました（Tsuneoka *et al.*, 2015）。

子育ては、生得的な欲求にもとづく行動ではありますが、最初からうまくできるものではなく、経験と学習が必要です。出産経験がないメスマウスと母親マウスとでは、子育て行動の効率や質にやはり差があります。若いマーモセットでも、子育ての練習や経験がその後、自分が親になった時の子育ての上手さに関係すると言われています（第13章）。近年の目覚ましい技術の進歩によって、遺伝子操作が可能なマウスの研究から、子育て行動の制御にかかわる脳の場所、さらには遺伝子が次々と明らかになってきています。発見された基礎知見を霊長類で検証することも始まっています。ヒトの親子関係の理解やその問題解決に役立つ知識が得られることが期待されます。

3　ヒトとの比較・つながり

子どもの輸送反応

生まれたばかりのほ乳類の子どもは、幼弱で親の世話がなければ生きることができません。そのため、子どもはできるだけ親の近くにいようと、親を覚え、泣いたり、後を追うなどの「愛着行動」を示します。親子の関係は、親が子を育てるという一方的なものではなく、お互いの働きかけとそれに対する応答の上に成り立っています。ここでは、子どもを「抱っこして移動する」という親の行動に対する子どもの応答を紹介します。

多くの人は、泣いている乳児を抱っこしてゆらしたり、歩き回ったりするとすぐに泣き止むことを経験的に知っています。実は、この現象が科学的に証明されたのは、二〇一三年と最近です。理化学研究所の研究グループは、生後半年以内の乳児とその母親に、「抱っこして座る」と「抱っこして歩く」という動作を繰り返してもらい、各動作中の乳児の心拍数、泣く量、動く量を比較しました。その結果、「抱っこして座る」よりも「抱っこして歩く」時、乳児の心拍数、泣く量、動く量のいずれもが減り、リラックスした状態になることがわかりました（Esposito *et al.*, 2013）。乳児を抱っこして歩き回ることは、科学的な根拠を持った妥当なあやし方だと言えます。

どのようなメカニズムで乳児は泣き止み、おとなしくなるのでしょうか。残念ながら、ヒトで検証実験を行うことは、ほぼ不可能です。そこで、研究グループは、マウス親子に着目しました。前述のように、親マウスは、子を口でくわえて運ぶ「回収行動」を行います。この時、子マウスは、体を丸めたコンパクトな姿勢でおとなしくなる「輸送反応」を示します（Brewster & Leon, 1980）。輸送反応は、ネコやライオン、リスなどの多くのほ乳類の子どもで見られます。子ネコや子イヌが親にくわえられて、おとなしく運ばれている写真や動画を見たことがある人もいるかもしれません。輸送反応は、親マウスの動作をまねて、実験者の指で子マウスの首の後ろの皮膚をつまみ、空中に持ち上げることでも簡単に見ることができます。そこで、指で子マウスの「首筋をつまむだけで持ち上げない（輸送反応は起きない）」と「首筋をつまんで持ち上げ輸送反応を起こす」とを行い、泣く量、動く量、心拍数を比較しました（図6－3）。その結果、ヒト乳児と同じく、輸送反応中の子マウスでも、いずれの数値とも減ることが明らかになりました。つまり、親が子を運ぶ時に「心拍数が低下し」「泣き止み」「おとなしくなる」という三つの要素が同時に起こる「輸送反応」は、ヒト乳児と子マウスのどちらにおいても起こることがわかりました（イラスト）。

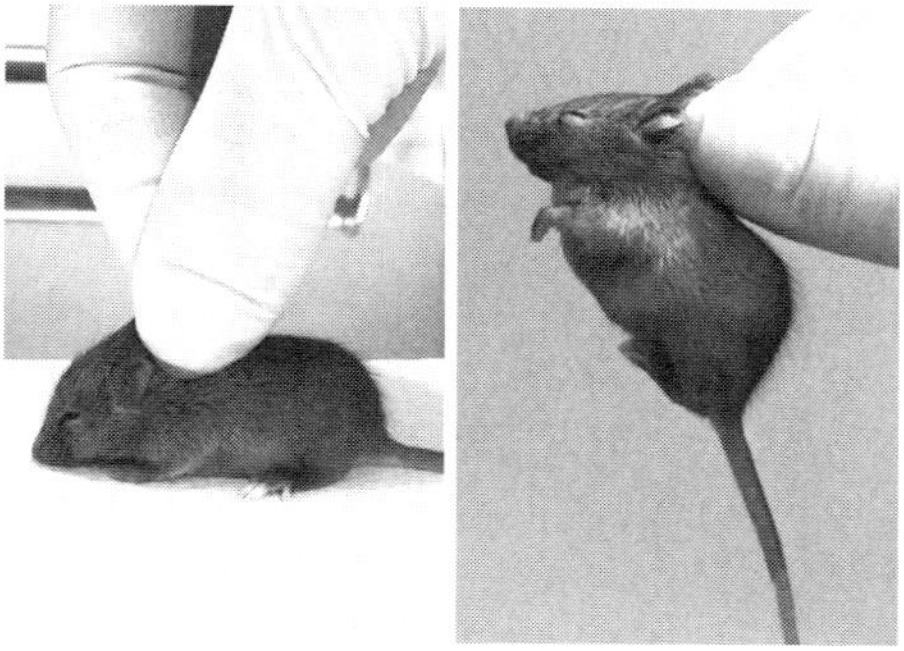

図6-3　子マウスの輸送反応実験の様子（左：首筋をつまむだけで持ち上げない、右：首筋をつまんで持ち上げ輸送反応を起こす）

さらに、マウスを用いて、おとなしくなるために必要な感覚入力や、体を丸めたコンパクトな姿勢になるメカニズムを調べました。その結果、少なくとも子マウスの場合、おとなしくなるためには、首筋の触覚を介した親らしい運び方の知覚と、空中を運ばれていることから生じる固有感覚（筋や関節の知覚で、姿勢制御や四肢の運動に重要）刺激の両方が必要であることがわかりました。また、小脳と呼ばれる姿勢や運動の制御に重要な脳部位が、体を丸めたコンパクトな姿勢のコントロールに必要であることもわかりました。

では、子どもの輸送反応がうまく起こらないと、親に

どんな影響が出るのでしょうか。感覚遮断によっておとなしくならない子マウスや、小脳機能異常によって体を丸めた姿勢ができない子マウスを母親マウスに運ばせてみました。すると、どちらの場合も、母親マウスが子を運ぶのにかかる時間が、正常な輸送反応を示す子マウスよりも長くなることがわかりました。幼弱な子マウスにとって、親の子運びの時間が長くかかることは、自分の命が危険にさらされる時間が長くなることを意味するでしょう。実際に、野生では、巣が壊れる、敵が近づいているなどの緊急事態に、親は子をくわえて運んでいくことが知られています。危険が迫っている時に、子どもが暴れたり運びにくい姿勢をとったりして親の移動を邪魔してしまうと、その子は置いていかれてしまうかもしれません。私たちの普段の子育てを思い返しても、そり返るなど抱きにくい姿勢のまま泣いている子を抱いて移動することが、いかに大変か容易に想像できます。こうしたヒト乳児と子マウスの両方を対象にした一連の実験を通して、ほ乳類の子どもはおとなしくなる輸送反応によって、自分を運んでくれる親の子育てに協力していると考えられています。

ところで、ヒトの乳児は、親でなくても、助産師や保育士など慣れている人が抱っこして歩くとすぐに泣き止みます。実は、ヒトによる抱っこではなく、バウンサーや揺りかごなど適切な刺激を与える育児用品でも泣き止むことが経験的に知られています。しかし、成長とともに人見知りするようになるため、「誰に」抱っこされているかによって、おとなしくなることもあれば、むしろ泣き出してしまうこともあります。

マウスにも「人見知り」に相当するような反応があるのかはまだ明らかにされていませんが、子マウスの輸送反応も成長にともなって反応のオン・オフが複雑になることが知られています(Yoshida *et al.*, 2018)。子マウスは、生後三週目の終わり頃になると離乳を迎え、ひとり立ちします。離乳する前のさまざまな日齢の子マウスを、三〇分だけ母親がいない環境に置いてから、指でつまみ上げて輸送反応を調べました。すると、生後一二日目までは、子マウスは母親がいてもいなくても、輸送反応の誘導に必要な感覚刺激が与えられさえすれば、反射のように体を丸めてじっとおとなしくなります。しかし、まぶたが開いて、歩くのが上手になってくる生後一三日を過ぎた頃から、母親がいない環境に置いた後は、輸送反応が起こりにくくなり、つまみ上げても逃げようと空中で暴れるようになりました。マウス実験から、この成長にともなう変化には、前帯状皮質と呼ばれる大脳皮質の一部がかかわっていることがわかりました。

ヒトでもマウスでも、輸送反応は、はじめは単純に、運ばれることで生じる刺激によって自動的に起こります。しかし、成長とともに、不安が高まった状況で運ばれそうになると、子どもはおとなしくなりにくく、むしろ抵抗するような反応を示します。こうした状況に応じた高度な輸送反応のコントロールには、大脳皮質のような生後に大きく発達する脳領域が重要である可能性が高いと言えます。

研究紹介コラム

筆者は、本文に述べた輸送反応の研究をしており、日常的に親が行っている「抱っこして歩く」動作に対する乳児の生体反応データを発表しました。言葉や文化の違いを超えて、すぐさまいろいろな国のメディアで取り上げられ、大変驚いたことをよく覚えています。それだけ乳児が泣き止む方法への関心が世界的に高いのでしょう。もちろん筆者たちが発表したことは、泣き止ませる方法ではなく、乳児の生理的な特徴です。多くの場合、特に第一子の子育ては、お父さんもお母さんもわからないことだらけで、正誤入り混じる大量の育児情報の中で奮闘する毎日です。自分の子育て方法に対して、まだ言葉がしゃべれないわが子がどう感じているのか、フィードバックを得ることができません。そんな中、「親が抱っこして歩く時、乳児もおとなしくなることで協力している」という、実験に裏づけられた「知識」を提供したことで、子育てへのやる気を出したり、心の負担を軽減したりすることに、多少なりとも貢献できたのかもしれません。発表して六年ほど経ちますが、国内外の子育てにかかわる記事などで今でも紹介されています。自分たちが行った基礎研究の成果がすみやかに社会に還元されたことを知ると、改めて研究してよかったと思います。現在は、ふれあいで起こる親子の変化について、発達を追いながら解析を進めています。

子育てエッセイ

ヒトでもマウスでも、できなかったことがちょっとずつできるようになっていく子どもの変化を見ているのは、とてもおもしろいです。何度も試行錯誤して、一つの動作ができるようになる様子は愛らしいですし、時に感動的です。わが家には五歳の娘が一人います。生物学を専攻していたこともあり、娘を出産した後、胎盤を見せてもらったり、実際に授乳を経験したりして、改めて自分がほ乳類であることを実感して、深い感慨を覚えました。夜泣きの際にはもちろん抱っこして歩き回り、輸送反応が起こることを試してみました。日々の子育てから研究テーマの着想を得ることもよくあります。

たいていの研究者は四六時中、研究のことを考えています。どこにいても頭の片隅には常に研究のことがあると思います。私もそんな大学院生活を過ごしていたので、公私にわたって考えられる・体験できる生命現象を研究テーマにしようとあれこれ考えました。その結果、まだ結婚もしていない時から、親子関係を研究することに決めたのです。毎日毎日マウスの子育てを見ていたので、自分もすぐに子どもができると気楽に考えていました。ですが、現実は、なかなかそうも行きませんでした。研究に協力してくださるお母さんたちに複雑な気持ちでお会いして、親子を長期的な研究テーマに選んだことを悔やんだこともありました。しばらく子どものことを考えるのはやめよう、と思った頃、幸い子どもに恵まれました。この数年にわたる葛藤を経験してからは、子どもや子育ての話をする時、ひいてはほかの人と対話をする時、「自分には見えていない事情があるかもしれない」と一呼吸置くようになりました。子どもは社会の財産です。今も昔も、親だけで子どもを育てることは、非常に困難です。子育てしやすい社会をつくるには、いろいろな立場の人、いろいろな事情を抱える人に協力してもらう必要があります。基礎研究は、実際にやってみないとどんな結果になるかわからないものなのですが、将来的にほんの一部でも、子育て支援に貢献できたらいいな、という思いで研究に取り組んでいます。

さらに学びたい人のための参考文献

ボウルビイ、J.／作田勉（監訳）（一九八一）．ボウルビイ母子関係入門　星和書店

引用文献

Brewster, J. & Leon, M. (1980). Facilitation of maternal transport by Norway rat pups. *Journal of Comparative and Physiological Psychology, 94(1)*, 80-88.

Esposito, G. *et al.* (2013). Infant calming responses during maternal carrying in humans and mice. *Current Biology, 23(9)*, 739-745.

小出剛（二〇一五）．マウス実験の基礎知識　オーム社

黒田公美（二〇一五）．父性愛と母性愛　生体の科学、第六六巻第一号、五八―六五頁．

Tsuneoka, Y. *et al.* (2015). Distinct preoptic-BST nuclei dissociate paternal and infanticidal behavior in mice. *The EMBO Journal, 34(21)*, 2652-2670.

Weissbrod, L. *et al.* (2017). Origins of house mice in ecological niches created by settled hunter-gatherers in the Levant 15,000 y ago. *Proceedings of the National Academy of Sciences of the United States of America, 114(16)*, 4099-4104.

Yoshida, S. *et al.* (2018). Corticotropin-releasing factor receptor 1 in the anterior cingulate cortex mediates maternal absence-induced attenuation of transport response in mouse pups. *Frontiers in Cellular Neuroscience, 12*, 204.

7 おっぱいはいつまであげる?――ニホンザル

山田一憲

1 どんな動物?

ニホンザルとは

ニホンザル(*Macaca fuscata*)は、南は鹿児島県の屋久島から、北は青森県の下北半島にかけて生息する日本の固有種です。日本以外には生息していません。下北半島のニホンザルは、ヒト以外の野生霊長類が生息する最北端の場所にすむため、「北限のサル」として有名です。そもそも熱帯地域に生息することが多い霊長類の中で、ニホンザルは寒冷地でも生息できるように適応してきたという特徴を持ちます。世界では「サルは暖かい地域に生息している動物」というイメージが強いようです。寒い雪の中で過ごす姿が印象的なニホンザルは「スノーモンキー」と呼ばれることもあります。

ニホンザルは、複数の成体オスと複数の成体メスとその子から構成される複雄複雌の集団をつくって暮らしています。集団の個体数は、十数頭から三〇〇頭を超えるまでさまざまです。オスは性成熟を迎える四～八歳頃に生まれた集団を離れ、別の集団に加わるか、単独で生活します。一方でメスは生まれた集団に生涯とどまります。メスの初産は五～六歳であり、寿命は二〇年くらいあるため、集団の中には娘と母と祖母といった母系の世代重複が生じます。このように、複数の世代が同じ環境を共有しながら一緒に暮らしている動物は、実はあまり多くありません。

会いに行ける野生動物の赤ちゃん

野猿公苑の存在は、ニホンザルと私たちヒトとの関係を特徴づけます。野猿公苑とは、エサを使って野生集団を特定の場所に集めて、ヒトが間近にニホンザルを観察できる施設のことです。動物園とは異なり、サルを閉じ込める囲いはありません。サルは自然の中を自由に移動することができるので、朝晩は山の奥で寝泊まりし、日中は餌場で過ごすことが一般的です。温泉に入るサルで世界的に有名な地獄谷野猿公苑（長野県）や、京都市内を一望できる嵐山モンキーパークいわたやま（京都府）など、全国で一〇苑ほどの運営が続いています。これらの野猿公苑は、一九五〇年代から六〇年代にかけて設立されており、すべて五〇年以上の歴史を持っています。

野猿公苑のサルたちは、ヒトにとても慣れています。とりわけメスザルは、生まれた時から野猿公苑の管理者や観光客や研究者の近くで生活しているため、公苑内のヒトは自分たちに害を与えないことをよく理解しています。子連れのクマは危険だと言われるように、通常の野生動物の母親は子を守るために周囲の状況に対して神経質になります。しかし、ヒトに慣れている野猿公苑の母親ザルは、おおらかにその子育ての様子を見せてくれます。野生ニホンザルの行動を間近で詳細に観察できる野猿公苑は、私のような動物研究者だけでなく、一般の来園者にとっても大変貴重なフィールドです。本章では、この野猿公苑から明らかになったニホンザルの子育ての姿をお伝えしたいと思います。

2　どんな子育て？

ニホンザルの妊娠

秋から冬にかけてがニホンザルの交尾期です。約六カ月の妊娠期間を経て、春から初夏にかけて出産期となります。スノーモンキーにとって、寒くて食料の入手が困難な冬に出産して赤ちゃんを育てるよりも、暖かな春に出産して、厳しい冬が来るまでに子どもをある程度成長させておくほうが、適応的であるようです。ニホンザルは一度の出産で一頭の子しか産みません。双子が生まれた記録もありますが、ニホンザルの双子はヒトの双子よりもずっとまれです。出生時の体重は約五〇〇グラムで、ヒトの両手に乗せられるくらいの大きさです。成体メスの体重は七〜一〇キログラムですから、母親ザルは自分の体重の五〜七パーセントの子を出産することになります。この値は比較的ヒトに近いと言えるでしょう。ちなみに成体オスの体重は一〇〜一五キログラムで、メスよりも大きくなります。出産間隔は二〜三年で、寿命に近い二〇歳程度まで出産を繰り返します。六歳で初産を迎え、二年の出産間隔で二〇歳まで出産をしたとすると、生涯の出産回数は七回程度となります。一四年の繁殖期間と聞くと長い年月に感じられますが、出産の時期が限られていること、産子数が少ないこと、出産間隔が長いことから、生涯に残すことのできる子どもの数は、それほど多くはありません。つまり、ニホンザルは少産少死の繁殖をする典型的な動物であると言えるでしょう。

交尾期のニホンザルは、メスもオスも複数の異性と乱婚的に交尾をします。つまり、マーモセットやテナガザルのようなペア型の動物で見られる明確で比較的安定したつがい関係や、ヒトのような制度や法律で決められた夫婦という関係が存在しないため、子どもの父親が誰なのかがわかりません。DNAを用いた父子判定を行えば研究者は父親を判定することができますが、メスたちは同じ群れのオスだけでなく、群れの外のオスとの間にも、頻繁に子をつくっていることが明らかになっています。父親が誰なのかを推定することはサルにとっても難しいことのようで、ヒトやマーモセットのようなオスによる子育てはニホンザルでは見られません。

ニホンザルの出産場面

ニホンザルの出産を観察したことがあります（中道ほか、二〇〇四）。昼間に活動する霊長類の多くは夜間に出産します。私の観察事例では、なぜか昼間に陣痛と出産が起こりました。母親ザルはBarisa '71 '85 '95という名前の、八歳の個体でした（以下、バリサと呼びます）。バリサは前年に初産を迎えていましたが、赤ちゃんは一週間で死亡し、その死体を二日間持ち運んでいたという経緯がありました。私はその日、バリサが木陰でうつ伏せになりながら、時折背中を丸めたり、逆にそらせたり、奇妙な姿勢をとることに気づきました。それは出産の二時間前のことで、陣痛が始まったことを意味していました。出産が近づくにつれ、この陣痛の回数と持続時間は長くなっていき、バリサは頻繁に陰部を触って、その手をなめていました。娩出は一瞬の出来事で、バリサが腰を持ち上げた時に、つるっと赤ちゃんが生まれ落ちました。分娩において、バリサも赤ちゃんも鳴き声をあげることはありませんでした。バリサは、まず赤ちゃんをなめ、続いて自分の手をなめ、その後に出産場所に付着した血液や体液をなめとりました。後産は二五分後で、バリサが自分で引っ張り出しました。ニホンザルは、昆虫を食べることはあっても、ほ乳類の肉を食べることはありません。しかし、出産後の母親ザルは胎盤を食べます。バリサもものすごい勢いで胎盤をたいらげました。胎盤がなくなると、赤ちゃんの腹部にくっついたへその緒が残ります。バリサは口と手を器用に使って、へその緒の中身までしごき出して食べていました。へその緒は赤ちゃんにくっついたままですが、半日もすると乾燥し、翌日にはお腹から自然にはがれ落ちます。もし野猿公苑などでへその緒のついた赤ちゃんを見かけた時はラッキーです。その赤ちゃんはその前の晩に生まれたことを意味します（図7-1）。

バリサの出産を観察して印象深かったのは、ニホンザルのお産が母親単独でなされるという点でした。赤ちゃんを受け止める助産師さんがいないことはもちろん、陣痛から、分娩、産後と、バリサは五時間ほどの時間をずっとひとりで過ごしていました。普段は頻繁にかかわる妹がバリサに近づくことや、バリサのほうから近づいていくこともありませんでした。ヒトのお産が、当事者だけでなく、家族や周囲の人々を引きつけるとても社会的な出来事であることと対照的です。バリサが胎盤を急い

図7-1　前日の夜に生まれた赤ちゃんザル
母親ザル（バリサとは別の個体）の左後肢の前に、へその緒と胎盤の一部が見える。

で食べきったことや、地面についた血やへその緒に残る体液まできれいになめとったことを考えると、出産は捕食者に狙われやすい危険な場面であるため、周囲の個体もあまり近づかないということがあるのかもしれません。かつて日本列島にはニホンオオカミが生息しており、ニホンザルの天敵であったと考えられています。現在でも、野犬やペットのイヌに対して、ニホンザルは強い忌避反応を示します。そのほか、イヌワシが子ザルを襲う場面が観察されていることから、猛禽も潜在的な捕食者であると考えられています。

3　ヒトとの比較・つながり

さまざまな子育て行動

生き物は、自分の遺伝子を複製し、次世代に残すという特徴を持っています。周囲の環境が次世代の生存に適していれば、よりたくさんの遺伝子を後世に残すことができます。ニホンザルが行う子育て行動は、子ザルが生存しやすい環境を母親ザルが提供することで、自らの遺伝子が残る可能性を高める行為であるととらえなおすことができます。

授乳は、ほ乳類であるニホンザルにとって、重要な子育て行動です。生まれて間もない赤ちゃんザルは、環境の中から自分で適切な食べ物を探し出して、口の中で噛み砕いて飲み込み、消化して栄養として摂取することができません。未熟な赤ちゃんザルに対して、母親ザルは自分の血液中の栄養素をミルクに変えて分け与えます。ニホンザルでは、生後半年以内に母親ザルが死亡すると、多くの場合その子ザルも死亡してしまいます。ニホンザルの赤ちゃんが授乳を受けられるのは、通常自分の母親ザルからに限られており、養母が存在しないためです。

運搬も同様です。ニホンザルの集団は遊動域と呼ばれるなわばりを移動しながら暮らしています。食べ物を探しながら山を移動する時は、一日に三キロメートル以上移動することもあります。身体能力が未熟な子ザルがそのような長く険しい山道を成体と同じように移動するのは難しいため、母親ザルは子を連れて移動します（図7‐2）。子ザルは、生後半年くらいまで母親ザルのお腹にしがみつき、その後は母親の背に乗って運搬してもらいます。

母親ザルが子ザルに行う毛づくろいも、子育て行動です。毛づくろいは、体についたシラミの卵を取り除く行動です。シラミは感染症を媒介する危険性がある吸血動物であるため、サルは毛づくろいを行うことでそれを除去し、衛生状態を維持しています。母親ザルが最も頻繁に毛づくろいを行う相手は、自分の子です。私が一歳の子ザルとその母親ザルを観察した時は、母親ザルは日中の約一〇パ

図7-2　生後半年の子を運搬している母親ザル

ーセントの時間をその子ザルに対する毛づくろいにさいていました。一方で、子ザルが母親ザルに毛づくろいしたのはわずか〇・五パーセントでした。相手の衛生状態を高めるのが毛づくろいのはたらきだとすると、母親ザルは子ザルに比べて二〇倍熱心であることを意味します。以上のように、さまざまな子育て行動を通じて、母親ザルは子ザルの生存可能性を高める環境づくりを行っています。

いつまで子育てを行うか？

母親ザルが子ザルに対して熱心に子育てを行うほど、その子ザルの生存率は上昇するでしょう。しかし一方で、今いる子ザルに時間とエネルギーをさきすぎると、母親ザルは疲弊して、次の子をつくる余裕を失うことにつながります。今いる子も、将来生まれるかもしれない子も、母親ザルにとっては自分の遺伝子を等しく引き継いでいます。そのため、今いる子が十分に成長した時には、母親ザルは、今いる子への養育を切り上げて、次の繁殖に取りかかったほうが、限りある寿命とエネルギーを効率的に利用することができます。これが、母親ザルによる子離れが始まる理由となります。

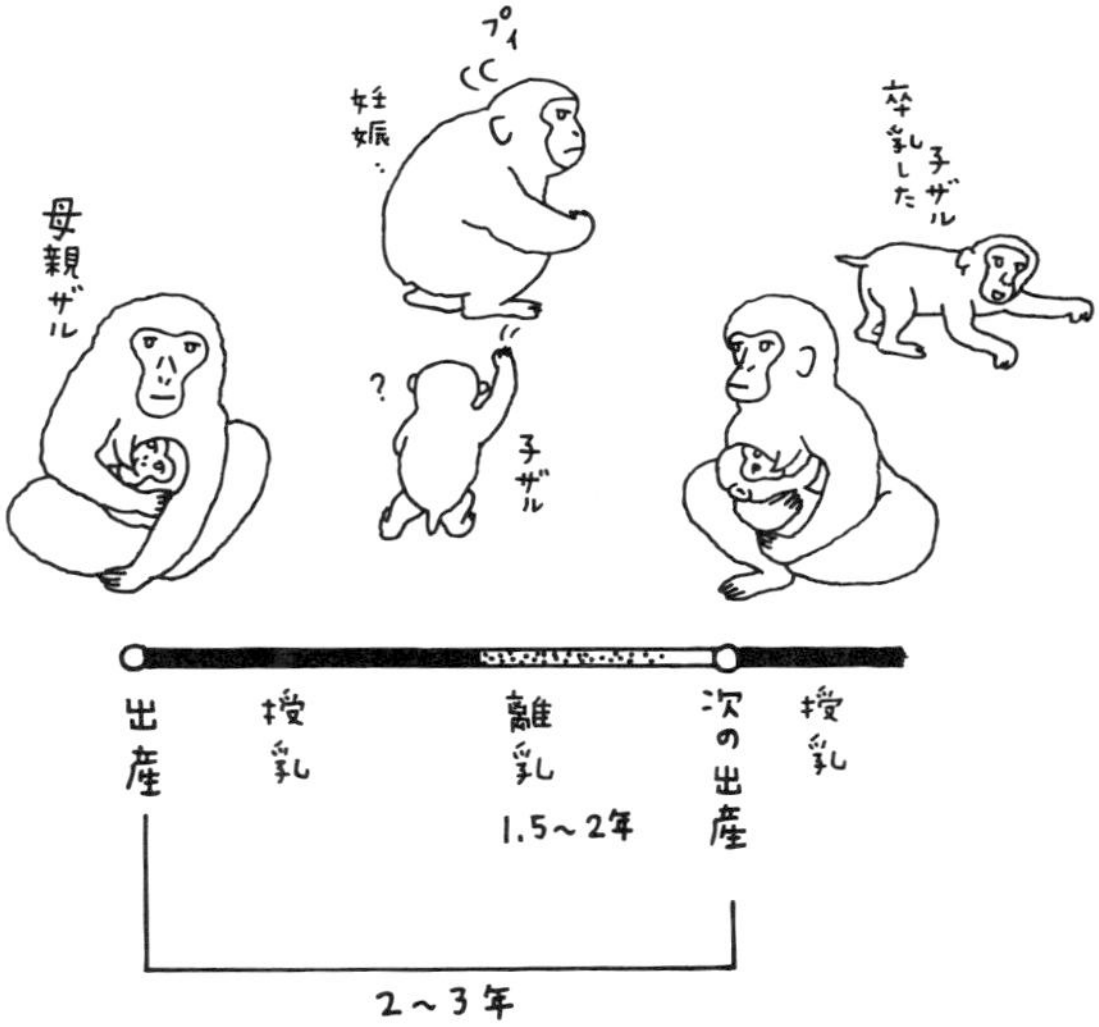

生後初期の子ザルは、いつでも母親ザルの胸の中に入って授乳を受けられます。しかし、生後半年を過ぎると、乳を求める子ザルに対して、母親ザルが咬んだり、威嚇したり、払ったりするなどの拒否行動を示すようになります。これが離乳の始まりです。完全に授乳が終わるのは（つまり卒乳するのは）、母親ザルが次の子ザルをいつ出産するかによって変化します（田中、二〇〇二）。母親ザルが二〜三年の出産間隔で次の子を産む時は、年長の子ザルは一歳半を過ぎ二歳になる手前頃まで授乳を受けることが多いです。これは、母親ザルが次の子を妊娠しているか、妊娠可能な時期にあたります。母親の栄養状態がよく、二年連続で出産する場合は（つまり、出産間隔が一年の場合は）、次の子を出産する直前まで授乳が続きます。年下のきょうだいが生まれると、年上のきょうだいが授乳を受けることは基本的にはありま

図7-3　三世代の毛づくろい
祖母が母親ザルに、母親が三カ月齢の子ザルに毛づくろいしている。

せん（イラスト）。

　運搬行動も、年下のきょうだいが生まれると、母親ザルからは受けられなくなります。一歳を過ぎた子ザルは自立歩行することが多くなりますが、それでも年下のきょうだいがいなければ、川を飛び越える時、野犬に出くわした時などは、母親ザルの背中に飛び乗って移動を支援してもらえます。しかし、年下のきょうだいがいる場合は、そのような状況でも自力で移動しなければなりません。

　年下のきょうだいが生まれると、母親ザルが最も頻繁に毛づくろいする相手は、その新しいきょうだいに移ります。年上のきょうだいは、社会関係のネットワークを、血縁個体や同年齢の子ザルなど、母親ザル以外にも広げて、毛づくろいをしてくれる相手を増やすことで、衛生状態を維持していきます。ただ、年下のきょうだいが生まれたとしても、母親ザルからの毛づくろいがすべてなくなるわけではありません。年下のきょうだいが次々と誕生するにつれて、たしかに母親ザルから受ける毛づくろいの量は減少していきますが、子にとって母親ザルはいつまでも頻繁に毛づくろいをしてくれる相手のひとりです。この関係は子が成体となっても継続します。子が母親ザルに行う毛づくろいの量と、母親ザルがその子に行う毛づくろいの量を比較すると、子が未熟な時はもちろん、成体や高齢になった時であっても、その母親ザルが生存している限り、後者の母親ザルが行う毛づくろいの量のほうが多くなるようです。親は、いつまでたっても子に与えようとする存在であることを示す、興味深い現象だと思っています（図7-3）。

ニホンザルの子育ての終わりは、母親ザルと今育てている子との関係性だけで決まるものではなく、将来の繁殖がいつなされるのかによって影響を受けています。授乳や運搬など、母親ザルにとって負担の大きな子育て行動は、次の子を妊娠するか出産することで終了します。年の違う二頭の子に対して同時に授乳をしたり運搬したりすることは、ニホンザルには難しいようです。一方、毛づくろいのような比較的負担が小さい子育て行動であれば、子が複数いたとしても、時間配分を調整することで、母親ザルは子の衛生状態の向上に年老いるまで貢献しているようです。

私たちヒトの世界では、避妊の知識と技術が発展し、子をつくるかどうかをコントロールしやすくなりました。将来の繁殖を抑えることで今育てている子に対してより多くの時間とエネルギーを与えるだけでなく、最初の子をつくる時期を遅らせて親が自分の資源をより大きく蓄積した後、生まれた子に対してその資源を集中的に投資していくこともできるようになりました。子育てをめぐる親と子の関係性が将来の繁殖可能性に影響を受けるのは、ヒトもニホンザルも同じであるように思います。

研究紹介コラム

私は、神庭の滝自然公園（岡山県）と淡路島モンキーセンター（兵庫県）という二つの野猿公苑を研究フィールドとしています。これらの野猿公苑では、サルの個体識別をしています。個体識別というのは、ヒトがサルを一頭一頭区別して、名前をつけて、観察を行う手法のことです。サルの顔をよく見ると、私たちヒトの顔と同じようにそれぞれ個性があって、見分けることができます。個体識別によって、誰が、いつ、どの母親ザルの子として生まれ、いつ死亡したかの情報を蓄積することができます。これらの情報は、ニホンザルの行動と社会を調べる上で欠かすことができません。

今、私たちは深層学習を利用して、サルの顔を識別するシステムを開発しています。スマートフォンでサルの顔写真を撮ってサーバに送ると、その個体の名前、年齢、性別、順位、これまでの生活史の情報を送り返してくれます。将来的には、透過性のVRメガネにプログラムを組み込んで、野猿公苑でサルを見れば、そのメガネに個体情報が投影されるようなシステムをつくりたいと思っています。このシステムを利用すれば、誰でもすぐに、研究者のように個体識別ができるようになります。

このシステムはまだ完成していませんが、読者のみなさんが野猿公苑へ行って、職員さんからサルの名前を教えてもらうことはいつでも可能です。一組の母親ザルと子ザルの名前を教えてもらって、繰り返しその親子に会いに行くことで、彼女たちに愛着を深めながら、子の成長を見守っていくことができます。一般の方が野生動物の生涯を観察できる場所は、野猿公苑しかないのではないでしょうか。ぜひ、全国各地の野猿公苑に出かけて、ニホンザルの子育てを観察していただきたいと思います。

子育てエッセイ

自分の子育てに言及することは、私にとってはなかなか難しいことです。少しでも油断すると、いかに自分が子育てで苦労しているかの披露になり、それは子育てに積極的にかかわるよい夫、よい父親であることをアピールしているようで気後れします。逆に、子育て最高です！　楽しいことしかありません！　と宣言するのも、多少事実と異なる気がするし、「それはお前が子育ての都合のいい側面にしかかかわっていないからだ」と批判されるスキをつくるような気もして怖いです。

妻も私も勤めに出ていますので、子育ての負担が半々になるように調整したいと思っています。でも、私は泊まりがけの調査に出かける必要があるので、どうしても妻の負担が大きくなってしまいます。妻の体調が悪い時に、子ども連れで調査に出かける計画を立てたこともありましたが、大学からストップがかかりました。子どもに万が一のことがあったらいけないからとのことでした。たしかに、もっともな理由です。でも、私が女性研究者であったとしても、ストップはかかったのだろうかとも考えます。男性研究者の地位向上のためにも、強行突破すべきだったのかもしれません。

本文でもふれましたが、子育ては自分の子どもの生存可能性を高めるいとなみであるので、本来はきわめてプライベートな行為で、利己的な行為のはずです。事実、ニホンザルは、他個体の子育てのしかたには全く興味がないように見えます。一方で、私たちヒトの社会では、他人の子育てに強い関心を持ちます。国が「産めよ、殖やせよ」を奨励したり、「少子化」を問題視したりします。個人レベルでも他人の子育てへの興味は高く、子育てはSNSを華やかにし、子育てマンガや子育てエッセイなどを数多く出版させます。子育ては、ヒトにとって社会的なものであることを実感します。

ほ乳びんと粉ミルクは、人類の大発明です。私のような男性でも授乳ができるようになりました。粉ミルク缶には、子どもの成長に応じた「適切な」ミルクの量が書かれています。つまり、親としての「正しい子育て」がそこに書かれています。私の長男は、体調が優れなかったので、ほ乳びんを使ってミルクを与えていました。ほ乳にもすぐに疲れてしまい、十分な量のミルクが飲めませんでした。私たち夫婦は、少しでもミルクを飲んで元気になってほしいと思っていましたし、「適切な量」のミルクが飲めないことに焦りも感じていました。ほ乳びんはよくできていて、多少息子が嫌がって顔をそらしても、乳首を口にあてがい続けることができます。新生児にはルーティング反射があり、口もとを乳首でつつくと、そちらに顔を向けて口にくわえこもうとします。本人はミルクを飲みたくなくても、反射によって乳首をくわえてしまうため、しばらくすると少しだけミルクを飲んでくれます。こんなやりとりを延々と続けることで、ほ乳量を稼いでいました。ミルクを適切に飲んでもらいたいという私たちの思いは切実なものでしたが、息子はきっとうんざりしていたと思います。よい子育てとは、誰にとってよいものなのでしょうか？　それは親の立場と子の立場と社会一般の立場とで違うんだよということを、進化の視点は私たちに教えてくれています。

さらに学びたい人のための参考文献

伊谷純一郎（二〇一〇）：高崎山のサル　講談社

中道正之（二〇一九）：写真でつづるニホンザルの暮らしと心　大阪大学出版会

引用文献

中道正之ほか（二〇〇四）：勝山ニホンザル集団での出産観察と母親行動に関する事例報告　霊長類研究、第二〇巻、三一—四三頁．

田中伊知郎（二〇〇二）：「知恵」はどう伝わるか　京都大学学術出版会

8　ミルクでパパも子育て――ハト

牛谷智一

1　心理学実験で使われるハト

鳥類は、ほ乳類と同様に、脳を大きく発達させることで、いわゆる「知性」というものを利点とする進化を遂げてきました。鳥類も、子育てをする種が多く、種それぞれが自らの環境に最適な子育て戦略を持っています。この本に登場するほかの動物同様、鳥類の子育てからヒントを得ることも多そうです。

著者が主たる研究対象としているのは、ハトです。ハトは、心理学ではよく用いられる実験動物であり、ハトを用いた心理学研究にふれずに一〇〇年以上続く現代心理学の歴史を語るのは困難です。

多くの人が日常見かけるのは、神社や公園で大量にパンくずなどに群がるハトで、種としては「ドバト」と呼ばれています。これは、アフリカ北部からアジアにかけて広範囲に生息していた「カワラバト」(*Columba livia*)を原種とする種であると言われています。カワラバトは、紀元前三〇〇〇年

図8-1　心理学実験中のハト

頃にはエジプトで家畜化されていました。当時の人々がハトを家畜として利用したのは、彼らがこの「カワラバト」を家に連れて帰っても、自分の巣に帰る性質に気づいたからかもしれません。この「帰巣本能」を利用すると、簡単な「無線」通信ができます。自分の家で幼鳥の頃から育て、家のまわりを飛ぶように訓練します。旅や遠征に行く時にそのハトをかごに入れて連れて行きます。よく訓練されたハトは、家の主人が家から遠く離れた場所で離しても、自分の巣＝主人の家に帰り着こうとします。そのハトに通信文（「元気だよ」とか「援軍を頼む」などといった文章）を添えれば、ハトは（自分でその手紙を運ぼう、という意思がなくとも）消息を家の人に伝えることができます。このような世界最古の無線通信手段であるハトも、たまに迷いバトとなって野生化します。現在世界中の多くの場所で見られるドバトは、巣に帰りつくことができなかった迷いバトの子孫なのでしょう。

心理学で使われるハトも、動物種という意味では、みなさんが今頭に思い浮かべている、神社や公園にいるハトと同じです。しかし、心理学では、野生のものを使うケースは少なく、ブリーダーのもとで育てられた系統の個体をもらったり、買い受けたりすることがほとんどです。著者の研究室でも、日本鳩レース協会の社会事業の一環として譲り受けた個体を使っています（図8-1）。鳩レースは、世界中の愛好家によってたしなまれている趣味で、前述の通りハトには優れた帰巣本能があるため、それを利用して、時に数百キロから一〇〇〇キロメートル程度までの長距離を帰巣する際の速度を競うレースです。長距離を高速で帰巣する優秀な個体はもちろんのこと、レース用に繁殖させた系統の個体は、神社などにいるドバトよりも体が一回り大きく、頑丈で、くちばしのつけ根にある鼻瘤《びりゅう》も大きいため、精悍な印象を受けます。

このような違いはあるものの、実験に使われる系統のハト（実験バト）も、その辺にいるハト（野生バト）も、生物種としての基本的な性質に違いはなく、食べる物も、同じです。筆者の研究室で実験バトに与える主たる食料は、メイズ（トウモロコシの粒のこと）やマイロ（コーリャンの粒のこと）、コムギ、ソバなど、いわゆる穀物の種子です。

2　ハトの子育て

鳥類の子育てというと、猛禽類が小動物を狩ってきてヒナがそれを丸呑みしたり、ツバメが虫を捕まえてきてそれを口移ししてもらったり、というイメージがあるでしょう。しかし、穀物食のハトの場合はどうでしょうか？　そのまま大きなトウモロコシをヒナにくわえさせるのでしょうか？　成熟した種子は、固い殻を持つことが多く、そのままではふ化したてのヒナの未発達な消化器官には優し

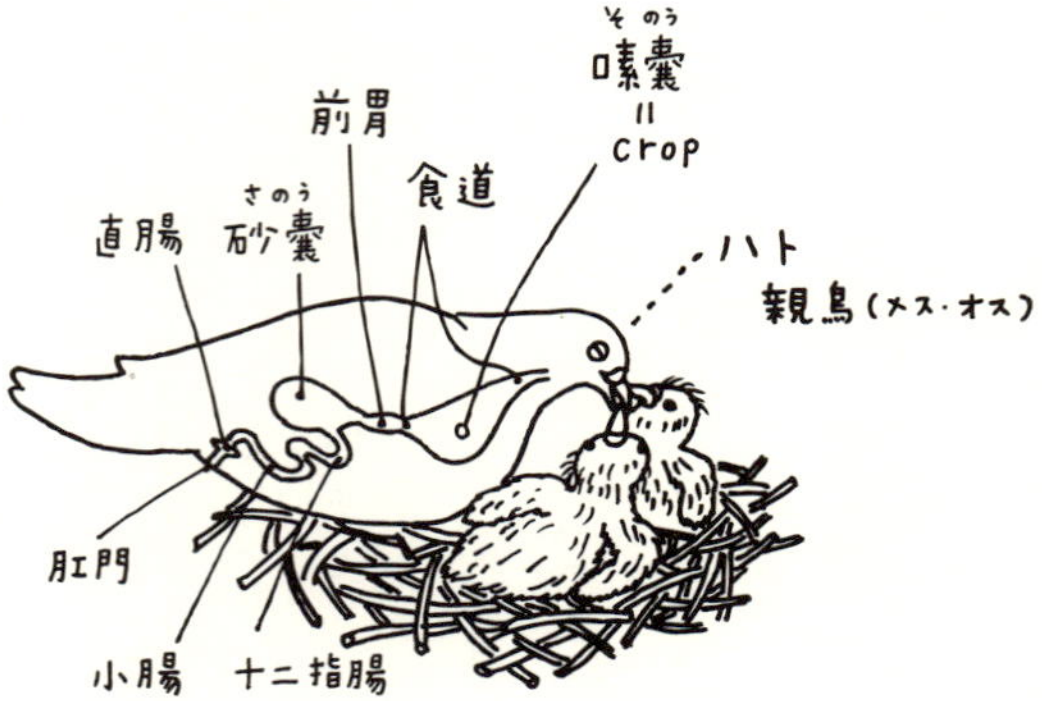

くなさそうです。

ハトは、特殊なやり方を進化させました。親鳥は、「そのう」(crop)と呼ばれる消化器官の壁から分泌されたミルク状の物質を吐き戻し、ヒナに与えます（イラスト）。この物質は、「そのう乳」(crop milk)と呼ばれたり、ハト目の鳥に特徴的な養育物質として「ハトミルク」(pigeon milk)と呼ばれます（ハト以外にも、フラミンゴやペンギン（第15章参照）で、同様のそのう乳による子育て行動が見られます）。ほ乳類の乳になぞらえるほど栄養価が高く、ふ化から三日程度は、このそのう乳だけでヒナは育ちます。それ以降は、徐々に穀物が混ぜられるようになり（離乳食というわけです）、ふ化後二五日程度でそのう乳による養育は終わります。鳥類では珍しく、ハトはふ化後最長二カ月もの長い期間、巣で育てられますが、その半分の期間は、そのう乳による養育が支えているのです。

ハトが、そのう乳で子どもを養育する理由は、消化器系の未発達だけではないようです。ハトの繁殖期は明確ではなく、比較的年間を通して繁殖します。得られる穀物の種類は季節ごとに限られていますし、どの穀物もタンパク質・脂質の割合が低いので、そのまま与えていては成長期のヒナに与える栄養に偏りと不足が生じてしまいます。そのう乳は、炭水化物を含まず、主としてタンパク質と脂質から構成され、免疫物質も含まれています。消化がよく、ヒナを大きくするのに必要な栄養が豊富に含まれたものを安定して供給できるのは、そのう乳の長所と言えるでしょう（Salas & Janssens, 2003）。

ハトは、一回の産卵につき、二個という比較的少数の卵しか産みません。一回に生成されるミルク量に限界があることを考えると、二個しか卵を産まないことは、都合がよいでしょう。進化的に、ミルクで養育を始めたのが先なのか、それとも一度に少数の子どもしか養育しないことが先なのか、どちらが原因になっているのかわかりませんが、比較的少数のヒナを確実に、コンスタントに育てるのに、このそのう乳が重要な役割を果たしていることは想像に難くありません。

3　ハトの子育てはわれわれに何を教えてくれるか

そのう乳の長所で、ほ乳類の母乳を凌駕する利点が一つあります。それは、オス、つまりヒナの父親も、このそのう乳を生成し、ヒナにあげることができることです。これは、ほ乳類では子どもを産むことのできる性が、同時に乳を生成できる性と一致していることと対照的です。父親は、母親と同じだけそのう乳を与え、同じように子どもの養育に参加するわけです（ちなみに、ハトのオスは、二週間から一八日間にわたる抱卵期間も、日中のきっちり半分の時間、抱卵に従事します）。

もちろん、ここから、父親が育児に参加できるハトは優れた種である、父親が育児に参加することが（ヒトにとっても）適応的である、と結論づけることはできません。ヒトとハトは全く違う種だからです。しかし、乳や乳様の物質で子育てする種同士、ハトとほ乳類の比較は、きっとおもしろいでしょう。

ここで、性的にオス・メス分かれている種で、子の世話が必要な種の子育て戦略を考えてみます。子どもを産むことのできる性が、同時に乳を生成できる性と一致していることは、大変適応的です。受精卵や胎児を身ごもってから産卵・出産までは時間がかかることが多く、産卵・出産する性と養育する性が完全に分業されていると、万一養育する性の個体が死んだりどこか別の場所に行ってしまったりすると、子どもは育ちません。したがって、産卵・出産する性が産卵・出産後にそのまま養育するほうが、子どもの生存率は高まります。産卵・出産する性はたいていメスですので、メスが養育に従事することになります。

この前提のもとで考えると、もう一方の性の個体（たいていはオス）が、自分の遺伝子を持った子孫を繁殖させる戦略には、大きく分けて二つあるでしょう。一つは、完全に養育を放棄することです。交尾時に精子を提供すれば、出産・養育する性はしばらく出産・養育に時間がかかりますので、その間にさらなる交尾チャンスを求めて別の異性にアプローチするほうが、より多く自分の子孫を残せそうです。ただし、この戦略は、必ずしもうまく機能しません。養育には、天敵や危険から身を守るための多大なコストがともなうことが多く、手薄な養育体制では子どもが全滅することもあるからです。

反対に、配偶個体と交尾後も長くつき合う場合にはどうでしょうか？ 産卵・出産前後の養育は、出産担当の性ともう一方の性の両方が担当できます。餌運び役と体温調整役を分業したり、巣の保護役を両個体でシェアしたりできるでしょう。一個体あたりの負担は、半分になります。一度に少数の子どもしか産まれなくとも、確実に成長させ、いずれも性成熟の年齢まで生き延びることができれば、遺伝子は確実に次世代に残ります。もちろん、一夫一妻のペアを形成する鳥でも、ペア外に子どもをつくる種は結構いて、メスが浮気した場合、オスは自分の遺伝子を持たない子どもを育てることになります。この場合、せっかく子育てに参加しても、自分の遺伝子は残りません。しかしハトはペア間の絆が深く、ほとんど浮気しません。配偶者から生まれてくる子どもの父親はほぼ間違いなく自分なので、オスがメスとともに子育てに参加することで、自分の遺伝子が生き残る確率を高めることができます。このことは、オスもそのう乳を分泌して養育行動に当たるメリットが活かせる素地であると言えます。

ヒトの生活史には、どのような繁殖戦略が適当でしょうか？ ヒトは、文明を築き、さまざまな社会制度を自らつくって、その制度に生き方を当てはめてきたので、生物学的な最適戦略をそのまま最適な繁殖戦略とすることは難しそうです。しかし、もしヒトが、少なくとも現代社会の多くの人々が、特定の配偶個体と長くつき合い、継続的に子育てすることを選ぶ場合、前述のハトに代表されるような、両性が等しく子育てに参加する戦略を検討することは、あながち悪手とは言えないでしょう。幸い、現代人には、安定的に高い栄養を赤ちゃんに与えることができる粉ミルクという優れたものがあります。ハトのオスが、栄養調整済みのそのう乳で子育ての半分を担っているように、ヒトの父親も粉ミルクで子育てに参加できます。

4　二一世紀の子育てについて

「女は内で家事・育児、男は外で仕事」のような性別役割分業の考え方は、現代では薄れつつあるように思います。両性が同様に家事・育児も仕事も担うようになることは、社会にとって大きなメリットがあります。われわれの複雑な社会ではさまざまな能力が求められていますので、ヒトの能力にもバリエーションがあったほうが、対処しやすいでしょう。また、個々人が独立した生計の手段を持ち、それぞれの交友関係があって生きていく（交友しないことを選択することも含めて）ことは、個々人の幸福を高めます。どれだけ仲のよい、二人で一人のような夫婦であっても、それぞれが（子育てという間接的な貢献だけでなく、直接的に）社会に貢献し、必要に応じてそれぞれが独立した人間関係を持ち、対等な人間としてお互いに尊敬と尊重の気持ちを持つことができれば、二人の周りの人間や社会はもっと幸せになれるでしょう。

筆者の第一子と末子（第三子）の間には、一〇歳の年の差があります。第一子が産まれてから、第三子の高校卒業まで、実に二八年間、継続的に子育てをすることになります。妻は、第一子・第二子が小さい頃は自宅外の勤務時間が短く、家事も多く負担していました。子どもが二人だけなら、この一般的な性別役割分業のまま、子育て期間が終わってしまったかもしれません。その後、妻の勤務時間は長くなり、ほぼフルタイムになっていきました。また、それとは別に第三子が第一子よりかなり遅れて誕生し、子育て期間が長くなることがわかりました。その中で、性別役割分業という先入観から解放されていくのを感じました。まだまだ妻には家事で大きな負担をかけさせていることを感じますが、負担量を夫婦で半分ずつにすることを目標にしています。ヒトのように子育てに長い期間がかかる動物では、夫婦が独立して社会に貢献することを目標にするなら、男性側が家事を半分受け持つのは、最適戦略として当然の帰結でしょう。ハトを目標にしたことはありませんでしたが、筆者は、結果として、子育て歴一〇年以上かかって、自分の研究対象であるハトのレベルに到達しつつあるように思います。

研究紹介コラム

筆者は、ハトがどのように世界を見ているか研究しています（たとえば、Fujii & Ushitani, 2019）。言葉でたずねることはできませんので、オペラント条件づけという方法を利用します。行動に対してよい結果がともなうと、その行動の頻度が上がる、というのがオペラント条件づけの原理の一つです。たとえば、図形AとBのどちらかをコンピュータ画面の中央に呈示します。その左右には赤い円と緑の円を呈示しておきます。中央の図形がAの時は、赤い円をつつくと餌がもらえますが、緑の円に反応しても餌が出てきません。逆にBの時は、緑の円に反応しなければ餌がもらえません。これを十分に訓練すれば、新しい図形Cを呈示した時、ハトにとってCがAに近いと見えているか、Bに近いと見えているか、調べることができます。

　最近は、ハトの優れた帰巣能力の背景にある空間認知についても調べています。目印を手がかりに、隠れた餌を探すように訓練します。隠れた餌をすぐに見つけられるようになったところで、目印の方向や位置を変化させたり、複数の目印がお互いに矛盾するように置かれたりする状況下でテストします。これによって、ハトが、目印をどのように使っているか、知ることができます。

　ハトの視覚認知や空間認知は、ヒトと似ている部分も、異なっている部分もあります。それらの分析からわかってきたのは、ハトの知性は、ヒトの知性と比べて優劣を判断すべきものではなく、彼らの生活様式に最も適合するよう進化してきた、ということです。

子育てエッセイ

　三人の子どもを育てる機会の中で、三人が三人とも全然違う心的なあり方をしていることに感心してしまいます。臆病（つまりは慎重である）だったり、大胆（つまりは勇気がある）だったりします。他の人の言葉に敏感だったり鈍感だったりします。友達をいっぱいつくったり、逆に少数の友達と深くつき合ったりします。もちろん、勉強に熱心で宿題なんかさっさと片づけたり、逆に、勉強嫌いでも遊びの名人だったりします。同じように育てようとしても、これだけベースとなる性質が違うので、同じような人間には育たないでしょう。この個性を大切にしたいと思います。それぞれの子どものいいところを見つけ、それを尊重し、見守っていく、ということは、私が認識や心的な情報処理の種差や多様性を研究しているからこそ得られた教訓です。

一方、ハトの認識を調べる時に、オペラント条件づけを応用して訓練する必要があり、その経験からも重要な教訓を得ています。前述の通り、自発的な行動に対して結果がともなうと、その結果の内容によって当該の行動の頻度が増減します。この原理は強力で、ヒトやハト以外にも多くの動物に応用が可能です。このように書くと簡単に聞こえるかもしれませんが、動物の訓練には工夫が欠かせません。報酬の量やタイミング・確率、図形の種類やその出現頻度などをうまく操作してやる必要があります。なかなか成績が向上しないのにある工夫で成績が向上すると、「あぁ、ハトはこの課題ができなかったのではなく、私がハトの能力を発揮できるような環境をうまく設定できていなかっただけなんだなぁ」と、自分の至らなさを実感します。

ここから一つめの教訓と、一見真逆の教訓が得られます。子どもの行動に望ましくない傾向があるとして、それは、自分がうまく子どもの問題行動を制御できず、よい行動を引き出せていないだけかもしれません。子どもの行動を望ましい方向に導くためには、工夫が必要です。

一つめの教訓は、子どもには生来の個性があるよ、ということでした。二つめの教訓は、子どもの行動は工夫次第で矯正できるかも、ということでした。もし、一つめの教訓に肩入れしすぎて、子どもの個性を微調整すらできないものであると考えるなら、二つめの教訓と一致しません。逆に、二つめの教訓に肩入れしすぎて、どんな行動でも工夫次第で引き出せると考えるなら、これは一つめの教訓と一致しません。実際には、二つの教訓はどちらも真実なのだと思います。子どもは、それぞれ強い個性を持って生まれてくるが、その個性が子どもの選択肢を奪うようなものであるなら、工夫次第でそれをたわめ、人生を豊かにできるはずです。そのためには、子ども一人ひとりの個性を偏見なしに見きわめ、何が得意で、それを伸ばしてあげられるか、何が不得意で、そのために人生につまずかないようにどう微調整してあげられるか、ということを考えなければなりません。自分の研究で得られた教訓を活かしつつ、人間を育てることに取り組んでいきたいと思っています。

さらに学びたい人のための参考文献

黒岩比佐子（二〇〇〇）．伝書鳩　文藝春秋

渡辺茂（一九九七）．ハトがわかればヒトがみえる　共立出版

引用文献

Fujii, K., & Ushitani, T. (2019). Investigation of object-based attention in pigeons (*Columba livia*) and hill mynas (*Gracula religiosa*) using a spatial cueing task. *Journal of Comparative Psychology*, in press.

Salas, J., & Janssens, G. P. (2003). Nutrition of the domestic pigeon (*Columba libia domestica*). *World's Poultry Science, 59*, 221-232.

9　歌はことばを育てる——テナガザル

香田啓貴

1　どんな動物？

テナガザルとは

テナガザルは、読んで字のごとく手が長く見えるサルなので、テナガザルと呼ばれています。実は、日本国内の動物園で比較的多く飼育されています。しかし、私の周辺の友人にたずねても、テナガザルを正確に思い浮かべられる人は滅多におらず、なじみが薄いのも事実です。手が長く見えるのは、ほかのサル類の仲間と比較して、胴体長に対して相対的に長いことに由来していますが、長い手で器用に木の枝から枝に渡っていくので、その器用な手が印象に残りやすいことも関係しているでしょう。体重は五〜一〇キログラム程度と、生後六カ月〜一歳のヒトの乳児ぐらいの大きさです。分類学上、ヒトとチンパンジーに近縁な類人猿ですが、体が小さいことから小型類人猿と専門家は呼びます。

彼らの生息場所は、東南アジア（南北はインドネシア・ジャワ島やスマトラ島から中国雲南省まで、

図9-1　シロテテナガザル

東西はマレーシア・ボルネオ島からバングラディッシュ・インド国境あたりまで）の熱帯林です。熱帯林の木々は樹高が二〇～三〇メートルを超えることもふつうです。ちょうど一〇階建てのマンションぐらいの高さに枝葉が生い茂り、樹冠が広がっている、そんな高所に広がる青々とした空間を思い浮かべてください。樹冠が彼らのすみかです。一日中、高い木々の上で暮らし、主な食べ物である果実（イチジクの仲間など）を探しては食べ、地上に降りてくることはほとんどありません。落下すれば即死してしまうほどの場所で、彼らは手を上手に伸ばし、のんびりと暮らしています。

テナガザル、というのは総称のことで、正確に考えると、テナガザルそのものの名前を持った種がいるわけではありません。タイやマレーシアにはシロテテナガザルがいます（図9-1）。インドネシアにはアジルテナガザルがいます。最新の分類体系によると、一九種に分かれています。しかし、私が研究を始めた一〇年ほど前は一七種に分けていたので、今後どうなるかはわかりません。ゲノム情報に基づき分岐年代を推定する（どれぐらい昔に、たくさんのテナガザルの仲間に増えていったのかを調べる）と、テナガザルの仲間の中で最も遺伝的に違う種同士は、ヒトとチンパンジーよりも大きく異なるということですから、結構な違いです。たくさんの仲間に進化しており、多様性が高いサルだと言えるのです。

夫婦で唱和、核家族

彼らは現代日本社会によく似たような「核家族」で暮らしています。一頭のメス（「母親」）と一頭のオス（「父親」）がいて、その子どもが一～四頭います。子どもたちは七～八歳頃に性成熟を迎え、やがて群れ（「家族」）からひとり立ちし、違った場所で新たな家族をつくっていきます。「家が継承される」ということはないようです。このような群れの形態は「一夫一妻」型の社会と呼んだりします。

テナガザルは「大声」で有名です。二～三キロメートルは声が届くと言われています。ヒトの乳児と同じぐらいの体格、似たようなのどの構造ということを考えると、不思議な声です。お笑い芸人の「ぐっさん」こと山口智充さんがおサルさんの声まねをしますが、あれは「フクロテナガザル」の鳴き声のまねです。東京ドーム一帯に響き渡るほどの大声で、夜明け前後から鳴き始め、それは二～三時間続きます。インドネシアのメンタワイ諸島にすむワウワウテナガザルは、世界で最も美しい声を持つほ乳類とまで言われています。その旋律を持つような美しい響きから、その大声は「テナガザルの歌」と呼ばれています。おもしろいことに、歌には、「メスの歌」と「オスの歌」というものが存在します。旋律に性差があるのです。そして、毎朝、夫婦で歌を唱和しています。これは、「夫婦のデュエット」と呼ばれています。デュエットの役割については、まだ明らかではありませんが、「夫婦の絆を強めるため」とか「家族のなわばりを守るため」といった役割が考えられています。

2　どんな子育て？

テナガザルの妊娠・出産と子育て

妊娠中の行動や生態については、研究が少ないため、その実態はあまり知られていません。代わりに、妊娠に至る前の過程、すなわち繁殖についてはいくつかの事実が知られています。テナガザルの暮らす熱帯林は、明瞭な四季や厳しい冬季がないので、繁殖期のようなものは知られていません。成長とともに家族からひとり立ちをし、相手を見つけてパートナーとなり、自らの居場所・なわばりを持つようになります。その中で、繁殖を開始し家族をつくっていくのです。多くのサルの仲間は、複数のメスと複数のオスからなる集団で暮らしており、メスをめぐるオスの闘いが激しかったり、メスも「よりよい」オス（健康で長寿であるようなオス）の子どもを残すために、メス側から発情の兆候（顔が真っ赤になる、性皮と呼ばれる性器周辺の皮膚が大きく腫れるなど）を知らせて、オス同士の闘いをあおるような駆け引きが知られています。テナガザルのような一夫一妻の社会の場合は、特定のパートナーとの関係が長期にわたると考えられているので、あまりオスとメスの激しい駆け引きはないのだろうと考えられてきました。しかし、近年の研究によると、夫婦間以外での交尾、すなわち「婚外交尾」が予想よりも多く確認され、また実際にＤＮＡに基づいた父子判定をすると「婚外子」が確認されることから、核家族を形成した後も、オスとメスは繁殖をめぐる厳しい闘いにさらされ続けていることが明らかになっています。家族を守りながらも、できるだけよい遺伝子を持つ子をできるだけたくさん残すため、メスもオスも厳しい競争を続けているようです。

六カ月程度の妊娠期間を経て、一回の出産で一子をもうけます。とても体の小さいサルですが、類人猿の系統らしく大変長寿です（オランウータンやチンパンジー、ゴリラといった大型のヒトに近い類人猿は長寿なサルです。もちろん、ヒトも長寿です）。飼育下では四〇歳を超える記録も珍しくありません。似たような体重のニホンザルと比較しても対照的です（ニホンザルは飼育で大切に育ったとしても、二〇歳を超えることはまれです）。一方で、乳児は一歳を過ぎると離乳をし始めますので、二～三年に一度は出産の機会があるということになります。したがって、性成熟をしたのちは、比較的長く続く親の期間があると言えるでしょう。実際に、ある国内動物園の記録では生涯で一〇頭以上出産したシロテテナガザルの記録が残っていますので、野生下でもたくさんの子を育てているのは間違いないでしょう。野生下で生涯に残すことのできる子の数は定かではありませんが、核家族の中にはいつも複数頭の子どもが含まれていると言えるでしょう。家族の日々の暮らしは、夜明けとともに活動を開始し、よく使う泊まり場（見晴らしのよい高所の木の上であることが多い）より、移動していきます。お決まりのルートを移動しながら食べ物を見つけ、まだ明るい夕方には休息する状態になります。私がインドネシア・スマトラ島でアジルテナガザルの野外調査をしていた時に追いかけた家族では、まだ午後三時であるにもかかわらず、木の上で家族はすっかりくつろいでしまい、翌朝明け方までそこで寝入ってしまうということもありました。家族そろって超朝型なのです。一日の生活の中で、家族はともに活動します。最も小さな赤ちゃんは母親のお腹にしがみつき、落ちないように必死につかまっています。時折母親から離れ、樹冠での生活に慣れていきます。核家族ですが、オスが抱えるということはありません。赤ちゃんのうちは母親と過ごしています。すこし成長した二〜三歳の子どもたちは、母親と父親の後を追うようにしっかりとついていきます。さらに成長した子どもは、親たちとの距離も離れ、家族とともに過ごす時間も減るようになります。そうしてやがて、家族から自立を遂げるのです。

子どもの成長と自立

生まれたてのテナガザルは、ほかの霊長類と同じくひ弱な存在です。サルらしいのは、どんなにひ弱でも、母親の腹にしがみつく力だけはしっかりと備えていることです。この特徴は、どのような霊長類にも存在し、樹上での生活環境で進化してきた能力として考えられています。ヒトの生まれたての赤ちゃんでも、しがみつこうとする反射（モロー反射として知られる）が存在しますが、これらの特徴はこのような樹上で暮らすサルの仲間に脈々と受け継がれているものなのです。しかし、このような能力を備えたテナガザルであっても、一日中樹冠で過ごすことは、ひ弱な赤ちゃんにとってはきわめて危険なことです。生涯にわたる死亡率を調べた研究によれば、ほかの動物と同様に、テナガザルの死亡率は離乳前の乳児期が最も高いのですが、その主たる死亡原因は樹上からの落下事故のようです。樹冠での親たちの動きは緩慢ではなく、飛び回るような見事な跳躍など、すばやい移動がしばしば見られます。とりわけ、朝のデュエットの最中には親たちは激しく飛び回りますので、突然の動きについていくことができず、不幸にも落下して死亡してしまうのでしょう。樹上での乳児期はこのような危険と隣り合わせのようです。

離乳を果たすと、徐々に母親から距離を取り、ひとりで活動する時間が多くなります。その頃には、母親と父親が歌うデュエットにも参加して、一緒に歌うようになります。その歌は、まだまだ上手なものと言えず未熟ですが、やがて成長し立派な歌を歌うようになります。八歳程度ともなれば、すっかり大人と変わらない体つきです。その頃になると、親との葛藤が生じると言われています。親は徐々に成長した子どもに対して「攻撃的な」振る舞いが増えるとされており、敵対的に振る舞うようになります。最終的には、親から追い出されるようなかたちで、家族から出て自立の道を歩んでいきます。

駆け出しの頃

自立したテナガザルは、オスもメスも、すぐに家族を持つわけではありません。ひとりで過ごす日々がしばらく続きます。やがては、パートナーを見つけ、新しい場所に家族をつくっていくのですが、それまでは、いわば「修行」のようなものです。

かつて私のアジルテナガザルの調査地に、「セイコ」と名づけた若いメスがいました。セイコはまだ若く、どうやらもともとの家族を離れ、ひとりで生活をし始めた、まさに駆け出しのメスだったと思います（生まれてから追いかけ続けたわけではないので推測ですが……）。彼女の歌は、大変特徴的な調べでした（歌う途中で必ず裏声になるのです）から、遠くから聞いていても、今日も元気にセイコが鳴いているなあ、とわかるものでした。セイコは、いつもひとりで歌っていました。森で見かけた時は、たしかにいつもひとりでした。セイコが暮らしていた場所のすぐそばには別の夫婦がいて、当然のように毎日その夫婦は歌っていました。夫婦でデュエットをするのです。アジルテナガザルのデュエットは、オスとメスが交互に歌い合い、一番「盛り上がってきた」時に、メスが歌の中でも「サビ」となるような特徴的なパート（われわれ研究者はグレートコールと呼んでいます）を独唱します。その「サビ」を聞いたオスは、すかさず「返事」となるパートを歌って、一曲が終了する、そんなデュエットです。さて、セイコの隣で夫婦が美しくデュエットする中、セイコはひとりで何度も「サビ」を歌い続けました。しかし、決してオスからの返事はありませんでした。ある時は、朝から鳴き始め夕方近くまでひとりで鳴き続けていることもありました。それだけ大声で歌って、よく声が枯れないなあと思ったものです。必死に歌っているようにも見えました。しかし、少なくとも私が調査をしていた時は、返事をもらえたことはありませんでした。テナガザルの社会においては、こうした下積みの時代を経過して成長し、ともに歌うパートナーと家族を得ていくのであろうと思います。

3　教えないがそばにいる親・歌い学ぶ子ども

歌を覚える

このように、テナガザルにとって歌うことは生活そのものですから、彼らの生涯にとって大切なことです。もちろん、生まれてすぐに歌えるわけではありませんので、徐々に発達して大人らしい立派な歌に成熟していきます。あたかもヒトの言葉のようですが、その発達のしかたや親子のかかわりには大きな隔たりがあります。

実は、サルの声は親から学ぶ要素が大変少ないと言われてきました。ヒトの場合、小さな頃に言葉を聞き、自ら練習する機会がなければ、言葉の発達は難しいと考えられています。日本人の多くが英語について苦手意識を持つことも、小さい頃の言葉への経験が大切なことを示す一例と考えられます。サルにとっては、こうした声を聞く経験は、声の発達にさほど必要ないのではないかというのが、霊長類研究で言われてきたことでした。三〇年ほど前のテナガザルの研究によると、自分の親の種の歌を聞いたことがないにもかかわらず、親の歌の特徴になる、親の歌を自然と歌えるようになったという大発見がありました（Brockelman & Schilling, 1984）。この研究は、ヒトの言語発達とサルの声の発達とを区別する大変意義深いものであったので、*Nature* という権威ある科学雑誌に紹介されるほどでした。このことから、テナガザルの歌は学習ではなく、遺伝子に組み込まれた生得的なものである、と言われ続けてきました。

親からの学びがないという結論なのですが、実際の歌の発達を観察すると、そうとは思えない印象を持ちます。まず、全く歌わない一～二歳の頃までは、「キャーキャー」と甲高い悲鳴のような声を出しています。まだ研究例が少なく、どのような役割があるのかわかっていませんが、重要なのは、母親のサビのところで、その声で鳴くことが多いことです。母親の歌に合わせて、声の練習をしているようにも見えます。三～四歳の頃には、声は歌声に近いものになり始めます。やはりその時も、重要なのは母親です。すでに歌らしくなり始めた声は、母親のサビに合わせてやはり歌っています。すでに悲鳴ではなくなり、きちんとした響きを持ち、サビにそっくりな歌声を、未熟ながらも母親に合わせて歌っています。おもしろいことに、子どもがオスであってもメスであっても、母親の「サビ」、つまりメスのパートで懸命に鳴こうとしているようです。すなわち、最初の声の発達では、オスであってもメスであっても、母親のパートが重要なきっかけとなり、歌を歌い始めるようです。また、注意深く観察すると、一緒に母と子どもが歌う場合、おおむね母親が先に歌い始め、すぐに、子どもが追いかけて、途中から合唱するように歌います。

その後、子どもたちは歌を「分化」させていきます。すなわち、娘はメスの歌、息子はオスの歌を

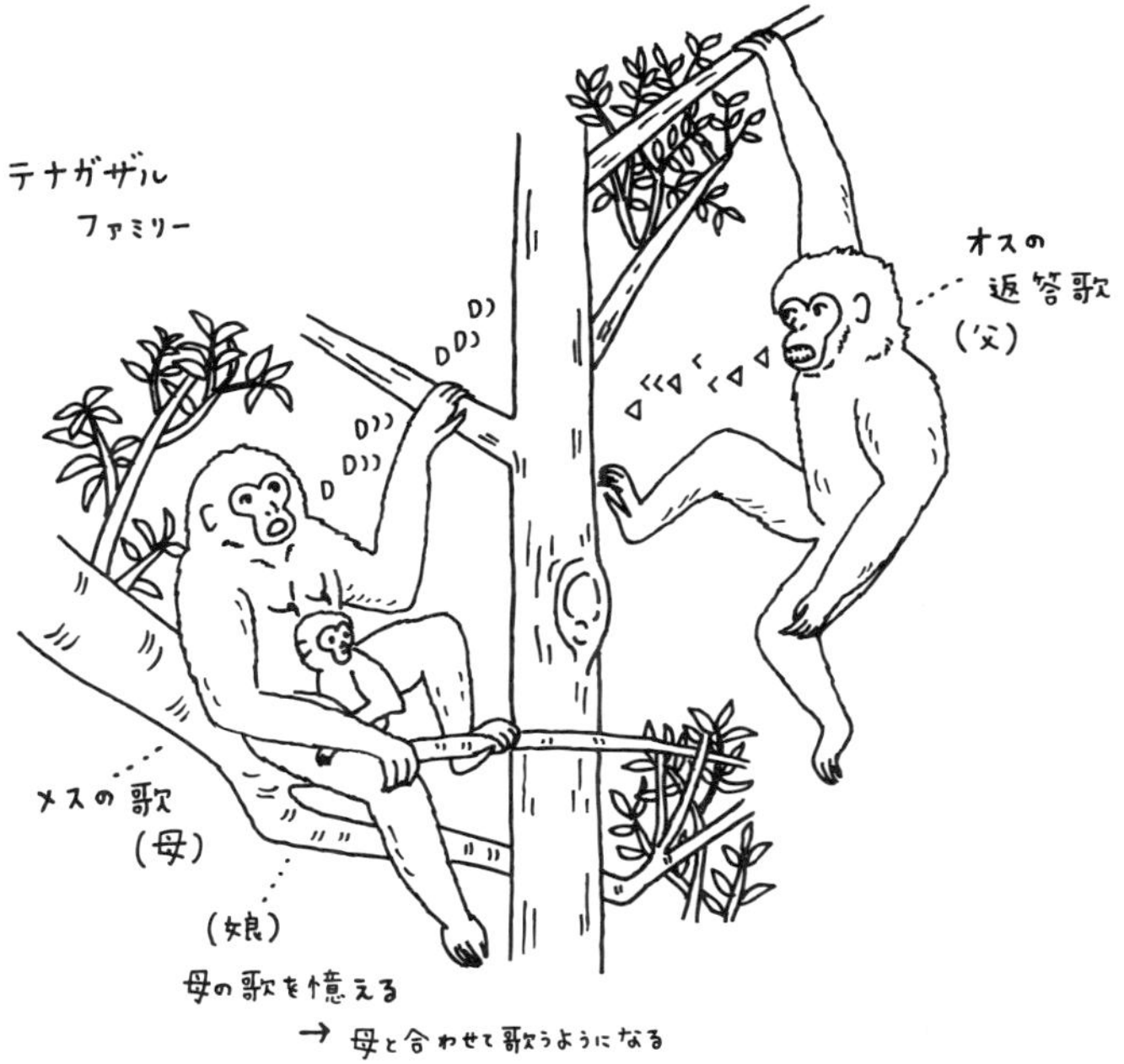

歌うように成長していきます。娘の場合、相変わらず母親と「サビ」を一緒に歌います。母親と娘のデュエットに、父親であるオスは、「返答歌」を歌います（イラスト）。息子はいつしか、オスとして「返答歌」に参加するようになり、まさに家族で大合唱します。このような歌の発達がある中で、最初のうちは母親が歌う時には一〇〇パーセント一緒に歌っていた娘も、その歌への「参加」が成長とともに減っていきます。また、母親に少し遅れて歌っていた（すなわち、母親が歌い始めると、急いで歌い始めていた）娘は、成長とともに母親よりも先んじて歌うようにもなります。一緒に歌う頻度も

下がり、母親に先んじて歌うようになった娘の歌を音響的に解析してみると、自分の母親の歌の特徴にどんどん似てくることがわかっています。そして、やがて一緒に歌わなくなり、群れからの自立を果たす頃には、母親の歌の特徴を継承しながらひとりで歌えるようになるのです。こうしたことは、私たちがかつて調査していたインドネシア・スマトラ島のアジルテナガザルの観察から得られた知見です。

息子、すなわちオスの歌の発達については、ほとんど知見がありませんが、父親や母親との歌の唱和を経たのちに、群れから自立しひとりで歌えるようになるといった、娘と似たような経過を経て、自らの伴侶を探していくのだと私は想像しています。これからの研究で明らかにするべき課題でしょう。

親の役割

このように、歌の発達と親のかかわりを見る限り、「ともに歌う」という過程には、親の役割を感じずにはいられません。歌の発達に学習という後天的な影響はないことは、まぎれもない研究的事実なのですが、歌の発達のさまざまな段階で、親とともに歌うことが、子どもの成長の後押しとなり、やがて自立し自らの家族をつくっていくための重要な経験となっていることは想像できます。歌の旋律の大部分は「遺伝子」のどこかで決まっているかもしれません。しかし、いつどこで誰と歌うか、ということは、親から伝えられる経験の中で、学ぶ要素があるのではないかと、私は考えています。

今後の研究によって、その役割が明確になることが期待されています。私と研究仲間とで、母親がひとりで歌っている時と、娘と一緒に歌っている時の、歌の状態の違いを調べたことがあります。大変興味深いことに、母親ひとりの時の歌と、娘と一緒の時とでは、母親の歌の旋律に、かすかな違いがあることがわかりました。どうやら、娘と歌っていると、娘の歌に音響的に似るように、歌が変化しているのです。「母親が声を変えて娘に合わせている」のか、あるいは「娘が母親の声に似せている」のかは、まだ明らかではありません。しかし、ヒトの母親も、赤ちゃんに語りかける時には、「〇〇ちゃ〜ん」とか「〇〇でちゅよ〜」といった、いつもとは違った声で語りかけることはよく知られています。実際に、無意識にそうしますよね？

これは「対乳児発話」と呼ばれるものですが、知らずしらずのうちに親が子どもに向けて、声や顔つきを変化させていることが、子どもの発達と成長を促すと考えられています。もしかしたら、テナガザルの親の歌のはたらきかけには、子どもの歌の発達を促すような効果があるのかもしれません。積極的な教育はなくとも、子どものそばにいることで歌が変化して、それが子どもの成長に役立つような、自然が設計した「美しい教育の循環」が、そこにはあるのかもしれません。

研究紹介コラム

最近の技術革新の一つの成果は、まぎれもなく深層学習などの機械学習技術によって発展した人工知能の登場ですが、その中でも「ヒトと会話できるシステムは実現可能か？」という問題は、大変重要です。スマホに設定された音声アシスタントなどは、実はその成果の一つです。Siri は本当に身近なシステムになりつつありますが、何の略だかご存じでしょうか？　正式な名称は "Speech Interpretation and Recognition Interface" といって、直訳すると「発話を機械が解釈し理解するための橋渡し役」といったところでしょうか。

こうした会話をするための機械のシステムは、大きくは二つの構成要素からなっています。一つは音を受け取り、音を認識する部分。「あ」「い」「う」「え」「お」という音を認識し文字に変換するような部分です。これは、「音響モデル」と呼ばれます。認識された音は単語に対応させ、たとえば「り・ん・ご」と認識させます。その後に、文章として意味をなすかどうかを解析する部分。さらに、意味をなす場合はどのような意味を持つのかを解析するような部分まで含まれます。これは文法を認識する箇所に該当し、「言語モデル」と呼びます。Siri などのヒトとの会話をスムーズにできるような機械の開発とは、こうした「音響モデル」と「言語モデル」の精密な実現をめざしているものです。近年の機械学習の技術は、この点について大きな進展があったのです。英語の認識については、日本人が英語を聞くよりは、Siri のほうが得意になってきた様子です。

さて、私は、テナガザルの歌をたくさん録音し、こうした技術を独自に発展させ、テナガザルと自然にデュエットできるようなシステムを構築することに近年挑んでいます。要するに、テナガザル版の Siri をめざすような研究です（Morita & Koda, 2019）。そのために、テナガザルの歌の声を認識する部分、声を分類し、どのような「単語」が存在するかについて解析する部分、そして、歌の文法について調べる部分などを、多くの仲間と共同して調べ続けています。これらはおもしろいことに、ヒトの会話システムと同じことをしているのです。一見すると奇妙な役に立たないテーマにも見えますが、サルの文法とヒトの文法の違いがわかれば、言葉の起源や言語の本質に迫れるのではないかと、考えています。役に立つかどうかは、後世が決めることですから、目標に向かって日々研究を進めています。そのためには、多くの録音が必要となり、東南アジアに足しげく通う必要もあります。先日もタイから一カ月ぶりに帰国すると、自宅にはAmazonのアレクサがいました。八歳になるわが子が語りかける姿は、近い将来の会話機械の実現をほうふつとさせました。テナガザルの歌機械ができる日も、そう遠くない未来であるような気がします。

子育てエッセイ

私は、職場の都合上、平日は自分の実家で多くの時間を過ごし、週末に妻子と過ごす日々を送っています。子育ての苦労や喜びは、普通の夫婦と同じです。妻をさしおいて、とりたてて語ることがありません。ですので、実家で「子育て」する羽目になった親についてのことを書きたいと思います。

実家は近いとはいえ、職場から二時間かかる場所ですから、毎日六時には起床します。母は、私と再び同居するようになってからは四時半に起きるようになりました。私の朝食をつくるのです。私はつくらなくてよいと言うのですが、目が覚め、大した負担でもないということで朝食をつくります。私は毎日それを食べて出勤します。帰宅すると夕飯ができています。幸いまだ元気な父の分をつくるから、どうせ同じだというのです。しかし、父によると、私がいる平日の夕飯は（週末は妻子のもとに「帰り」ますから実家での夕飯は平日です）、明らかに豪華だそうです。私のいない週末は、味噌汁と漬物だけ、よくてモヤシ炒めになるそうですから、明らかな差別です。しかし、母は同じだと真顔で言います。

ある時から、母は弁当をつくってくれるようになりました。どうせ、残り物を詰めただけだからと言いますが、ご飯は炊きたてだし、昨日の夕飯の残りは全く入っていないし、どう考えても朝につくっているようです。私はいつも昼はひとりで食べていますが、日々の張り詰めた緊張の中では、一時の休憩になっています。考えてみると、今の日本人の生活環境からすると、親と一緒に過ごす時間は、一八歳を過ぎるとほとんどないかもしれません。思わぬ状況から、再び親子で暮らすようになり、大人気ない「子育て」をお願いしている立場で、私はいつも感謝しかありませんが、計らずも親子の絆を確認できる日々を大切にして毎日を過ごしています。まあ親とは、無意識に子どものために何かせずにはいられないのだと、思わずにはいられません。私は今日も、日課の弁当の写真撮影をして、おいしくいただいています。

さらに学びたい人のための参考文献

岡ノ谷一夫（二〇一三）．「つながり」の進化生物学　朝日出版社

ウォーレス、A・R／新妻昭夫（訳）（一九九三）．マレー諸島（上・下）　筑摩書房

引用文献

Brockelman, W. Y., & Schilling, D. (1984). Inheritance of stereotyped gibbon calls. *Nature, 312*, 634-636.

Morita, T., & Koda, H. (2019). Superregular grammars do not provide additional explanatory power but allow for a compact analysis of animal song. *Royal Society open science, 6*(7), 190139.

III どこか似ている？

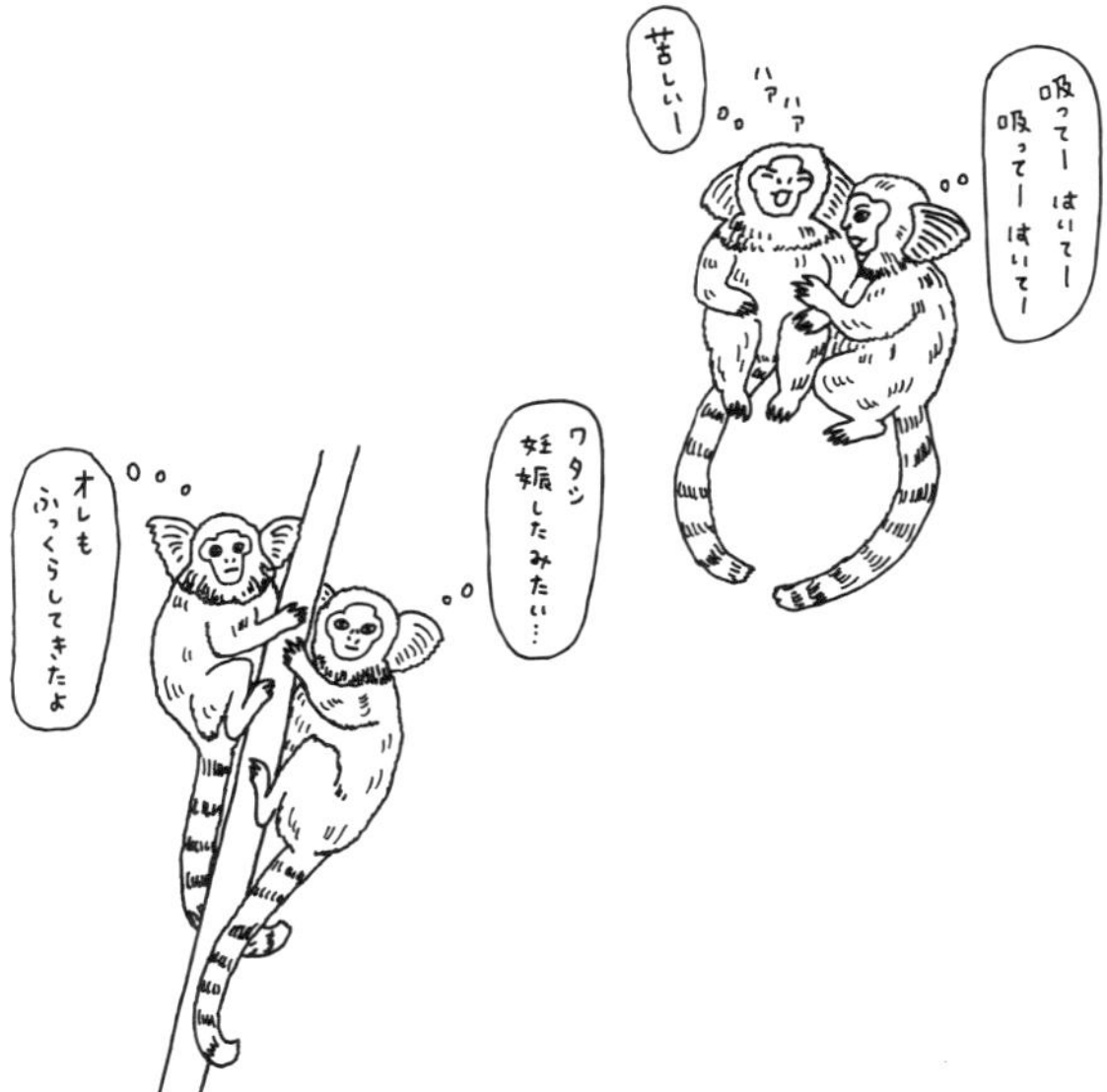

さまざまな子育てのかたち

10 ママのワンオペ孤育て——オランウータン

久世濃子

1 どんな動物？

東南アジアに生息する唯一の大型類人猿

オランウータン（*Pongo* 属）は東南アジアのボルネオ島（マレーシアとインドネシア）とスマトラ島（インドネシア）の熱帯雨林に生息する霊長類の一種で、私たちヒトやチンパンジー、ゴリラとともに「ヒト科（大型類人猿）」に属します。体が大きく、しっぽがなく、成長がゆっくりで寿命が長い、という特徴が共通しています。ヒトも含め（*Homo sapiens* はアフリカで誕生し、世界中に広まりました）、ほかの大型類人猿はアフリカが生息地ですが、オランウータンはアジアで進化し、現存する唯一の大型類人猿です。オランウータンとヒトやチンパンジーの祖先がたもとをわかったのは一八〇〇万年前頃と言われています。

一万年前頃までは、中国南部からタイを含む広大な地域に一〇〇万頭以上が生息していたと考えられています。現在はスマトラ島トバ湖北部に生息するスマトラオランウータン（*Pongo abelii*）、同じく南部に生息するタパヌリオランウータン（*Pongo tapanuliensis*）、ボルネオ島に生息するボルネオオランウータン（*Pongo pygmaeus*）の三種が、合計で七万頭ほど生息するのみです。

オランウータンの主な食物は果実で、野生のドリアンやマンゴスチンなどの果物が大好物。しかし、東南アジアの熱帯雨林ではアフリカとは異なり、こうしたおいしい果物は数年に一度しか実をつけません。果物がとぼしい期間は、イチジク属やカキ属などの甘くない果物、若葉や樹皮などを食べてしのぎます。スマトラ島の一部の地域では、樹上性のアリやシロアリ、スローロリスを捕まえて食べることもありますが、ほかの地域では動物性の食物を食べることはまれです（久世、二〇一八）。

唯一の単独生活者で最大の樹上性動物

オランウータンはとても変わった特徴をいくつも持っています。

唯一の単独性　私たちヒトも含め昼行性の霊長類は群れをつくって生活するのが基本です。霊長類の中でもスローロリスやメガネザルなど「原猿類」と呼ばれるグループの一部は、夜行性で単独性です。しかしオランウータンは昼行性霊長類なのに単独生活者で、母親が赤ちゃんを連れ歩く以外、オスもメスも基本的に単独で生活しています。近縁のチンパンジーも単独で行動することがありますが、「群れ」のメンバーとの出会いと別れを繰り返します（第21章）。オランウータンでは、一カ月に数回程度、他個体と出会うことがありますが、相手はさまざまで、固定したメンバーは確認されていません。また出会いの場でも「毛づくろい」などの社会交渉はほとんど起きません。

最大の樹上性動物　成体のオスは体重七五～八〇キログラム、メスは三五～四〇キログラム、ヒトとあまり変わらない体重ですが、身長は一一〇センチメートル（メス）～一三〇センチメートル（オス）でヒトに比べて胴長短足の体型をしています。一〇～三〇メートルの高い熱帯雨林の木々の上で生活していて、地面に降りてくることはほとんどありません。チンパンジーやゴリラが木登りは得意でも、移動する時は地面を歩くのとは対照的に、オランウータンは木の枝やツルをつかんで樹上を移動します（図10－1）。小型の霊長類やげっ歯類にも完全な樹上生活者はいますが、現存する樹上性動物の中ではオランウータンが最大です。

図10-1　母親の脇腹に抱きつく子（生後1～2カ月）

オスの二型成熟　オランウータンの成熟したオスには、外見が異なる二つのタイプがあり、「二型成熟」と言います。顔の両側に大きな頬だこ（フランジ）がある「フランジオス」と、フランジがない「アンフランジオス」です（図10－2）。二型成熟はほ乳類では珍しく、数種でしか報告がありません。フランジオスは、大きなのど袋を使って「ロングコール」と呼ばれる、一キロメート

図10-2　アンフランジオス（左）とフランジオス（右）
同じ個体の15歳と23歳の写真。

ル先まで届く独特の音声を発し、ライバルのフランジオスやメスに存在をアピールします。フランジオス同士は時には殺し合いになるほどのけんかをし、発情した（妊娠できる状態の）メスはフランジオスのもとを訪れ、交尾します。一方、アンフランジオスは、ロングコールを出さず、フランジオスやほかのアンフランジオスとけんかもしません。しかし、メスも来てくれないので、メスをつけまわし（ストーキング）、時には無理矢理押さえつけて交尾します。どちらのタイプのオスも生殖能力があり、飼育下でも野生下でも子どもを残しています。ユニークなのは、アンフランジオスは、年齢に関係なく、いつでもフランジオスに「変身」できる点です。「オレは強い」と自信を持ったアンフランジオスは、ホルモン（テストステロンや成長ホルモン）の値が急上昇し、フランジや大きなのど袋などの二次性徴が発達し、一年ほどで完全なフランジオスへ「変身」します。動物園では飼育担当者が変わっただけで「変身」した例もあり、野生下ではアンフランジオスのまま、変身することなく一生を終える個体もいると考えられています。一度フランジオスになると、完全なアンフランジオスに戻ることはできません。オランウータンのオスを単独で飼育すると、ほぼすべてのオスが一五歳前後にフランジオスに変身します。オス同士の争いを避けて生き延びることが子孫を残すことに有利にはたらいたので、二型成熟という現象が進化したのだと考えられています。

唯一、最大……特徴にあふれたオランウータンですが、それだけ特殊な進化を遂げることで生き延びてきた種である、と言えます。

2　どんな子育て?

長い出産間隔と授乳期間

動物の中でも、ほ乳類は比較的少数の子どもに（基本的に母親が）大きな投資をして子孫を残す方向に進化してきたグループです。その中でも霊長類は、特に「少ない子どもを大事に育てる」繁殖戦略をとっていて、マーモセット（第13章）などの一部の種を除けば、基本的に一回に一頭の子どもしか出産しません。そして霊長類の中でも究極の「少子社会」をつくり上げたのがオランウータンだと言えます。オランウータンのメスは平均七・六（六〜九）年に一回、一頭の子どもしか産みません。この出産間隔は陸棲ほ乳類の中では最長です。メスは子どもが五〜八歳になると、排卵を再開し、二八日前後の周期で排卵を繰り返し、通常は半年ほどで妊娠します。メスは排卵前後にロングコールを頼りにフランジオスのもとを訪れ、交尾します。一方でオスたちは、妊娠可能なメスを探して、かなり広い範囲を移動しているようです。交尾の前後に数時間から数日、特定のペアが行動をともにすることがありますが、基本的には乱婚で、子どもの父親は毎回違うことが普通です。

妊娠期間は八カ月ほどで、野生では不明ですが、飼育下ではつわり（食べ物の好みの変化や食欲減退）がよく見られます。野生下での出産は今まで二例しか観察の報告がありませんが、基本的には樹上に作ったベッドの中で出産するようです。陣痛もありますが、ヒトと比べるとお産は軽いです。野生下では不妊はほとんど報告がなく、一五～一八歳頃に最初の子を妊娠して出産します。しかし動物園では、一〇代～二〇代の間に最初の子を出産しないと、以後なかなか妊娠できない事例が多く見られ、子宮内膜症や重い生理痛に苦しむメスもいます。一五歳頃から産み始めた個体は、四〇歳を過ぎても妊娠出産するのが普通で、野生下では五〇歳を超えた子連れのメスも報告されています。寿命は野生下で六〇歳ぐらいと言われているので、生涯に産む子どもの数は四～六頭と考えられます。

出産間隔と並んで、授乳期間も最長です。オランウータンの子どもは、生後六カ月頃から母親と同じ食べ物（果物や新葉、樹皮）を口に入れるようになりますが、三歳頃までは母乳がメインの食べ物です。しかし三歳以降も、母親からひとり立ちする（下の子が生まれる）までは、乳首に吸いつく姿が観察されています。年齢とともに頻度は下がりますが、不安を感じた時などに吸いつくことが多く、ヒトやチンパンジー（第21章）と同様に「心の栄養」という側面もありそうです。オランウータンの歯に含まれる微量元素を調べた結果、八歳まで母乳を飲んでいた（母乳が栄養に寄与していた）、という報告もあります（Smith *et al.*, 2017）。私が調査しているボルネオ島でも、八歳になってもまだ乳首を吸っている子どももいます。

食べ物の学習と樹上移動のサポート

オランウータンは、ゴリラやチンパンジーと同様に、毎晩、樹上で枝を折り畳んでベッド（ネスト）をつくって寝ます。子どもはひとり立ちするまでは、母親がつくったベッドの中で母親と一緒に眠ります。おそらくベッドの中で夜、母乳を飲むこともあるのでしょう。マーモセット（第13章）やチンパンジー（第21章）のように、下の子が生まれた後も上の子が母親のもとにとどまり、育児を手伝う種もありますが、オランウータンでは基本的に、下の子が生まれたら上の子は完全にひとり立ちして、単独行動をするようになります（七歳前後）。子どもはひとり立ちする前に、森で生きていく術を身につけなければなりません。

オランウータンがすむ東南アジアの熱帯雨林では、前述のように、ドリアンなどの栄養豊富な果物は数年に一度しか実をつけません。果物がとぼしい期間は、葉や樹皮、イチジクなどを食べてしのぎます。群れで生活する動物の場合、自分が知らない食べ物でも群れの仲間が食べているところを見れば、安全な食べ物と認識できます。しかし、オランウータンは単独生活が基本なので、群れの仲間から学ぶ機会はほとんどありません。そのため、母親と一緒にいる間に、より多くの食物を学ぶ必要があるので、ひとり立ちするまでに時間がかかるのでは、とも言われています。

またオランウータンは完全な樹上生活者で、地面を歩くことはほとんどありません。しかし、木の枝やツルをつかんで横方向に移動していくことは簡単ではありません。握った枝やツルが折れたら地面に落ちる恐れもありますし、体が小さいと隣の枝に手が届かないかもしれません。オランウータンの赤ちゃんは生後六カ月くらいまでは、常に母親の脇腹に抱きついています（図10－1）。生後六カ月を過ぎると、徐々に母親から離れて、ひとりで木を登り下りするようになりますが、木から木へと自力で移動できるようになるのは、三歳頃からです。それまでは、母親が次の木に移動しようとし始めると、子どもがあわてて母親のもとに戻り、脇腹にしがみつく光景がよく見られます。樹上で安全に移動できる身体能力や知識（どの枝やツルを選べば安全か）などを獲得するために、長い期間母親とともに過ごすことが必要なのかもしれません。

父親の役割

ところで、オランウータンの「父親」は何をしているのでしょうか？　基本的には母親が子育てする多くの霊長類においても、父親には大切な役割があります。それは「群れを敵から守る＝子どもを守る」ことです。同種のオスや捕食者（肉食動物や猛禽類）から、わが子を含む群れの仲間を守ることは、チンパンジー（第21章）やゴリラ（第14章）にとっても重要な役割です。しかし群れをつくらないオランウータンでは、オスは「群れを守る」という役割も放棄しています。オスは多くのノラネコ（第19章）のように「遺伝子を提供する」だけの存在です。野生下で子殺しの報告はありませんが、子連れのメスはオスを避ける傾向があるので、潜在的な子殺しのリスクはあるのかもしれません。

3　少産少死社会

少子化社会の大先輩!?

オランウータンは出産間隔が七・六年、生涯に産む子どもの数は四〜六頭、この本に出てくるほかの動物たちに比べると、かなり「少子化」社会だと言えます。こんな少ない数の子どもしか産まなくても、オランウータンという種が今まで存続できた理由、それは「死亡率が低いから」です。

野生下でのオランウータンのメスが、初産（一五歳）まで生き延びられる確率は九六パーセント、つまり、生まれた赤ちゃん一〇〇頭のうち九六頭は、大人になって次の世代を生産できるのです。チンパンジーの生存率が五〇パーセント近く、伝統的な狩猟採集生活を行っているヒト（アフリカのハッザ族）の生存率も六〇パーセント程度であるのと比較すると、オランウータンの生存率は野生動物としてはありえないほど高いことがわかります（図10 - 3）。オランウータンの生存率を超える種、それは現代先進国に暮らすヒトの女性たちだけです（van Noordwijk *et al.*, 2018）。私たちが、近代的な医療と清潔な衛生環境を手に入れることで二〇世紀になってからようやく手にした高い生存率を、オランウータンはどうやって数百万年も前になし遂げたのでしょうか？　ヒントは彼らの樹上生活と単独生活にあります。

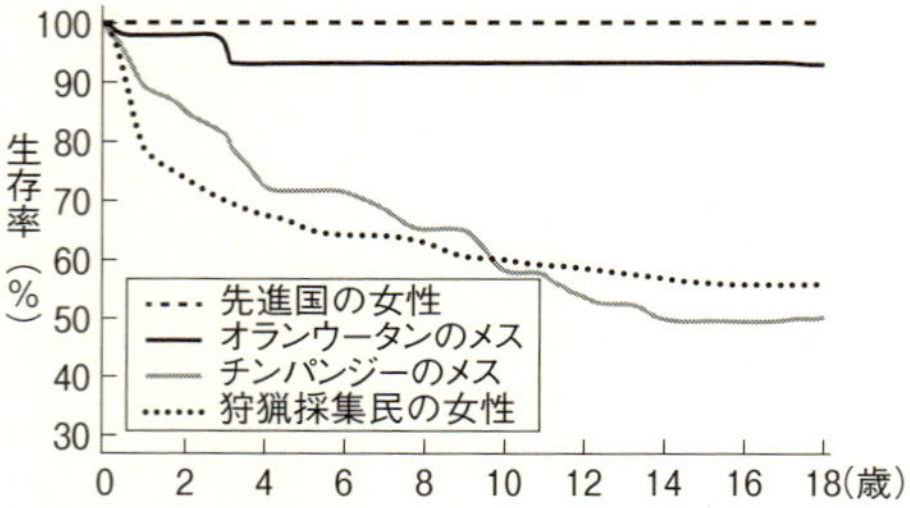

図10-3　性成熟するまでの生存率の比較（van Noordwijk *et al.*, 2018）

捕食される危険性が少ない

まず大きな体で、樹上で生活していると、捕食者に襲われることがほとんどありません。スマトラ島にはスマトラトラがオランウータンと同じ森に住んでいますが、高いジャンプ力を誇り、木登りできるトラであっても、二〇メートル以上の高さにいるオランウータンを襲うことはできません。ボルネオ島には現在、トラはいませんが、ウンピョウという中型のネコ科動物が生息しています。ウンピョウは、テングザルなどの中型〜小型のサルを好み、樹上で狩りをする習性があるので、子どもや若者にとっては、危険な捕食者だと考えられています。実際、スマトラ島の保護施設で飼われていたオランウータンの子ども九頭を、一頭のウンピョウが殺した例も報告されています。またボルネオ島でも、ひとり立ちしたばかりの若いオランウータンが、ウンピョウに襲われたと思われる大けがを負い、死亡した例がありました（金森、二〇一三）。しかし、体の小さな子どもや若者も、母親と一緒に過ごすことで、捕食の危険をかなり減らせる可能性があります。こうした捕食者の存在も、オランウータンの母親の出産間隔が長い一因だと考えられています。

感染症のリスクが低い

一般に樹上は、地上に比べて微生物が少なく、感染症にかかるリスクが低いとされています。たとえば、破傷風菌は地中に存在していますが、樹上ではほとんど見られません。特にオランウータンは地面を歩くことがほとんどなく、母子以外は他個体と身体接触を持つ機会もほとんどありません。地上をよく移動し、群れで生活するチンパンジーやゴリラに比べると、感染症のリスクは少ないと言えます。エボラ出血熱に感染してゴリラの群れがほぼ全滅した事例や、チンパンジーの群れでポリオが流行した事例が報告されていますが、オランウータンの場合、たとえ一頭が何らかの感染症にかかっても、ほかの個体にうつす可能性は非常に低いため、「病気の流行」は起きません。

一方で、地上性が強くなり、他個体と接触する頻度が高いと、オランウータンであっても感染症のリスクは高まります。動物園でのオランウータンの乳児死亡率は二〇パーセントと、野生に比べてかなり高くなっています。野生下で新生児の死亡が見落とされている、動物園で育ったメスがうまく子育てできないなど、ほかの要因も影響している可能性はありますが、衛生環境が整っている動物園であっても、ヒトや他個体との身体接触の頻度が野生に比べてかなり高いため、感染症を完全に防ぐことは難しいようです。

また、リハビリテーション事業（密猟などによって母親を殺されたオランウータンの孤児を、ヒトが育てて森に返す保護事業）を行っている施設では、乳幼児の死亡率が六〇パーセントに達する事例も報告されています。こうした施設では、森の中の決まった場所（給餌台）でバナナやミルクなどを与えて、オランウータンが独力で食べ物を見つけられるようになるまでサポートしています。給餌台を有料で観光客に公開して、保護のための資金を稼いでいる場合もありますが、給餌を受けている母親が出産した子の死亡率は高いことが明らかになっています（久世、二〇一八）。給餌台や周辺で、スタッフやボランティア、観光客、他個体（リハビリテーション個体）などとの身体接触が多いことが、感染症のリスクを上げる一因になっている可能性があります。死因を特定するのは難しいため、明確な証拠は得られていませんが、給餌に来る個体は野生個体に比べて、寄生虫を保有している割合が高く、多数の感染症の抗体を持っていることが明らかになっています。

このように、オランウータンの低い死亡率は、母親の努力のたまものというよりは、「単独性かつ樹上性」という特殊な生活環境によるもの、と言えます。オランウータンはこのような低い死亡率のもとで何百万年も生きてきたので、少子社会を進化させることができたのでしょう。

類いまれなる母性のたまもの？

オランウータンの母親は、「移（樹上移動）、食、住（夜のベッドづくり）」のすべてにおいて、長期間にわたって手厚く子どもをケアします。群れの仲間（＝父親、ママ友や姉妹、祖母など）の助けも借りず、日々、わが子とだけ向き合う生活です。しかし、それを可能にしているのは、「母親の忍耐力」や「類いまれなる母性のたまもの」なのでしょうか？　オランウータンの赤ちゃんは、泣いて母親に要求を訴えることはほとんどありません。オランウータンの乳首は両脇の近くにあるので、脇

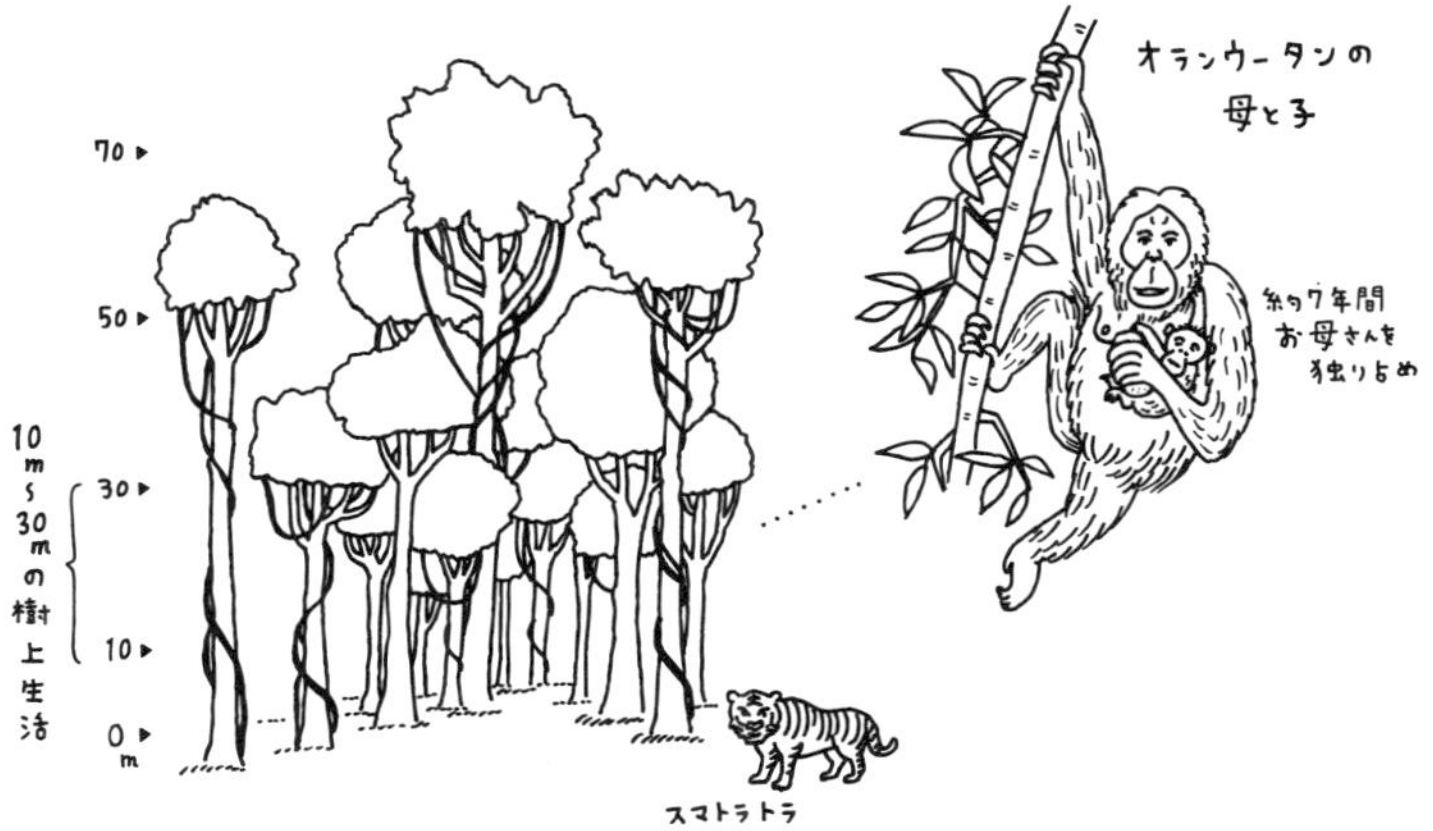

腹に抱きついている赤ちゃんは、いつでも好きなだけ母乳を飲むことができます（図10－1）。またひとりで木登りできるようになれば、母親が隣の木に移動しそうだな、と察知してすばやく母親のもとに戻ってきます。時々「置いて行かないでー」とキューキュー泣きながら駆け寄ってくることはありますが。常に母親を気づかい、わがままを言ったり駄々をこねたりすることがほとんどないオランウータンの赤ちゃんは、母親にとっても「理想の赤ちゃん」かもしれません。

一方で、常にどの子も「ひとりっ子」状態で、七年間ずっとお母さんをひとり占めできるオランウータンの子どもは、子どもの立場から見てもうらやましい存在かもしれません（イラスト）。きょうだいと母親の関心や世話を争うこともなく、常に自分だけを見て、自分だけを世話してくれるお母さん。遊び相手がいないのはちょっとさみしいかもしれませんが、実はオランウータンの母親は、子どもが少しでもほかの子と遊べるように、自分が食事をする時間を削っても、ほかの母子と一緒に過ごす時間を捻出している、という研究も報告されています（van Noordwijk *et al.*, 2012）。群れで生活している種では、「子ども同士で遊ばせる」ために母親が努力する必要はほとんどありませんが、単独性のオランウータンでは子ども同士を遊ばせるには、母親たちの努力が必要です。「移・食・住」だけでなく「遊」も含めて、子どものために労を惜しまないオランウータンのお母さんは、子どもにとっては「理想のお母さん」かもしれません。

進化はさまざまな親子関係を生み出してきましたが、「少ない数の子どもに手をかければかけるほど、子孫を確実に残せる」という状況のもとで、究極の「少子社会」をつくり上げたのがオランウータンです。しかし現在、生息地である熱帯雨林の破壊や、密猟により、毎年多くのオランウータンが死亡しています。このような高い死亡率はオランウータンの進化の過程において想定外の出来事であり、今、彼らは絶滅の危機に瀕しています。五〇年後、一〇〇年後もオランウータンが「気長で手厚い子育て」を続けられるかどうかは、私たちヒトの手にかかっている、と言っても過言ではありません。

研究紹介コラム

私は大学院生の時からオランウータンの研究をしています。最初は顔の形態（皮膚の色）の成長にともなう変化や、視覚コミュニケーションをテーマにしていましたが、リハビリテーションセンターで調査をしている時に、乳幼児の高い死亡率を発見し、それがきっかけでメスの繁殖（妊娠・出産・育児）について研究するようになりました。現在は、日本国内の動物園と、ボルネオ島の調査地（ダナムバレイ自然保護区）で、出産間隔を調整するメカニズムについて研究しています。具体的には、「子の離乳がどの程度進めばメスの排卵が再開するのか」「栄養状態がよくなると妊娠（受胎）できるのか」といったことを、排泄物の安定同位体比分析や、尿中のホルモン（性ホルモンのプロゲステロンやエストロゲン、栄養状態の指標になるC－ペプチド）などを測定して調べています。リハビリテーションセンターでの研究をもとに博士号を取得し、二〇〇五年から野生下での調査を始めましたが、最初の五年間（二〇一〇年まで）は妊娠が一例も観察できませんでした。もし私が博士課程の大学院生だったら、博士論文は書けなかったでしょう。長い時間がかかり、費やす研究費に比べて成果が出しにくいオランウータンの繁殖を研究することは容易ではなく、研究者は世界に数人しかいません。

子育てエッセイ

オランウータンの調査研究が、自分の子育てに活かせたことはたくさんあります。オムツなし育児（排泄コミュニケーション）、離乳食の進め方、抱っこやおんぶのやり方、子連れ出勤や出張、寝かしつけ、感情のコントロール、しつけなど、それだけで一冊本が書けそうです。ここでは、母子関係について、考えたことや感じたことを少しだけご紹介したいと思います。

オランウータンの赤ちゃんは本当にかわいいです！　大きな目、頼りない細い手足とぷっくりしたお腹、見ているだけで癒されます。自分が子どもを産む前から、「きっとわが子よりオランウータンのほうがかわいいと思う！」と周囲に漏らしていましたが、その通り、（理由もわからず）泣き叫ぶわが子を目の前にすると、黙ってお母さんの脇腹にしっかりと抱きついているオランウータンの赤ちゃんの姿が目に浮かび、「あぁ取り替えたい！」と思ったことは数知れません。同時に、「オランウータンのお母さんだって、こんな泣き叫んでしがみつくことすらできない赤ちゃんを渡されたら、困るだろうな。放り出すに違いない！」とも思いました。世の中には、熱心に子育てしているように見える動物の親たちを見て、「イマドキの若い親にも見習ってほしい」「私も見習いたい」と軽々しく言う人がいますが、ちょっと待った！　動物の世界では、親の子育ては報われるし、報われる範囲内でしか子育てしないのです。オランウータンの母親が手厚く子どもを育てるのは、その子たちがきちんと成長して子孫を残せる可能性が高く、かつ母親の手をわずらわせない「いい子」だからです。子育てというのは、親の側の努力だけでなく、子の側の努力（協力？）があってこそ成り立つものだということを、自分が育児する立場になって実感しました。

そんな私が、わが子にオランウータンとは違う、ヒトらしいかわいさがある！と気がついたのは、発達心理学で「九カ月革命」と言われる時期です。この頃、わが子が私に向かってニッコリとほほえみ、指さしをして、自分が見た物を共有しようとするようになりました。どんなに長く観察していても、オランウータンたちが、私と何かを共有しよう、共感しよう、という働きかけをしてくれることはほとんどありません。「この子はこんな小さくて何もできないけど、それでも共感できる、共感を求める存在なんだ！」と実感した時の驚きと喜びは忘れられません。

一方で、わが子を連れてボルネオ島の熱帯雨林で調査したことで、オランウータンの母親の気持ちというか状況を理解できたことがあります。二歳を過ぎた次女をベビーラップでおんぶして、森の中を歩いていた時のこと。私は枝やツルをよけながら歩いていましたが、背中で眠る娘に、私がよけた後の枝やツルがバンバン当たっていることに、しばらくしてから気がつきました……。オランウータンの母親はおんぶすることはほとんどなく、基本的に脇腹に子どもを抱っこしていますが、たしかに、「枝やツルが当たらなくて脇腹が一番安全だ！」と心の底から理解できた瞬間でした。オランウータンから子育てについて学び、子育てからオランウータンについて学ぶ（気づく）日々は、もうしばらく続きそうです。

さらに学びたい人のための参考文献

金森朝子（二〇一三）：野生のオランウータンを追いかけて　東海大学出版会
黒鳥英俊（二〇〇八）：オランウータンのジプシー　ポプラ社
久世濃子（二〇一三）：オランウータンってどんな『ヒト』？　朝日学生新聞社
久世濃子（二〇一八）：オランウータン　東京大学出版会

引用文献（参考文献を除く）

van Noordwijk, M. A. *et al.* (2012). Female philopatry and its social benefits among Bornean orangutans. *Behavioral Ecology and Sociobiology, 66(6)*, 823-834.
van Noordwijk, M. A. *et al.* (2018). The slow ape. *Journal of Human Evolution, 125*, 38-49.
Smith, T. M. *et al.* (2017). Cyclical nursing patterns in wild orangutans. *Science Advances, 3(5)*, e1601517.

11 献身的すぎる？ パパのワンオペ――トゲウオ

川原玲香

1 どんな動物？

トゲウオとは

トゲウオ（Sticklebacks）をご存じでしょうか。大きくても体長一〇センチほど、片手に収まるくらいの小さい魚で、冷たい水を好み、北米やヨーロッパ、ロシアといった北半球の亜寒帯域の沿岸域や平地を中心に生息しています。日本では島根県付近を南限とした北緯三五度以北の地域に「イトヨ」（*Gasterosteus*）と「トミヨ」（*Pungitius*）の二つの属が生息しています。サケのように、川でふ化した後に海に下って成長し、繁殖期になると川に戻って産卵する遡河《そか》回遊型という生活史を持つものと、一生を淡水域で過ごす陸封《りくふう》型のものがいます。寿命はほとんどの場合一年ですが、まれに繁殖後生き残って一～二年にわたって繁殖を繰り返す個体もいます。肉食で、動物プランクトン、ミジンコ類、水生昆虫の幼生などを食べます。

図11-1　トゲウオのトゲ

「トゲ」ウオ

トゲウオは名前の通り、一般的な魚にある背びれや腹びれの代わりに、トゲを持っています（図11－1）。イトヨは背びれの代わりに三本のトゲ、トミヨは九本のトゲがあり、この特徴から、それぞれ"threespine stickleback""ninespine stickleback"という英名がつけられています。トゲは捕食者から自身を守るのに役立ったり、あるいはオスとメスの間での求愛行動にも役立っています。また、体の側面には、うろこのかわりに鱗板《りんばん》というかたい板状の構造が一列に並んでいます。鱗板は個体群によってその数がさまざまであり、鱗板数と生活史（遡河回遊型か陸封型か）との関係が示唆されています。このような形態の多様性に着目した膨大な研究の蓄積があり、近年ではその違いを遺伝子のレベルで明らかにしようとする研究もさかんです（後藤・森、二〇〇三）。小型で飼いやすく、成長も早く、生まれて一年で繁殖を行うことができます。特にイトヨは比較的早い時期に全ゲノム配列も解読され、遺伝学的な研究を行う環境も整ったモデル魚類の一つと言えます。以降はこのイトヨについて主に紹介します。

トゲウオのもう一つの大きな特徴は、繁殖期に体色が変化すること（婚姻色）です。イトヨの場合、繁殖期である春から夏にかけて、性成熟したオスは目が青くなり、口と腹部の下半分が赤くなります。

そしてなわばりを形成すると、そこに巣をつくり、ジグザクにダンスを踊るように泳いでメスを誘います。メスもダンスでそれに応え、カップルが成立すると、メスは巣の中に入り、産卵します。そして産卵が終わると、そのまま巣を去ってしまいます。その後もメスは相手を変えて複数回産卵し、一回につき数百、合わせて数千の卵を産むと考えられます。複数のメスが訪れては産卵して去っていき、その後、残されたオスは産み落とされた卵がふ化して巣を離れるまで世話をするのです。オランダの動物行動学者ニコラス・ティンバーゲンは、このようなイトヨのなわばり行動と繁殖行動に関する観察と解析により、一九七三年にノーベル賞を受賞しました。この研究は動物の行動研究を確立する上での礎として、今日でも生物の教科書などで取り上げられています。

2　どんな子育て？

オスの巣づくり

イトヨのオスは繁殖期になると婚姻色を示し、巣づくりを行います。巣づくりは、まず水底を掘ってくぼみをつくるところから始まります（イラスト）。くぼみができると、そこに水草など植物を材料とする巣材を集めます。巣材は球状に整えられ、その中を通り抜けられるようトンネルが掘られます。トゲウオに特有の巣づくりの特徴として、巣の構造を安定させるためにノリ状の物質を自ら分泌して巣材同士を接着する行動が見られます。このノリ状物質は、11KTという雄性ホルモンの刺激に

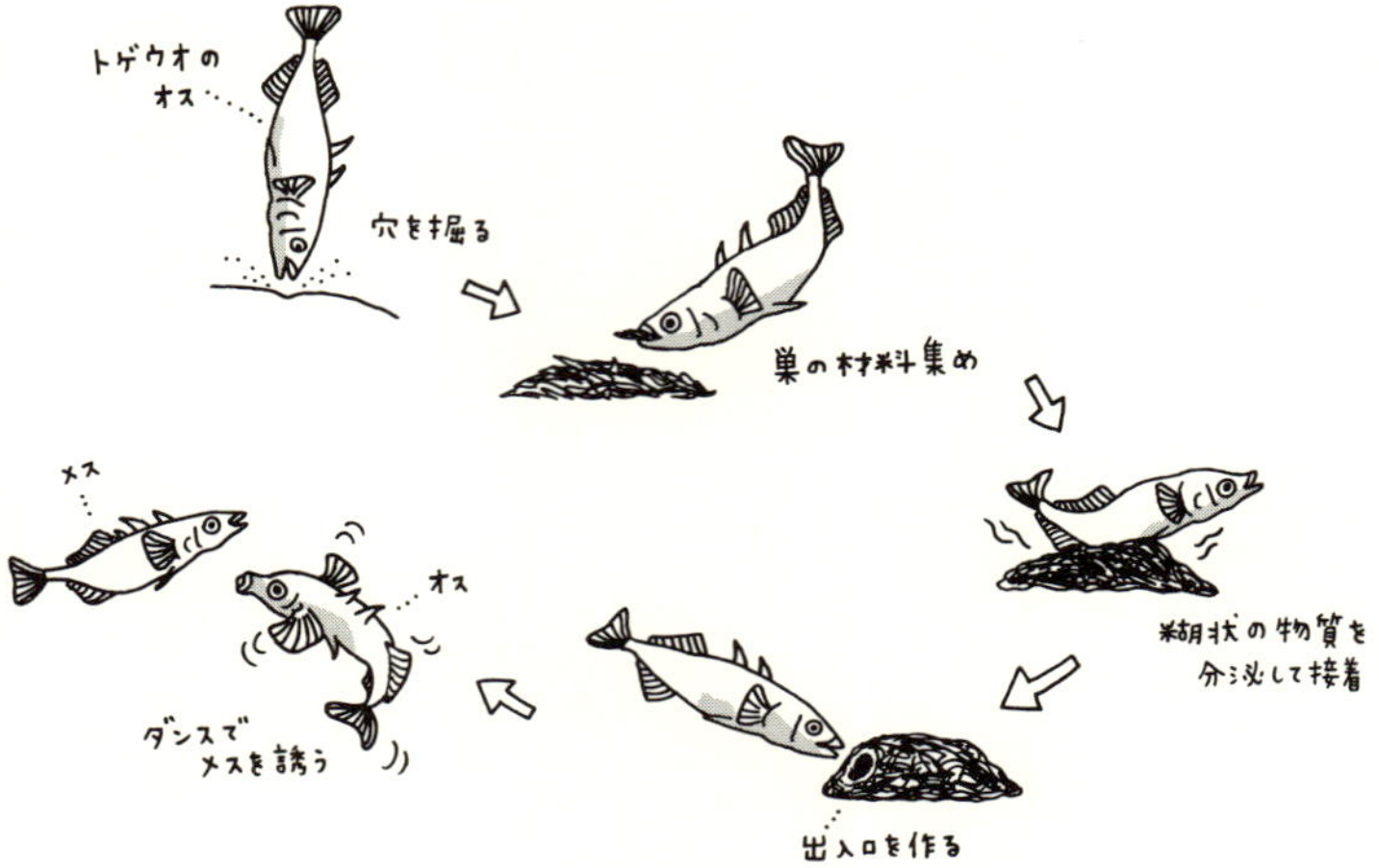

より、繁殖期のオスの腎臓でつくられます。その後、膀胱に貯められ、必要に応じて総排泄口から分泌されると、弾力のある接着性の糸になり、ノリとして機能します。この物質はイトヨのスウェーデン語名であるspigg にちなみ、スピギン（spiggin）と名づけられています。

巣材として用いられるのは、主に柔らかい繊維状の藻類です。実験的にさまざまな色の巣材を置いてオスに営巣を行わせると、特に明るい色の巣材を巣の入り口に置くことが観察されます。一方、赤い色の巣材は営巣初期には用いないものの、巣が完成に近づくにしたがい頻繁に用いるようになります。また、通常用いる巣材とともにスパンコールや光沢のある金属片を与えると、オスは自らの巣を、光沢を持つ物質で飾り立てます。メスもこのような派手な物質で飾り立てた目立つ巣を好むようです。巣は卵を産み、保護するためだけでなく、オスがメスにアピールするための役割も担っていると言えるでしょう。巣づくりは通常数時間から一日程度で完了しますが、数日かけて熱心に巣づくりを行うオスもいます。

オスの子育てとメスの選択

このように工夫を凝らしてつくった巣に、めでたくメスたちが訪問し、産卵してもらうと、オスの婚姻色は消え、「子育て」期間に入ります。子育ての期間、メスは産卵場所に戻ることはなく、オスは単独で世話をします。この期間のオスには、胸びれを巣に向かって動かし水流を送り込むファニングという行動が観察されます。ファニングには二つの目的があると考えられています。一つは巣の中をきれいにすること、もう一つは酸素を供給することです。特に後者は、トンネル状の構造を持つ巣の中は水の循環が減ることから、産みつけられた卵に新鮮な水流を送るために必要不可欠であると考えられます。ファニングのほかにも、オスは、ほかのオスから卵が横取りされるのを防いだり（卵を横取りして自分の巣で育てるオスがいるのです）、ほかの生物から卵が捕食されるのを防いだりしています。卵の発生が進むと、巣にいくつかの穴をあけて卵に届く水流をさらに増やしたりして、かいがいしく世話をします。ふ化するまでの期間は水温にもよりますが、五～一〇日ほどです。

一方、メスの視点で考えると、せっかく産んだ卵を無事に育ててもらうため、卵が安全に過ごすことのできる巣を、またそのような巣をつくって維持することのできるオスを選ぶことは、非常に重要です。そこでメスは産卵する際、オス自身の形態や行動学的特徴（たとえば、メスを産卵に誘う際のダンスなど）だけでなく、そのなわばりや巣に関連した特徴に基づいて巣を選んでいるようです。オスも、巣を自分の情報（巣をつくったり装飾したりすることのできる体力など）を提供するものとして利用していると考えられます。飾り立てられた巣を示すことで、そのオスがそれだけ巣を手入れする時間を持つことができること、卵の世話に長けていることや、周りに卵の捕食者や卵泥棒の数が少ないことをメスにアピールしているのです。

またメスは、すでに産卵されている巣を好むこともわかっています。その理由としては、巣がほかのオスやほかの生物に襲われて卵を取られてしまったり、食べられてしまったりした時に、ほかの個体の卵と一緒だとリスクを分散できるといったことが考えられます。あるいは、すでに産卵されているにもかかわらず、その巣の持ち主であるオスの求愛行動が魅力的である、巣の場所がよいといった条件のよさのために、多くのメスがそのオスの巣に産卵してしまうのかもしれません。オスがほかの個体の巣から卵を盗んできて自分の巣に入れておく、という行動が観察されるのは、メスのこのような好みが理由となっていると考えられます。

トゲウオの仲間の多様な繁殖行動

ここまでイトヨを例として紹介してきましたが、ほかのトゲウオの仲間もオスが巣づくりして単独で子育てを行うことが知られています。トミヨ属や、北アメリカ五大湖周辺の内陸部に分布するクラエア属、北アメリカ東岸に分布するアペルテス属、またヨーロッパ北西岸に生息する海産のスピアキア属はいずれも、水底ではなく水草の枝の途中に鳥の巣のように巣をつくりますが、巣材の接着のためにノリ状の物質を分泌する点はイトヨ属と共通しています。

さらに広い視点で、トゲウオに加えてクダヤガラ科やシワイカナゴ科を含むトゲウオ亜目という分類群で見てみると、実に多様な繁殖様式が見られます。たとえば、クダヤガラ科のクダヤガラは日本と韓国沿岸の海に生息していますが、こちらはホヤの中に入り込んで産卵を行うというおもしろい性質を持っています。産卵後はオスもメスも世話をせず、ホヤまかせです。同じクダヤガラ科でも、北米太平洋岸に生息するオーロリンカスという魚は、興味深いことに糸状の物質を分泌し、海草を束ねた比較的簡単な形の巣をつくります。こちらはトゲウオと同様、オスが巣につきっきりで卵を守る行動が見られます。一方、北日本とサハリンの海に生息する海水魚であるシワイカナゴは巣づくりを行わず、海草の分岐点に産卵し、世話をすることもありません。

一つの分類群にこのように多様な繁殖様式が見られるのには、どのような背景があったのでしょう。子育てを行うトゲウオの仲間には、共通する特徴があります。巣をつくること、巣材を接着するためのノリ状または糸状の物質を分泌することです。子育てと巣づくりとの関係については、巣を持つことで卵が同じところにとどまるようになると、ほかの魚に食べられやすくなり、保護する行動が必要になった、と考えられます。一方、トゲウオのノリ状物質、またオーロリンカスの糸状の物質も、巣づくりの時だけ分泌されて使われることから、巣づくりとノリ状・糸状物質の分泌という形質にも密接な関係がありそうです。

3　ヒトとの比較・つながり

子育ての有無とオスメスの役割

そもそもトゲウオはなぜ子育てを行うのでしょうか、またどうしてオスだけが子育てを担当するのでしょうか。ヒトを含むほ乳類に比べると、魚類では卵を産んだら産みっぱなしで特に世話を行わない種も多い中、どのようにしてこの繁殖様式が進化したのか、不思議です。しかし子育てを行う魚類の中では、メスが世話をする種よりもオスが世話をする種のほうが多いことが知られており、その理由として以下のような仮説が提唱されています。①トゲウオのようにメスが先に産卵し、その後オスが放精を行う場合、メスは卵を残して去ることができ、後に残ったオスに子どもと一緒にとどまるように力が働くこと（配偶子放出順序説）。②体外受精するので、オスは自分の子どもであることを確実に認識することができ、父親の保護が進化しやすいと考えられること（父性の確実性説）。③もともとそのなわばりにいるオスのほうが、メスより産卵場所に対する執着が強く、保護を担当しやすいと考えられること（なわばり説または近接度説）。④子育てを行うことで得られる利益はいずれの性でも同じであるが、コストはメスのほうが大きいこと。⑤子育てするオスはメスにとって魅力的であるため、性淘汰の対象となること。

また、子育てを行うかどうか、行う場合オスとメスのどちらが行うか、という行動の進化について、ゲーム理論を用いて考察した研究も報告されています（桑村、二〇〇七）。この研究では、三つの要因、すなわち、子の生存率、メスの産卵する数、オスの配偶者獲得数が、子育ての有無とその役割分担にかかわっていると指摘しています。この三つの要因についてトゲウオの子育てとその役割分担に当てはめてみると、子（卵）の生存率については、トゲウオは巣に産卵するため、ほかの個体やほかの生物から卵を守ること、つまり子育てを行うことで子（卵）の生存率を上げることができると考えられます。次に、その役割分担について考えてみると、メスの視点では、一回の産卵数は数十～数百ですがメスが卵の保護をすることで次に産む卵の数が減少する可能性がある一方、オスは一つの巣で複数のメスが産卵した卵を同時に保護することができるため、卵の保護によって配偶者獲得数が減ることはないと考えられます。このように見ていくと、トゲウオでオスの子育てが進化したのは納得の行くことのように思えてきます。トゲウオの生息する環境においては、オスが子育てを行うことでより多くの子どもを残すことができる、自分の遺伝子をできるだけ多く残すことができる手段であるために、このような繁殖様式となっているのでしょう。

トゲウオの近縁種に見られる多様な繁殖様式、すなわち、産みっぱなしで卵の世話をしない魚、同じ環境に生息するホヤを利用して子育てしてもらう魚、トゲウオと同様にオスが面倒を見る魚、これらも、それぞれの環境に最も適したかたちであったのだろうと考えることができます。どのようにしてホヤを利用するようになったのか、どうして巣づくりを始めたのか、進化の道筋に対する不思議は尽きませんが、保護の有無、またその役割分担、ほかの生物を利用した繁殖など、繁殖様式の多様性には驚くばかりです。

ヒトの子育てとの比較

『はらぺこあおむし』でおなじみのエリック・カールの作品に、『とうさんはタツノオトシゴ』という絵本があります。美しい色使いで、海藻や岩に隠れた魚や子育てする魚が登場する絵本です。卵を抱えたタツノオトシゴのお父さんが子育てするさまざまな魚のお父さんに出会うというストーリーで、トゲウオも子育てするお父さんとして、楽しんで卵の世話を行う様子が描かれています。いろいろな魚のオスが子育てをしていること、また、環境に合わせて多様な子育てが進化してきたことがよくわかり、読んでいるうちに自らの子育てを振り返って考えるきっかけとなるような内容となっています。この本に登場するタツノオトシゴやトゲウオ、ヨウジウオのような、オスが子育てする魚と比較して、ヒトの子育てはどう考えることができるでしょうか。

ヒトを含むほ乳類では、体内受精を行い、またメスがほ乳を行います。そのため、魚類において受精卵がふ化するまでの期間に当たる間、またその後も、必然的にメスが子育てを行わざるをえません。ヒトでも出産までの期間はこの状況が当てはまりますが、その後のほ乳を含む子育てについては、そのままこの役割分担が当てはまるとは言えません。ヒトの行動は、魚のように一〇〇パーセント遺伝的に決定されたものではないためです。国や文化によって子育ての様子はさまざまですし、時代によっても変化していくでしょう。近年は日本でもイクメンという言葉が浸透し、父親の子育てが注目されるようになってきました。もちろん子育てに困難はつきものですが、この絵本に登場する魚が教えてくれるように、それぞれの状況に合わせて、必要に応じて協力し合いながら育児を楽しんで行いたいものです。

研究紹介コラム

筆者はトゲウオ科、クダヤガラ科、シワイカナゴ科を含むトゲウオ亜目魚類を対象として、この分類群に見られるさまざまな繁殖様式の中でも特に、多様な巣のかたち、あるいは巣をつくるという行動そのものはどのように進化したのだろうか、という疑問を解き明かしたいと考え、研究を行ってきました。

具体的には、進化の「カギ」として、繁殖期のオスが巣づくりのために分泌するノリ状物質スピギンに着目し、その遺伝子を同定し、起源と進化について調べてきました（三木、二〇一〇）。その結果、スピギンの遺伝子は粘液状の物質を構成する成分であるムチンの遺伝子ファミリーに由来することを明らかにし、トゲウオにおいてこの遺伝子が数を増やしていることがわかりました。

遺伝子の数が増えたことがトゲウオにおけるノリ状物質の進化に貢献したのかもしれない、さらに、営巣行動の進化との間に何らかの関連があるのかもしれない、と想像は広がります。イトヨにおいては、増えた遺伝子は巣をつくる時期や環境（淡水、海水といった環境の塩分濃度や水流の強さなど）によって使い分けられていることも明らかになってきており、ノリ状物質スピギンは予想よりもずっと複雑に、巣づくりを支えているのかもしれません。

子育てエッセイ

現在、小学校六年生・四年生・五歳の子どもを育てています。上の二人はほとんど自分たちで生活できるようになってきて、子育ても以前ほど困難ではなくなってきましたが、振り返ると、二人目・三人目の出産前後が子育ての大変なピークだったと感じます。産休中でも投稿論文の修正の締め切りなどがあると休めないことも多く、また、子どもが増えてくると、病気などで研究を行えない時間が増えたり、別々の保育園に預けなくてはならなくなったり、といった状況もありました。それでも、本当に大変な時間は意外に早く過ぎるものだなというのが現在の率直な感想です。保育園などでよちよち歩きの赤ちゃんを見ると懐かしく、また少しさみしくも思えてきます。

トゲウオではメスは全く子育てに参加せず、パパの「ワンオペ」でふ化まで育てられますが、わが家も第一子が生まれた時は夫が一カ月育休を取り、平日の家事と育児を担当してくれました。これはひとえに、私が当時研究員の身分で育休を取ることができなかったのに対し、夫は民間企業の正社員で育休を取る制度があったためです。育休という制度があっても男性が取得するのは実際難しいと聞きますが、もっと状況が厳しかったと思われる一一年前当時に、何の屈託もなく育休を取得してくれた夫には本当に感謝しています。そのせいか、長男は今でも三人の中で一番父親と仲よしです。第二子、第三子ではどちらも育休を取らず、産休明けから復帰して仕事をしていますが、夫は変わらず協力的です。お互いに仕事が忙しくなると交代で残業したりしてどちらか一方が家にいる、という生活になり、さながら交代勤務を二人でこなしている気分です。もし夫の協力がなければこの「交代勤務」を一人でこなすことになるかと思うと、「ワンオペ」の困難さを身に沁みて感じます。

最近は子育ての卒業に関して考えるようになってきました。オムツが取れ、トイレが自分でできるようになると「お世話」をする時間がかなり減り、子育ては「見守り」が中心になってきます。いかにこちらから手を出さずに自分で対処できるように見守るか、一方、子どもが困っている時には適切なタイミングで手を差し伸べることができるか、見きわめが肝心です。「お世話」したほうが時間的に早いこともあるのですが、こちらから手を出し過ぎてしまうと、かえって成長の妨げになるようにも感じますし、一方「放任」してしまうと時に大きなトラブルを招いてしまいます。見守るほうの親としても、もう一段階成長が必要だと考えさせられる毎日です。小学校高学年に入ったあたりから、子どもの行動を把握するのが難しくなってきて、子どもが話してくれない限りは（あるいは何かトラブルで小学校などから連絡がこない限りは）日中どのように過ごしているのか、様子がわかりません。帰宅後、あわただしく家事をしながらも子どもの話を聞き、話さない場合でも（今日は何となく元気がないな）（今日はいいことがあったみたいだな）など、日々子どもの様子を把握するように努めています。

トゲウオのオスは産卵からふ化まで面倒を見ていて子育て熱心ですが、それでもヒトに比べるとかなり期間が短く、またふ化と同時に完全に終わりを迎えます。巣立ちした子どもたちを見守ることもせず、ただ見送るトゲウオのお父さんたちは潔くて、うらやましいようにも思います。

さらに学びたい人のための参考文献

森誠一（二〇〇二）．トゲウオ、出会いのエソロジー　地人書館
小田英智（構成）桜井淳史（文・写真）（一九八四）．カラー自然シリーズ　トゲウオ　偕成社

引用文献

カール、E／佐野洋子（訳）（二〇〇六）．とうさんはタツノオトシゴ　偕成社
後藤晃・森誠一（編著）（二〇〇三）．トゲウオの自然史　北海道大学図書刊行会
桑村哲生（二〇〇七）．子育てする魚たち　海游舎
三木（川原）玲香（二〇一〇）．トゲウオの巣作り　生物科学、第六一巻第三号、農文協

12　女系家族の子育てスタイル——アリ

古藤日子

1　どんな動物?

アリの生態

アリは私たちにとって身近な昆虫の一つであり、多くの人が一度は道ばたでその行列を眺めた経験を持ち、また夏休みの自由研究でアリを家に持ち帰って飼育したことがある人もいるでしょう。アリと聞けばイソップ物語の勤勉な姿を頭に思い浮かべる人もいるかもしれません。その「身近さ」の理由の一つとして、アリは地球上において最も繁栄している生き物の一つであることがあげられます。冷帯や高緯度地域を除き、地球上のほとんどの場所に生息し、これまでに世界で一万種以上のアリが同定されています。多くのアリは雑食ですが、植物の実ばかり食べるアリや、キノコを栽培するアリ、狩りをするアリなど、ユニークな生活スタイルを持つ種も知られています。体の大きさや色、かたちはさまざまで、巣のつくり方や生息場所も種によって大きく異なります。一方で、これらの種のほと

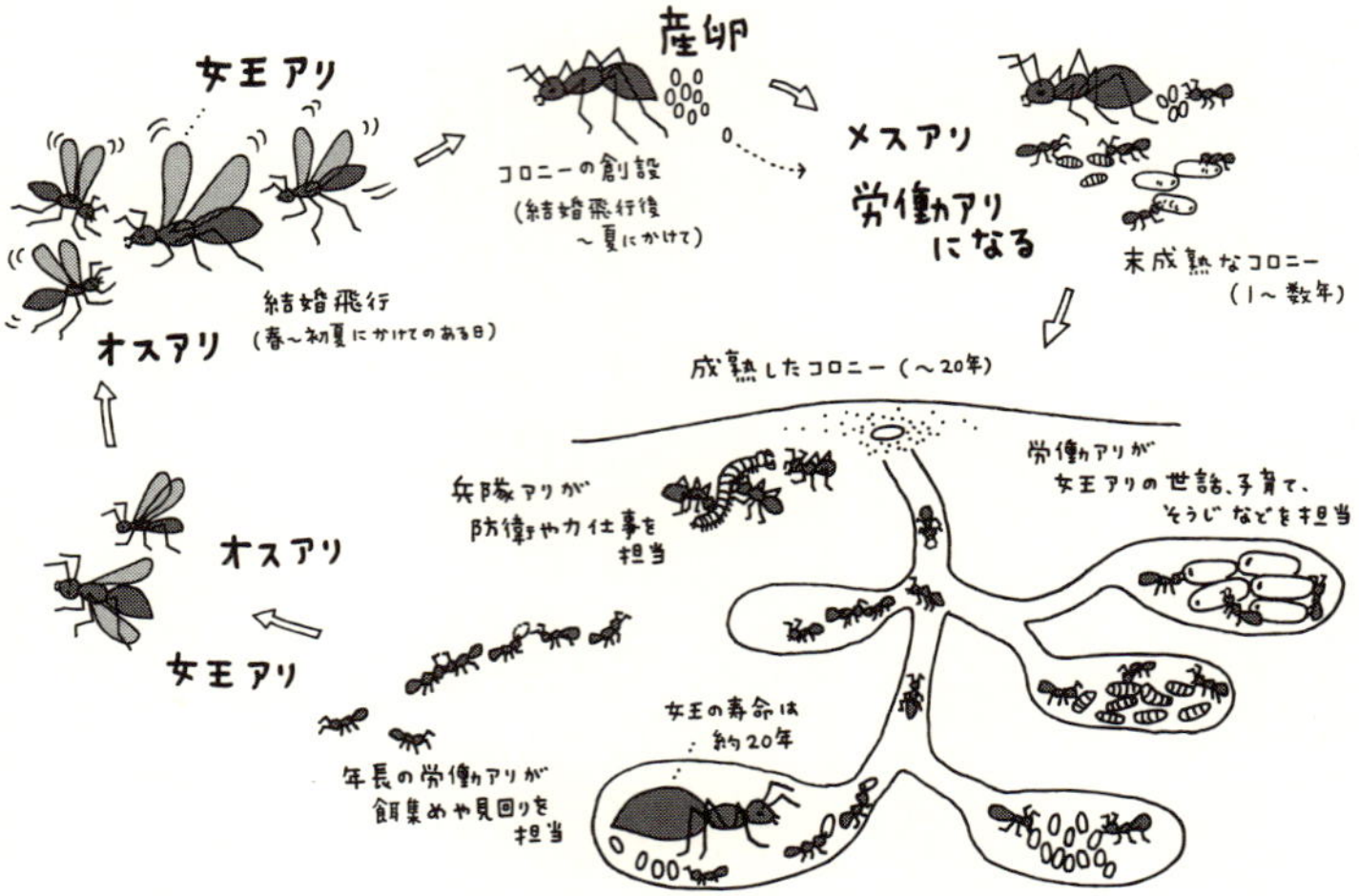

んどに共通する点であり、現在のアリの繁栄をもたらした秘密は、彼らの持つ「社会性」にあります。

コロニーの始まり

アリは血縁関係にある個体同士が集まり、「コロニー」と呼ばれる社会で生活します。地面の下や木の幹の中に巣をつくり、一つのコロニーに、多い時は数千の個体が一緒に暮らしています。コロニーは女王アリ、オスアリ、そして労働アリと呼ばれるメンバーから構成され、大所帯で一緒に生活していくためには私たちの社会と同様にさまざまなルールや社会的な役割分担が存在しています（イラスト）。

日本各地でよく見かけるクロオオアリ(*Camponotus Japonicus*)という種を例にとると、女王アリは体長が約二センチメートルと大きく、ひときわ大きくふっくらとした腹部を持つことが特徴で、コロニーの中で唯一、子どもを産むことができる存在です

（図12－1）。オスアリは小さい頭部と細い腹部が特徴で、生殖階級と呼ばれる女王アリとオスアリは胸部に一対の翅《はね》を持っています。女王アリやオスアリが生まれる時期は春や秋など種ごとに決まっていて、これらの翅アリは、一年のうちある決まった日にそれぞれが生まれ育った巣から飛び立ち、空中で出会い交尾をします。この「結婚飛行」は、種によっては一年のうちたった一日しかないこともあります。なぜ異なる巣穴から翅アリが同じ日に一斉に飛び立つことができるのか不思議ですが、アリたちは温度や湿度、風向きや日照などから、結婚飛行の条件が整った日を察知し、空で出会うことができるのです。この時、女王アリが交尾するオスの数は種によって異なり、一匹のみの場合と複数匹と交尾する場合、いずれも知られています。結婚飛行の後、オスはすぐに死んでしまい、巣に帰ることは二度とありません。一方、女王アリは地面に降り立ち、不要になった翅を切り落とし、新たな巣をつくり、数週間のうちに卵を産み始めます。女王アリは、その後の長い一生を巣の中で生活し、外界に出てくることは滅多にありません。もしも初夏や秋に翅アリがたくさん飛んでいるのを見かけたら、それはオスアリにとっては一世一代の大勝負、そして女王アリにとっては一生で一番ドラマチックな瞬間なのです。

図12-1　幼虫やサナギに寄りそうクロオオアリの女王アリと労働アリ

女王アリはその後しばらくの間、たった一匹で、餌を食べることもなく巣の創設に取り組みます。産んだ卵は、女王アリから、体表をなめてもらい清潔に保たれ、やがて幼虫がかえります。幼虫は口移しで餌をもらうことによって成長し、やがてサナギへと発生が進みます。夏が近づく頃にはサナギがかえり、初めて成虫のアリが誕生します。これらの個体はその後コロニーの大多数を占める労働アリと呼ばれる階級で、メスでありながら一般的には生殖能力を持たず、その体は一センチメートル程度と爪の先ほどの大きさで、女王アリやオスアリに比較して小さい体が特徴です（図12－1）。労働アリは卵や幼虫を育てる個体、巣の外に出て餌とりや見回りをする個体、ゴミ捨てや掃除を担当する個体と、さまざまな役割を分担します。

アリのコロニーは一年のうちの大半の期間、女王アリとその子どもであるメスの労働アリから構成される女系家族で生活していますが、季節がめぐり次の春が訪れる数カ月前には、新しい女王アリとオスアリが誕生します。新しい女王アリとオスアリは次の初夏、結婚飛行の日に巣から飛び立ち、結婚飛行ののち地面に降り立った新しい女王アリたちは、元の巣に帰ることなく、新たな場所で自分のコロニーを一からつくり始めます。

2　どんな子育て？

アリの労働分業

女王アリの寿命は長く、二〇年以上生きた例も知られており、結婚飛行で蓄えた精子を体の中に貯蔵して、その後一生を通じて卵を産むことができます。自然界では、女王アリの産卵量は季節によって異なり、夏から秋にかけてかえった幼虫は越冬して次の春を迎えることが知られています。研究室において温度や湿度、日照時間が人工的に制御された環境では、女王アリは一年を通し継続的に産卵します。春が近くなると一カ月で二〇〇個体以上も新たに労働アリが誕生することもまれではありません。これだけの子育てを女王アリが一手に引き受けることは到底不可能であり、ここで助っ人として登場するのが前述の労働アリです。

図12-2　幼虫を口にくわえて移動する労働アリ

労働アリの大活躍

労働アリの寿命はおよそ半年から一年程度であり、自ら子どもを産むことはありませんが、同じコロニーの姉妹たちと協力して、子育ての中心的な役割を果たします。アリのコロニーでは、女王アリは子どもを産むこと、そして労働アリは産まれた卵や幼虫の養育、といったように、子育てが完全に分業化されています。また、アリの巣は空間的にも機能的に区画分けされており、女王アリや発生過程にある卵、幼虫やサナギは一カ所に集まって生活します。

やがてサナギからかえった労働アリは、巣の奥にとどまり、まずナースと呼ばれる子育て係として働き始めます。アリの幼虫は、一般的なチョウやハエなどの幼虫と異なり、自分で動き回って餌を食べに行くことができません。子育て担当の労働アリは、幼虫たちに口移しで餌を与え、幼虫の体をなめて清潔に保ったり、また危険が迫った時には幼虫を口にくわえて安全な場所に移動したり、きめ細かな世話を行います（図12－2）。また、これらの労働アリは、幼虫のみならず女王アリの世話も担当し、女王が間違って巣の外に飛び出してしまった時などは、女王アリの口をくわえて、「そっちじゃない！　危ないから女王は巣に帰って！」と言っているかのように、力ずくで巣に誘導する様子が観察されます。

一方、直接的に子育てにはかかわりませんが重要な役割を果たすのが、外回りを担当する労働アリです。労働アリは、若い時は子育てを担当しますが、やがて歳をとり、妹にあたる若い労働アリが新たに誕生すると、子育ての係は新たに誕生した若い労働アリに引き渡し、今度は巣の外に出て餌とりや見回りなど危険をともなう外界での仕事を担当するようになります。研究室では、誕生してから四カ月を過ぎる頃から、徐々に子育て係から外回りを担当する係に変化する様子が観察されます。

このような外回りを担当する労働アリの割合は巣全体の二割程度であり、彼らは巣で待つ多くの仲間を養うだけの餌を集め、戻ってきます。集めた餌は「そのう」と呼ばれる消化管の一部に貯蔵されており、待っていた労働アリに口移しで渡されます。餌の交換はバケツリレーのように巣の中に広がり、巣の奥で暮らす幼虫や女王アリにもやがて餌が行き渡ります。このような行動は栄養交換行動と呼ばれ、アリやハチなど社会性昆虫では広く観察される社会行動の一つです。また、砂漠地帯に生息しており、滅多に餌を見つけることができないような環境に暮らすアリは、餌の花の蜜を見つけた時にはお腹がパンパンに膨らむまで蓄える習性を持ち、お腹がまん丸になったその姿からミツツボアリ（Honeypot ant）とも呼ばれています。

このように少数の労働アリが外から餌を集め、効率的に蓄え備えることも、アリの子育てにおいて重要な一面を担っています。栄養交換行動は、まるでアリ同士がキスしているかのようなかわいらしい光景ですが、その際、栄養だけでなく、お互いの匂い物質やさまざまなタンパク質なども交換しており、社会性昆虫のコミュニケーションの要になっている行動と考えられています。

アリの集団生活を守る社会性免疫のしくみ

若い時は部屋の中でお姫さまのように大切に育てられ、やがて歳をとると外の世界で過酷な仕事を担当する、というのはなんとも厳しいアリ社会と思われるでしょう。しかしながら、このような労働分業体制を備えることによって、女王アリや、発生過程にある卵や幼虫、サナギ、そして若齢の労働アリは、外界から隔てられた安全な巣の奥深くでの生活が可能となるため、生活空間の分離はコロニーの繁栄と存続においても大きな意味を持っていると考えられています。

私たちヒトの社会においても、特に人口密度の高い社会的な環境で生活する上で脅威となるのは感染症の蔓延です。人類の歴史の中で、数々の感染症との戦いがありました。私たちにとって最も身近な感染症の一つであるインフルエンザを例にとれば、手洗いやうがい、予防接種、そしてもし家族で感染があった場合には食事のタイミングを変えたり寝室を分けたりするなど、私たちは日常的にさまざまな対策をもって感染症の予防に努めています。興味深いことに、たくさんの家族が密接に暮らすアリの社会も感染症を予防する対策を備えています。

このしくみは「社会性免疫」と呼ばれています。巣の外で感染があった個体は、その症状が軽い場合には巣に戻り、ほかの個体からグルーミングと呼ばれる接触を受けます。感染個体との接触は危険な行為のように思われますが、驚くことに、巣に残っていた個体の感染源への抵抗性を上昇させ、あたかも私たちの社会におけるワクチンの働きを持つことがわかっています。また反対に、感染や傷害を受けた重症の個体は、元の巣の中には戻らない現象も観察されています。まるで、感染した個体は、自分が社会にとってプラスになるのか、それとも危険な存在なのかを理解し、ふるまっているかのようです。一部の限られた労働アリだけが感染の危険性が高い外界に出る労働分業体制をとることによって、巣の中の子どもたちや女王アリをできるだけ感染症の脅威から守るしくみが備わっているのです。

3　ヒトとの比較・つながり

アリの「真社会性」とは

ここまで取り上げてきたアリの社会性構造は、「真社会性」と定義され、ヒトや多くのほ乳類が見せる社会性とは区別されています。「真社会性」の特徴は、アリやハチといった社会性昆虫において、労働アリのような不妊の階級が子育てに参加する点にあります。それでは、なぜ自分の親の繁殖を手伝い、自分では子どもを産まずに一生を終えるような労働アリが誕生したのでしょうか。その秘密は「血縁淘汰説」にあり、アリやハチの特殊な性決定システムによるものと考えられています。

ヒトを含むほ乳類を例にとると、XとYの二つの染色体で性別が決定し、Xが二つならメス、XとYが一つずつならオスになります。オスとメスどちらも二セットの染色体を持つことから両性倍数性と呼ばれ、子どもが自分と同じ遺伝子を持っている確率（血縁度）は〇・五、きょうだい間の血縁度も〇・五です。ところが、アリやハチの場合、染色体の数が半分の未受精卵からオスが誕生することが知られ、一方、女王アリとオスアリから一対ずつの染色体を受け継いだ受精卵がメスになることが知られています。このような性決定のしくみは「半倍数性」と呼ばれ、このしくみゆえに、労働アリにとっては自分が交配して子孫を残す（娘の血縁度は〇・五）よりも、同じ母親から誕生する妹（父方由来の遺伝子が同一なので、血縁度は〇・七五）の血縁度は高くなり、より有利な生存戦略として

「真社会性」が進化してきたと考えられています。古くから提唱されてきたこの血縁淘汰説は、近年ではその一般性について疑義を唱える研究者もあり、血縁淘汰説のみでは「真社会性」は説明できないという論争が巻き起こっています。たとえば、シロアリもアリと同じく真社会性を持ちますが、両性倍数性です。近年では血縁淘汰説に加えて、真社会性を説明するためには近親交配による血縁度の高さや子孫の性比の偏りが関与することもわかってきています。

このように、必ずしも半倍数性による血縁度の高さだけで真社会性が説明されるわけではありませんが、自分では子どもを産まず、親の繁殖を助け、姉妹を育てることに一生を捧げるような存在は、非常に特殊でありながら、その立ち居ふるまいは私たちの子育てに数多くのヒントを与えてくれます。幼いきょうだいの子育ては、その苦労は二倍ではなくて一〇倍になる、という話と、二人目は意外と楽になって一・五倍くらいかな、といった意見など、人によってさまざまです。きょうだいの年の差はその負担を決める大きな要因の一つに違いありません。年の離れたきょうだいは子育ての大きな戦力になる、という話もありますが、子育てにおける上の子の働きぶりは、やはり労働アリにはかなわないでしょう。

労働アリの柔軟なシフト管理

どの労働アリがどの仕事を担当するのかは、先述のように個体の月齢によって決められますが、たとえば自然界において巣の外にはたらきに出ていた労働アリが戻ってこない場合など、社会全体の労働アリのバランスが崩れた時には、すみやかに一部の若い個体が外回りの行動を見せるなど、その役割分担は状況に応じて柔軟に変化することが観察されています。生まれたばかりの若い労働アリを無理やり元のコロニーから引き離し、一〇匹だけ小さな箱で飼育すると、通常は子育てに従事するはずの若い労働アリの中から、数匹、餌とりをしたり巣の外で活動したりする個体が現れます。一方で、年長の労働アリばかりを集めてくると、一部の労働アリは巣の中に長く滞在するようになる様子が観察されます。労働アリは周囲の個体の数やお互いの役割を察知して、環境に応じて適切な分業体制を整えることができるのです。

それぞれの子どもと環境に合った子育て

これまでに見てきた子育てや餌とりに励む労働アリは、一般的にマイナーワーカーと呼ばれ、コロニーにおいては最も体が小さく、そしてコロニーの大多数を占める存在です。一方で、労働アリの中にはもう一つの大型の労働階級が存在します。メジャーワーカーと呼ばれ、大きな顎と平たい頭部を持った労働アリです。見るからに強そうな体をしており、コロニーの防衛や力仕事を担当する「兵隊アリ」とも呼ばれます。兵隊アリの数は多くてもコロニー全体の一割程度にとどまり、一定の頻度で誕生します。

アリのコロニーにおいて、オスアリは遺伝学的にメスと大きく異なることは前述の通りですが、女王アリ、労働アリ、そして兵隊アリはすべてメスです。どの階級に成長するのか、その運命はどのように決定するのでしょうか。女王アリが産卵した時点で決定するのか、もしくは発生段階にある幼虫期に何らかの要因によって、この子は労働アリ、あっちの子は兵隊アリになる、と決定されるのでしょうか。遺伝学的背景が均一でありながら、これらの多様な階級を生み出すしくみとして、近年エピジェネティクスと呼ばれるＤＮＡの修飾の違いや、成長を促す因子の発現など、さまざまな要因がかかわることがわかってきました。

これらの多様な階級を生み出すしくみに、労働アリがどのようにかかわっているのか、その役割についてはほとんど明らかとなっていません。しかしながら、女王アリや労働アリは、季節やコロニーのメンバー構成や数をかんがみて、それぞれの個体の成長と周囲の環境に見合った子育てをすることによって、彼らの社会の繁栄においてバランスのとれた次世代を育成するなんらかのしくみを持っているのです。

研究紹介コラム

筆者は、これまで社会性昆虫、アリを研究対象として、周囲の個体とのコミュニケーションが、個体の行動や生理状態にどのように影響を及ぼすのかということに興味を持って、研究に取り組んできました。たとえば、社会的な孤立環境は、私たちヒトにおいても個体の健康や寿命に負の影響をもたらすことが知られていますが、労働アリにおいても寿命を短縮し、消化機能や行動パターンの異常をもたらすことを明らかにしてきました（Koto *et al.*, 2015）。また、社会環境と個体の行動や生理状態の変化を結びつけるシグナルとして、オキシトシン・バソプレシンファミリーと呼ばれる神経伝達物質の機能に着目し、それが、労働アリが外に出て働くための体づくりにかかわることを明らかにしてきました（Koto *et al.*, 2019）。

アリは進化的にはヒトを含むほ乳類とは遠い位置づけにありながら、非常に複雑な社会性を備えており、そして私たちヒトとも共通するようなさまざまな社会的行動を見せることが知られています。アリを研究対象として私たちヒトとの違い、そして共通性を見出すことは、生物に広く保存された社会性の基盤を理解することにつながると考えています。アリは、研究室での飼育・管理も容易ではなく、また近年急速に発達したゲノム編集技術の応用なども未だ遅れている状況であり、研究対象とするには多くの壁もありますが、アリの女系家族の和気あいあいとした、そしてスマートな生きざまに魅了され、社会環境と個体の健康や幸福にどのようなかかわりがあるのか、分子生物学的にひもとくことをめざしています。

子育てエッセイ

筆者は現在五歳の男の子、三歳の女の子を育てています。夫と母親から多くの助けを借りながら、それぞれの子を生後四カ月から保育園に預け、研究を続けてきました。当初は首がすわったばかりの子どもを預けることに不安もありましたが、早くから社会復帰できたことは多くのプラスになった点がありました。初めての子育てはわからないことばかりで、いつどういったことをさせていいのか、いつからどんな食べ物やおもちゃを与えたらいいのかわからずに、何事にも臆病になってしまいがちでしたが、保育士さんという社会的なサポートはさまざまな面で私を安心させ、子育てへの自信を与えてくれました。

昔であれば子育てをした経験のある親戚や近所とのかかわりが身近であり、自然と社会とのつながりがあったのかもしれませんが、今の社会では、不安があればインターネットで調べてすませてしまったり、子どもと一対一で向かい合い、悩む時間が多くなってしまったりしがちです。また、私自身が研究職として経験したように、二〇代後半から三〇代前半にかけては、身分が定まらず、職場を移動しなければならない機会も多く、両親の助けが得られないなど、安定した社会環境にとどまることが難しいこともあります。そういった自分の経験をふまえても、アリの大家族、特に女系家族の子育ては力強さとしなやかさを備えており、困った時には誰かがすっと助けに来てくれる頼もしさがあります。ヒトとアリ、全く違う生き物ですが、私にとっては学ぶことが多く、子育てと社会のかかわり方について多くを教えてもらっています。

さらに学びたい人のための参考文献

メーテルリンク、M／田中義廣（訳）（二〇〇〇）．蟻の生活（改訂版）　工作舎

寺山守・久保田敏・江口克之（二〇一四）．日本産アリ類図鑑　朝倉書店

引用文献

Koto, A. *et al.* (2015). Social isolation causes mortality by disrupting energy homeostasis in ants. *Behavioral Ecology and Sociobiology, 69(4)*, 583-591.

Koto A., *et al.* (2019). Oxytocin / vasopressin-like peptide inotocin regulates cuticular hydrocarbon synthesis and water balancing in ants. *Proceedings of the National Academy of Sciences USA, 116(12)*, 5597-5606.

13 パパは超イクメン――マーモセット

齋藤慈子

1 どんな動物？

マーモセットとは

コモンマーモセット（*Callithrix jacchus*）は、中南米に生息する霊長類の一種で、マーモセットを代表する種です。近縁種にはタマリンといった仲間もあげられます。体重は、二五〇〜四五〇グラム程度と手に載るほどのサイズで、白い耳毛と縞の長い尾が特徴的です（図13-1）。体の小さいサルらしく、果実や昆虫を食べ、また木の幹をかじって穴を開け、染み出てくる樹脂や樹液も食べます。行動圏は〇・五〜六・五ヘクタール（東京ドーム〇・一〜一・三個分）と小さめで、ブラジル北東部の海岸林や川辺林から半乾燥地帯に、三〜一五頭からなる群れをつくって、生息しています。

群れは、多くの場合、父親、母親とその子どもたちからなります。オスメスともに一歳半頃に性的に成熟し、二歳頃には子どもをつくれるようになりますが、その後も家族のもとにとどまるため、親

図13-1　コモンマーモセットの親子

もとを離れる時期は定かではありません。配偶形態は、一夫一妻から多夫多妻と多様ですが、基本的には、最優位のオスと最優位のメスのみが繁殖し、ほとんどの子どもは、この夫婦の子です。ただし、この繁殖の独占は完全ではないようで、劣位のメス（最優位ペアの娘）も父親が死亡して新たなオスが群れに入ってきた場合や、近隣の群れとの接触があった場合に交尾をし、妊娠・出産することがあります。八歳頃から白髪などの老化現象が現れ始めますが、寿命は飼育下では一五年程度と言われます（Abbott *et al.*, 2003）。

ヒトとの関係

コモンマーモセットは、多産であること、小型で飼育管理が比較的簡単であることから、ニホンザルなどに比べればヒトからの系統的な距離は遠いのですが、医学的、神経科学的な霊長類モデル動物として注目を集めています。ＤＮＡのすべての情報を調べる、全ゲノム解析がなされていたり、サルの仲間では初めて遺伝子組み換えマーモセットがつくられていたりします。また、代表的な実験動物であるラットやマウスは、視覚よりも嗅覚を発達させていますが、霊長類は比較的視覚が発達しています。マーモセットでも視覚による認知課題や、視線の動きを追うアイトラッキングの研究が行われていますし、脳の構造や機能が、マウス、ラットに比べればヒトに近いため、fMRIやPETなどの脳機能画像研究も行われています（佐々木、二〇一八）。

さらに、こうした霊長類全般としてのメリットに加え、コモンマーモセットは、ヒトと類似した行動や認知も持っています。彼らは、複雑な音声コミュニケーションを行い、しかも音声の発達が、他個体からの情報入力、つまり社会的フィードバックにより影響を受けるといいます。私たちヒトは、周囲の人たちが話している言葉を身につけます（赤ちゃんは日本語圏にいれば日本語を、英語圏にいれば英語を話すようになります）が、そのことから、コミュニケーションの獲得に、社会的な入力が大きな影響を与えると言えます。一般的に、ヒトと、歌を歌う鳥の仲間である鳴禽類などを除き、他個体の音声の影響を受けて、自身の音声を発達させる種は珍しいとされます（第9章）。

さらに他個体の動きの模倣を行うことも知られています。よく「サルまね」とは言いますが、実は誰かの動きを見て、動作を正確にまねることは、チンパンジーでも難しいと言われています。また、ヒトと同じように他個体に自ら進んで協力行動をします。コモンマーモセットは、自分にメリットはなくても、相手のために餌をとる動作を、相手から要求されなくても自発的にするそうです。チンパンジーは相手の状況を理解し、相手のためになる道具を選んで渡してあげるといった、ヒトと同じような行動をしますが、相手からの要求（手を出して「くれくれ！」といった身ぶりをする）がなければ、相手を助けるような行動はしないようです。これらの行動に加え、オスとメスが柔軟な絆、いわゆるペアボンドを形成する点なども、ほかの霊長類では比較的珍しいけれども、ヒトと共通する行動的特徴と言えるでしょう（齋藤、二〇一三）。

2　どんな子育て？

マーモセットの妊娠・出産と子育て

マーモセットの仲間の子育てには、注目に値するもう一つのヒトとの共通点があります。

マーモセットの仲間は、霊長類としては珍しく、通常双子を産み、飼育下では三つ子もよく見られます。妊娠期間は約一五〇日、出産は年二回ですので、年に四頭の子どもが生まれることになり、非常に多産です。母親は、出産後一週間ほどすると、再び発情、排卵し、うまく受精すれば、次の子どもを妊娠するのです。多産なわけは、高い死亡率によるようです。野生下でのデータはあまりありませんが、半数近くの子どもが生後数カ月以内に死亡しているようです。

マーモセットの新生児は一頭三〇グラム前後で、母親の体重の一〇パーセント近くにもなりますが、この重い子を二頭背負いながら自ら食物を探して食べ、生まれた子に授乳をして、次の子どもをお腹の中で育てるのは、非常に大変です。そのため、通常多くの霊長類が行っている、生後しばらく母親単独で子を運搬・世話する、という子育てはしません。母親の負担を軽減するかのように、マーモセットの仲間では、父親や兄姉も子どもを背負って運び、子育てに参加します（イラスト）。これらの兄姉のように、自分の子でない子どもを育てる個体は、ヘルパーと呼ばれます。つまり、マーモセットの仲間の子育ては、母親だけでなく他個体も子育てに参加する、共同保育と言えます。ほ乳類ではメス単独での子育てが主流の中、ヒトも共同保育をする種です（第2章）。ヒトもマーモセットも、珍しい子育てのしかたを共通して行っていると言えるでしょう（Saito, 2015）。

子育て行動とその分担

家族みんなで子育てをするマーモセットですが、家族の中での役割分担はどうなっているのでしょうか。子どもが生まれてから、どの個体がどれくらい子どもを背負っているかを観察してみると、父母ともに子どもを背負う時間は子どもの成長に合わせて徐々に減少していき、生後一カ月ほどで子どもが背負われている時間は観察時間の半分ほどになります。ただし、子どもが一週齢の時だけ、父親が背負う時間がその曲線から大きく外れるようにさらに減少します。その間は、父親の減少分を補うように、兄姉個体がたくさん子どもを背負います。子どもが一週齢の時、父親は何をしているかというと、どうやら再び発情した母親を追いかけていて、子育てがおろそかになってしまうようです。

また、家族、すなわち兄姉の数が増えると、両親の背負い行動は減ります。つまりヘルパー個体がたくさんいると、両親の子育ての負担は軽減されるのです。生後二カ月ほど続く授乳の関係で、母親の背負い行動は一定時間は必要になるため、年長個体の存在は、母親より父親の背負い行動により影響を与えるとされます。お父さんは、兄姉にまかせて手が抜ける場合はしっかり抜くといったところでしょうか。

子どもを背負っている個体が子を拒否（壁や枝などにこすりつけたり、場合によっては噛みついたり）することによって子どもが鳴き声をあげ、それを聞いた他個体が子どもを抱き取って、背負い役が交替するだけでなく、子ども自ら背負われる個体を移動することもあります。一般的に家族内の個体は背負い行動を積極的に行うとされますが、子どもの鳴き声に敏感に反応するか否か、また反応して抱き取ってもその後忍耐強く長い間背負っていられるか否かは、個体差があるようです。

子どもに対する敏感性を調べるテストとして、養育個体から離れて鳴いている乳児を見せてどのくらいすばやく近寄って背負うかを見てみると、父親や母親は生後すぐから比較的すみやかに乳児のところに駆け寄り背負いますが、兄姉個体は、弟妹に初めて接する最初の数日は、どうしたらよいのかわからない様子で、背負うまでに時間がかかってしまいます。しかし数日後には両親と同じような速さで乳児を背負えるようになります。お兄ちゃんお姉ちゃんが子育て行動を行うには、ある程度の練習や経験が必要なようです。ちなみに、兄姉個体として子育てを手伝った経験が、その後、自身が親になった時の子育てのうまさにも影響を与えるとの報告もあります。霊長類の子育ては、完全に生得的なものではなく、経験も必要であることを示しているのでしょう。

マーモセットの仲間で特徴的な行動に、自分の手にした食べ物をほかの個体に渡す（正確には他個体が持っていくことを許す）、食物分配行動があります。この行動はヒトを除くほかの霊長類ではあまり一般的ではありませんが，マーモセットの仲間では，親子間，オスメスのペア間，きょうだい間などでも頻繁に見られます。これも子どもに栄養を与えるという意味で，子育て行動の一つと言えます。実験的に父親と子ども，母親と子どもをペアにして，親だけにおいしい食べ物を与えると，父親と母親は，ともに離乳前の子には自分の手から餌をとることを許しますが，離乳後の子に対しては，威嚇の声を出したり，子どもを押したりして餌を渡すまいと拒絶します。離乳後の子は自身で食べ物を得ることができるので，親も自分が好きなものはあえて分け与えないのでしょう。

このように，一口にマーモセットの子育て行動と言っても，背負っている時間や，鳴いている子どもに近寄って背負う行動，食べ物を分け与える行動など，行動の種類によって，また発達過程の時点によって，家族の誰がどのくらい行うのかが異なるようです。またそこには個体差もあると言えるでしょう（Saito, 2015）。

珍しいメスによる子殺し

霊長類では，オスが自分の子でない子を殺す行動がよく知られています。ライオンなどでも見られるように，一～数頭のオスと複数のメスからなるようなハーレム型の群れで，新しく群れを乗っ取ったオスが，前のオスが残していった授乳中の子を殺して，授乳により抑制されていたメスの発情・排卵を再開させ，早く自分の子どもを残すという適応的な意義があると考えられています。

しかし，マーモセットの仲間では，メスによる子殺しが報告されています（Saltzman *et al.*, 2008）。

前述のように、マーモセットの群れでは、基本的には最優位のオスと最優位のメスのみが繁殖しますが、時に劣位のメスが子どもを産むこともあります。その場合、劣位メスの子は、優位メスによる子殺しにあうことがあるのです。これまで見てきたように、マーモセットの子育ては大変です。家族の子育て参加が必須となってくると、優位メスにとっては、父親や兄姉の子育て参加といった、貴重な子育て資源を、劣位メスの子どもに取られてしまうのを避ける、という意味があるのでしょう。

超イクメン

これまで見てきたように、母親が発情している時やヘルパーが多い時には、子育ての手を抜く（？）マーモセットの父親ですが、マーモセットの子育てにおいて非常に重要な役割を果たしているのは間違いありません。それを裏づけるように、マーモセットのオスでは、父親になるため、あるいは父親になることによる生理的な変化が見られます。

マーモセットのオスは、パートナーであるメスが妊娠中体重を増やすのに合わせて、自身も体重を増やすことが知られています。子どもが生まれた後の子育てに体力的に備えるためではないかと言われています。また、メスが妊娠出産にともないホルモンの値を変化させるのは当然のことですが、マーモセットではペア相手のオスもホルモンの値を変化させます。身体的・心理的な準備がなされているのでしょう。さらに、父親とそうでない個体とでは、脳の前頭前野と呼ばれる領域でのシナプス（神経細胞間の情報伝達の場）形成や、神経伝達物質の受容体の数にも違いがあります。父親になる

図13-2　子どもを背負うコモンマーモセットの父親

と、脳の中から変わってしまうということでしょう。

コモンマーモセットのオスは、前述のような生理学的な準備のおかげか、子どもの生後すぐから背負い行動（図13-2）を見せ、父親的役割を果たすことも特徴的です。さらにオスはメスの出産に際し、助産師的な役割を果たすとも言われます。

父親の乳児への敏感性は、わが子に限定されないという側面もあります。子ザルの鳴き声には自他の子の区別なく近寄って抱き取ろうとするのです。ただし、マーモセットを含む新世界ザルの仲間は、霊長類の中では比較的嗅覚が発達しており、匂いによって自他の子を区別しているようです（自分の子の匂いをかいだ時だけ、ホルモンの値が変化するという報告があります）。いずれにせよマーモセットの父親は、超イクメンザルと言えるでしょう（Saito, 2015）。

3　ヒトとの比較・つながり

ヒトのイクメンは一日にしてならず？

ヒトの父親の子育て参加は、文化や民族によって程度がさまざまですが、核家族化や地域社会の子育て力の低下が進んだ日本の現状では、重要であることは言うまでもありません。

実はヒトの男性も、妻である女性の妊娠出産にともない、ホルモンの値が変化することが知られています。女性と生活をともにすることが必要だと思われますが、マーモセットの父親ほど、すぐに子育てができるわけではなさそうです。一説によると、男性の子育て欲求には、父性の確実性のため、赤ちゃんが自分に似ているかどうかもかかわるとされます。

さらに、ヒトの父親の乳児への敏感性は、マーモセットの父親とは異なり、母親ほど高くはないかもしれません。霊長類学者のサラ・B・ハーディは、ヒトでは最初の乳児刺激への敏感性に性差があり、そこの差を埋める努力を積極的にしなければ、その後の子どもからの愛着の父母間の格差につながっていってしまうと指摘しています（ハーディ、二〇〇五）。子どもが「お母さんがいい、お父さんは嫌だ」と駄々をこねる話はよく聞きますが、ヒトでもマーモセットの父親のように、最初から母親のような乳児への敏感性があれば、そのようなことにはならないのかもしれません。

このような父親と母親の違い、性差があるからといって、子育ての中心的役割は「お母さんでなくてはいけない」「お父さんには無理」と決めつける必要はないでしょう。第3章で紹介したように、父親も子どもとかかわる経験によって子育てに適した変化が見られるからです（第I部扉イラストも参照）。

ヒトの共同保育と比較して

マーモセットの共同保育は、基本的には、家族、血のつながった個体の中で行われることが多いのですが、ヒトの場合は、父親、兄姉、祖父母といった血縁者だけでなく、非血縁者の手助けも重要です。特に核家族化、少子高齢化の進んだ現代では、保育所・幼稚園などの専門職の子どもへのかかわりが必須と言えるでしょう。ヒトは複雑な社会の中で、血縁者に限らず他人を信頼して自身の子どもを預けることができるシステムを構築してきました（根ケ山・柏木、二〇一〇）。マーモセットを超えた共同繁殖と言えるでしょう。

研究紹介コラム

筆者は、これまで本文で紹介してきた、コモンマーモセットの家族行動の観察や、乳児への敏感性の実験、食物分配行動の実験などを行ってきました。食物分配行動では、愛情ホルモンとしても知られるオキシトシンの脳内での働きも調べました。オキシトシンは、出産時の子宮の収縮や、授乳時の射乳反射にかかわるホルモンとして知られていましたが、近年、オスとメスや親子、ヒトと伴侶動物であるイヌの間の絆の形成にもかかわることが指摘されています。そのオキシトシンを脳内へ投与すると、食物分配場面でマーモセットの父親の子どもに対する拒絶的な行動が減ることがわかりました（その後の研究で、オキシトシンの効果は一概に子育て行動を促進するものではないことがわかってきていますが）。その他、子ども側の行動として、乳幼児がいつから親と他人（群れ外の成体）を見た時に親を選んで近寄るようになるかといった、愛着行動に関連する実験も行いました。現在は、共同研究として、前述のような子育て行動や愛着行動にかかわる脳のはたらきを明らかにする研究にかかわっています。
本文で述べたように、コモンマーモセットは神経科学的なモデル動物として、近年とても重視されています。マウスやラットといったげっ歯類の実験動物では見られない行動も、マーモセットではヒトと類似した形で見られる面があります。マーモセットで子育て行動や愛着行動のメカニズムを明らかにすることは、ヒトの子育てをより理解することにつながるだろうと考えています。

子育てエッセイ

現在、私は七歳と四歳の男の子二人を育てています。長男を出産した時、夫はアメリカで研究員をしていたため、シングルマザー状態で子育てが始まりました。その経験から、ヒトもまた、マーモセット同様に母親ひとりでは子育てができない種であることを実感させられました。仕事と家事と子育ての両立ならぬ三立は、当時の記憶が断片的になるほど大変で、自分の母親と保育所のありがたみをひしひしと感じる日々でした。

母親単独の子育ての大変さもさることながら、子どもがある程度大きくなった今も日々私を悩ませているのは、きょうだい間の葛藤（けんか）です。ヒトも生物であり、親の資源は有限で、それを分け合うきょうだいの間には葛藤が生じます。第二子の誕生により、第一子は、それまで独占していた親の資源、すなわち愛情を、突然第二子に奪われることになり、理不尽だといった感情を抱いても不思議ではありません。そうすると、自分の優位性を主張したり、下の子への世話を邪魔したりするような行動が出てきてもしかたないのかもしれません。しかし、親からすると、（状況によりけりですが）どちらも平等に育てていきたい、上の子は下の子より成長しているので、比較的手がかからないはずだ、と思うわけです。結果、親子間の葛藤が生じます。子ども期が長く、同時に手のかかる複数の子を育てるヒトゆえにしかたがないとはいえ、まだ体の小さな上の子が下の子を一生懸命に背負うマーモセットのきょうだいをうらやましく思います。

もちろんヒトでも上の子が下の子の面倒を見てくれ、マーモセットのようにヘルパーとして子育ての戦力となってくれることもあるでしょう。実際に小学生のお姉ちゃんが妹のおむつ替えをてきぱきとやっている様子を見て、頼もしいものだと感心したこともあります。残念ながら、うちの場合は三歳弱という年齢差のためか、長男は全く手伝ってくれないというわけではないのですが、次男の子育ての邪魔をするほうが圧倒的に多かったです（最近はようやく二人で仲よく遊んでくれることが増え助かってはいますが……）。よく、二人目が生まれると、大変さは二倍ではなくて一〇倍になるとも聞きますが、その大変さの大半は、きょうだい間の葛藤によるものではないかと感じています。

さらに学びたい人のための参考文献

伊沢紘生（二〇一四）：新世界ザル（上・下）東京大学出版会
京都大学霊長類研究所（編）（二〇一七）：世界で一番美しいサルの図鑑　エクスナレッジ

引用文献

Abbott, D. H. *et al.* (2003). Aspects of common marmoset basic biology and life history important for biomedical research. *Comparative Medicine*, 53, 339-350.
ハーディ、S・B／塩原通緒（訳）（二〇〇五）：マザー・ネイチャー（上・下）早川書房
根ケ山光一・柏木惠子（二〇一〇）：ヒトの子育ての進化と文化　有斐閣
齋藤慈子（二〇一三）：霊長類のペアボンド・養育行動と内分泌機構　分子精神医学、第一三巻、二五一—二五九頁

Saito, A. (2015). The marmoset as a model for the study of primate parental behavior. *Neuroscience Research*, *93*, 99-109.
Saltzman, W. *et al.* (2008). Post-conception reproductive competition in cooperatively breeding common marmosets. *Hormones and Behavior*, *53*, 274-286.
佐々木えりか（二〇一八）：コモンマーモセットの創薬研究への応用　日本薬理学雑誌、第一五二巻第二号、九四―九九頁

14 ママは放任主義？——ゴリラ

竹ノ下祐二

1 どんな動物？

ゴリラは二種、四亜種

ゴリラはアフリカにすむ、チンパンジーに次いでヒトに近縁な大型類人猿です。コンゴ、ガボンなどの赤道アフリカにおよそ三八万頭生息しています。現在の分類では、ヒガシゴリラ（*Gorilla beringei*）とニシゴリラ（*Gorilla gorilla*）の二種に分類されます。ヒガシゴリラはさらにマウンテンゴリラとヒガシローランドゴリラという二つの亜種に分類されます。同様に、ニシゴリラもニシローランドゴリラとクラスリバーゴリラの二亜種に分類されます。ＩＵＣＮ（国際自然保護連合）が作成した絶滅のおそれのある生物のリスト（レッドリスト）では、四亜種すべてが絶滅の危機に瀕しているとされています（Plumptre *et al.*, 2016; Meisels *et al.*, 2018）。

ゴリラは大きな動物というイメージがあります。現生の霊長類の中では体サイズが最大です。成体のオスの体重は二〇〇キログラムを超え、メスでも八〇～一〇〇キログラムです。しかし、霊長類最大といってもゾウやカバなどの大型ほ乳類にはとても及びません。「ヒューマンサイズ」の動物です。

ゴリラは草食動物と言われますが、それは正確ではありません。たしかに、ゴリラには発達した腸があり、ヒトが消化できない草や葉の食物繊維を分解し、栄養源とすることができます。しかし、ウシのように草や葉ばかりを食べるわけではありません。果実や昆虫もかなり食べます。だから、「植物を中心とした雑食動物」と言うべきでしょう。ただし、けものは食べません。

一夫多妻型の家族的な群れ

ゴリラの多くは、一夫多妻型の家族的な群れで暮らしています。一頭の成熟したオス（核オス）が、複数のメスと配偶関係を結び、その子どもたちを含む群れをつくります。オスは若いうちは自分の群れをつくることができず、単独生活をしたり、オスばかりで徒党を組んで暮らしたりします。つまり、少数のオスがメスを独占する社会です。ほとんどの場合、核オスが群れの子どもの父親です。

この社会構造は、彼らの身体的特徴にも反映されています。ゴリラのオスは、大人になると、メスの二倍以上の体サイズです。これは、オスの間に繁殖相手となるメスの獲得をめぐる強い競争がはたらいていることを示しています。一方、大きな体に似合わず、ゴリラのオスのおちんちん（睾丸）はとても小さいです。それは、群れには通常一頭しかオスがいないため、群れの中でメスとの繁殖機会をめぐる競争が少ないことを示しています。

野生のゴリラの寿命は、長くて四〇年程度です。身体的に性成熟に達するのは、メスで七～八歳、オスで一〇～一一歳です。しかし、社会的にも成熟するには、さらにそれから数年を要します。性成熟に達すると、オスもメスも生まれた群れを出て行きます。メスは、オスのように単独生活を送ったり同性だけの集団をつくったりせず、生まれた群れを出るとすぐに、ほかの群れのオスや、単独生活を送るオスと配偶関係を結びます。

最近になって、ゴリラの社会はかなり多様性に富むことがわかってきました。マウンテンゴリラでは、オスが成熟しても生まれた群れを出て行かず、複雄群になることが以前から知られていましたが、それは例外的というより、むしろそのほうが普通である、ということがわかってきたのです。時には、一つの群れに七頭もの成熟したオスがいることがあります。こうなると、家族は家族でも、核家族ではなく、二世代同居の拡大家族という感じですね。

2　どんな子育て？

性による繁殖努力の違い

ゴリラのメスは、マーモセット類（第13章）を除くほかの霊長類同様、一回のお産で一頭の子を出産します。双子が生まれた事例もありますが、野生ではきわめてまれです（Kahewa, 2007）。妊娠期間は約二五六日で、ヒトの女性よりやや短いです。新生児の平均体重はヒトよりも軽く、平均一・八キログラムです。この差は、母親の体重を基準にするとさらに大きくなります。ゴリラのメスのほうがヒトの女性よりだいぶ大きいからです。ヒトの新生児の体重は母親の約六パーセントであるのに対し、ゴリラの場合はほんの二パーセント程度です。総じて、ゴリラのお母さんはヒトのお母さんと比べて妊娠・出産の負担は小さいと言えます。

一方、離乳までにかかる期間は、ゴリラのほうが長く、三〜四年です。しかし、運動能力の発達はゴリラのほうがヒトより早く、三〜四歳くらいのゴリラの子どもはとても活発で、お母さんからかなり離れて子ども同士で遊びます。やんちゃざかりで、激しくレスリングや追いかけっこをした子どもたちが、ふっとお母さんのところに戻って、お腹にしがみついておっぱいを吸うのを見ると、なんだかおかしな感じがします。

生まれたばかりの赤ちゃんはひとりで歩けず、一日中お母さんのお腹にぎゅっとしがみついて運んでもらいます。やがてよちよち歩きができるようになると、休憩したり採食したりする時はお母さんから少し離れ、移動する時は背中におぶってもらうようになります（図14‐1）。このように、乳幼児期の母子密着が長期間にわたるのがヒトとの違いです。もっとも、これはゴリラの特徴というより、ヒトの母子分離が霊長類の中では特徴的に早いということかもしれません。

出産間隔は平均四年です。八歳で性成熟して四〇歳まで生きるとすると、生涯で八頭の子どもを産める計算になります。しかし、実際には子どもを途中で亡くしてしまうこともあるため、メスが一生涯に育て上げる子の数は、平均四頭です。そして、メスの生涯繁殖にはあまり個体間のばらつきがありません。

それに対して、オスの生涯繁殖は、ひとえにオス自身の努力にかかっています。力量を発揮して、多くのメスを獲得できたオスは、たくさんの子を残すことができます。私たちの研究グループが二〇〇三年から追跡調査を行ってきたニシローランドゴリラの群れの核オスは、生涯で少なくとも八頭のメスとの間に、一二三頭か、それ以上の子を残しました。

図14-1　母親の背中につかまって運ばれるゴリラの子ども

背中越しに母親と同じ世界を共有しつつ、ゴリラの子どもは育っていきます。

ないないづくしの放任主義

ゴリラの子育てを一言で述べよ、と言われたら、私は「ないないづくしの放任主義」と答えます。「ほめない」「叱らない」「教えない」「一緒に遊ばない」、そして、「食べ物を与えない」です。人間の親の視点からすると、これらをしないでいったい育児をしていると言えるのか、と感じますが、ゴリラに限らず、霊長類の育児において、しつけや教育は見られません。親が子どもと一緒に遊んであげる、ということもほとんどありません。育児は基本的に、授乳、運搬、外敵からの保護、だけです。あとは、子どもが勝手に育っていきます。

「ないないづくし」と言うと、なんだかゴリラは子どもをネグレクトしているかのように思われるかもしれません。特に、「食べものを与えない」などはそう感じるでしょう。しかし、実は、母親が母乳以外の食物を子に与える動物は、ほ乳類ではむしろ少数派です。さらに、母親以外の大人が子どもに食物を与えるとなると、さらにまれになります。

ただ見守る

積極的にしつけはしませんが、ゴリラのお母さんは、子どもをとてもしっかり見守ります。子どもが小さいうちは、ほとんど片時も目を離しません。そして、わが子に何かトラブルが発生した時のお母さんの態度は終始一貫、決まっています。「無条件かつ全面的にわが子に味方する」のです。

たとえば、自分の子が年下の異母きょうだいと遊んでいて、じゃれ合いのレスリングでちょっとエキサイトしすぎて力の加減ができず、年下の子が泣いてしまったとします。人間社会ではわが子をたしなめるところですが、ゴリラのお母さんはそんな時、即座に子どもたちのところに飛んで行き、泣いている異母きょうだいを攻撃します。なんだかモンスターペアレントみたいですが、すべてのお母さんがわが子の「無条件かつ全面的な味方」なので、それでつり合いがとれているのかもしれません。

お父さんは「弱いものの味方」

一方、お父さんにとっては、基本的に群れの子どもたちはみな自分の子ですから、子ども同士の争いで全員の味方をすることはできません。しかし、お父さんの態度も終始一貫しています。それは「弱いほう、負けているほうの味方をする」というものです。

ゴリラの子どもは、群れの中に母親という確実な自分の味方がいます。そして、母親の立場が低かったり、母親がいなかったりする子どもには、父親が味方をしてくれます。このように、父親と母親が、あたかも役割分担しているかのように子どもに対する態度を違えることで、ゴリラの群れでは、子ども同士、多少のいさかいはあっても、いじめっ子やいじめられっ子が固定することなく、子どもたちはそこそこ対等な関係を保って、みんな仲よく育っていきます。そんな子どもたちを、お父さんはやはり、ただ見守ります。

図14-2　観察者に向かってディスプレイするゴリラの核オスと、その手前で父親の真似をする息子

核オスはやんちゃな息子を優しく見守りつつ、観察者たちが近づきすぎないよう、鋭い視線をこちらに向けています。

ゴリラのお父さんには、もう一つ大切な役割があります。それは、外敵からメスや子どもたちを守ることです。外敵には二種類あります。一つは、群れ外オスです。ゴリラの社会では、群れ外オスによる子殺しが見られます。不幸にもわが子を殺されてしまったメスは、子どもを守る力量のない核オスを見限って、わが子を殺した群れ外オスと「駆け落ち」することもあります。

もう一つの外敵は、捕食者です。ゴリラの生息地にはヒョウがいます。ヒョウはゴリラを食べます。また、ヒトはゴリラにとっては天敵です。調査地や観光地で、ヒトに慣れたゴリラの群れであっても、ヒトが近づきすぎないようお父さんは常に目を光らせており（図14－2）、子どもが不用意に接近しすぎると、怒って飛んできます。

3　「放任主義」と「無条件かつ全面的なわが子の味方」

前述のように、ゴリラのお母さんの子育ての基本は、「放任主義」と「無条件かつ全面的なわが子の味方」です。この二つについて、もう少し掘り下げて考えてみましょう。

放任主義

まず「放任主義」について。繰り返しになりますが、ゴリラのお母さんは決して子どもをネグレクトしているわけではなく、しっかり見守っています。それは子どもを危険から守るためです。

ここで重要なのは、ゴリラのお母さんは、実際に子どもに危険が差し迫るまで、見守りつつ子どもの好きにさせているところです。子どもを守りたいだけなら、ずっと手もとに置いておけばよいはずです。しかし、ゴリラのお母さんは、子どもが多少危ないことをしても、ギリギリまで放っておきます。いわば、積極的な放任主義です。

私は、ゴリラを見ていて、「ただ見守る」ことの重要性をつくづく感じます。社会性を身につけるには、母親以外の個体と自由にかかわり合い、さまざまな社会的体験をすることが重要です。まさに「習うより慣れよ」で、そのようにして身につけた社会性は、実用的で強靭なものとなるでしょう。

無条件かつ全面的なわが子の味方

次に、「無条件かつ全面的なわが子の味方」について。ゴリラの子どもがのびのびと他者や環境とかかわることができるのは、お母さんがちゃんと見守っていてくれるからです。そして、もしも自分に危険が迫ったら、お母さんは一〇〇パーセント自分の味方をしてくれます。これほど心強く、安心感を与えてくれる存在はほかにありません。

だから、子どものほうも、お母さんをよく見ています。自由気ままにしているように見えて、お母さんがちゃんと自分を見守ってくれているかどうか、常に注意しているのです。お母さんが見当たらなくなると、すぐに自分からお母さんを探しに行きます。

しかし、現代の日本でヒトのお母さんがゴリラのお母さんのようにふるまったら、モンスターペアレントと呼ばれるでしょう。自分はしつけを全くしないくせに、他者とトラブルになったらわが子のことは棚に上げて相手を攻撃するのですから。

現代のお母さんたちは、社会からの「ちゃんとしつけなさい」というプレッシャーのせいで、「子どもの無条件かつ全面的な味方」をさせてもらえなくなっている、ということなのかもしれません。特に日本でそれが顕著であると思えます。日本人は、母親に「子どもの二四時間管理者」であることを要求しているかのようです。公共交通機関の中で赤ちゃんが泣き出したら、周囲の人が「母親なんだから泣き止ませろ」と言って怒った、などという話を聞きますね。調教師ではないのだから、そんなことは無理です。

しつけは社会で

ゴリラは、誰かの子どもが悪さをしても、母親に文句を言うことはありません。ほかのメスの子どもが気にくわないことをしたら、子どもを攻撃します（もちろん、十分に手加減をして）。そして、攻撃された子どもはどうするかというと、一目散にお母さんのところに戻っていきます。そして、お母さんは戻ってきた子どもをただ抱きしめてあげます（イラスト）。

みなさんも、公共の場所などで子どもがちっともじっとしていなくて困ってしまった経験があるかもしれません。ゴリラと比べると、その理由がわかるような気がします。第一に、ヒトの子どもはいくら走り回っても他人から怒られないから、お母さんのところに戻るきっかけがありません。第二に、ヒトの子どもは、お母さんのところに戻ると、走り回るなとお母さんから怒られてしまいます。お母さんから離れているほうが子どもは得です。

これを逆に考えると、ゴリラのお母さんが「放任主義」かつ「無条件かつ全面的なわが子の味方」でいられるのは、他人がわが子を叱ってくれるからこそです。わが子を叱るのは嫌なことですが、ゴリラの社会では、その嫌なことをお父さんを含む群れのほかのメンバーがやってくれているのです。これこそ、社会全体で子どもを育てるということではないでしょうか。

研究紹介コラム

現在、私はアフリカのガボン共和国で野生ゴリラの生態研究をしています。調査地のムカラバ－ドゥドゥ国立公園は、古くからゴリラの生息密度がとても高いことが知られており、おそらく、今世界で一番たくさんゴリラがすんでいる地域です（Takenoshita & Yamagiwa, 2008）。

野生ゴリラを観察するには、まず彼らに私たち研究者の存在に慣れてもらわなくてはなりません。それを「ヒトづけ」と言います。ヒトづけには地道で辛抱強い努力が必要です。ふつう、野生ゴリラはヒトを恐れ、すぐに逃げます。だからといって餌づけしてしまうと、ゴリラの自然の姿を見られなくなってしまいます。だから、ゴリラを探し、逃げられたらまた探し、また逃げられて、また探して、を繰り返します。私たちの調査地では、京都大学（当時）の研究チームの一員であった安藤智恵子さんの地道な努力によって、およそ六年かけて一つの群れをヒトづけしました（Ando *et al.*, 2008）。

ゴリラの観察は、まず群れを見つけ、ゴリラにあいさつすることから始めます。ゴリラのあいさつは「グッグーン」という、ゲップのような低音のうなり声です。ゴリラに出会うと、観察者もゴリラのまねをして「グッグーン」とあいさつをしてから観察します。けれども、観察を終えて帰る時にさよならはしません。別れのあいさつは人間だけが行う行動です。

子育てエッセイ

ゴリラに限らず、霊長類の研究をしていると、子どものごくささいな行動でも、「やっぱり人間だ！　サルとは全然違う！　すごい！」と思えます。たとえば、赤ちゃんは笑います。サルの赤ちゃんは笑いません。わが子がちょっと笑っただけで、「さすが人間！」です。

サルに食べ物以外のものを与えたら、匂いをかいで、少しかじって、食べ物でないとわかったらポイと捨てます。でも、一歳頃の娘にままごと遊びでおもちゃのコップを「はい」と渡すと、にっこり笑って「はい」と言って返してくれました。これまた「さすが人間！」です。

子どもに知恵がついてきて嘘をついたりしだすと、「わが子は悪い子になってしまったのではないか」と心配する人もいるようですが、嘘をつくには、相手が何を知っていて何を知らないか、相手が何を求めているかなどを推測する高度な認知能力が必要です。だから、娘が初めて嘘をついた時も、怒るより前に感動しました。

このように、善悪の判断はさておいて、子どものすることをまずはありのままに受け止めることができたのは、比較対象としてヒト以外の霊長類を知っていたからだと思います。また、わが子を他人の子と比べて一喜一憂することもせずにすみました。

ところで、私がゴリラの赤ちゃんを初めてちゃんと観察したのは、一九九五年のことでした。当時、コンゴ共和国のブラザビルに、密猟で母親をなくしたゴリラのための孤児院があり、そこではたらいていた、大学院の先輩である岡安直比さんを訪ねた時のことです。岡安さんはちょうど保護したばかりの赤ちゃんを抱っこして、ほ乳瓶で授乳を終えたところでした。

初めて間近に見たゴリラの赤ちゃんは、とても小さく、無力ではかなげでした。黒くて大きな瞳は純真無垢そのものでした。真っ黒なゴリラの赤ちゃんを見て、フィールドノートに「黒いエンジェル」と記しました。

六年後の二〇〇一年、当時の妻の出産に立ち合った私は、生まれてくるわが子にとても、とても期待していました。アドルフ・ポルトマンの「生理的早産説」によれば、ヒトの赤ちゃんはほかの哺乳類と比べ、生理的に未成熟な状態で生まれてくるからです。ゴリラの赤ちゃんでさえあれほど純真無垢で美しいのであれば、さらに未熟なヒトの赤ちゃんは、それはそれは純真無垢で美しいに違いない、そう思っていたのです。

しかし、生まれてきた娘を見て、私は「えっ、ゴリラより美しくない、というか怖い！」と思いました。取り上げたばかりの娘の写真を今見返すと、やわらかくほほえんで、こちらに何か語りかけてきそうな感じです。そんな顔を見たらうれしくてたまらないのが普通だと思いますが、はかなく無垢な存在との出会いを期待していた私は、その表情に人間的な「意思」の片鱗を見出し、反射的にそれを「怖い」と感じたのでしよう。

　わが子の嘘に感動し、新生児微笑に恐れおののく。霊長類の研究をしていると、子どもへの感じ方がふつうの人とあべこべになるのかもしれません。

さらに学びたい人のための参考文献

中道正之（二〇〇七）：ゴリラの子育て日記　昭和堂
山極寿一（二〇一五）：ゴリラ（第2版）東京大学出版会

引用文献

Ando, C. *et al.* (2008). Progress of habituation of western lowland gorillas and their reaction to observers in Moukalaba-Doudou National Park, Gabon. *African Study Monographs, 39*, 55–69.
Kahekwa, J. (2007). Cases of twin births in three gorilla groups in Kahuzi-Biega. *Gorilla Journal, 34*, 3–6.
Meisels, F. *et al.* (2018). Gorilla gorilla (ammended version of 2016 assessment). The IUCN Red List of Threatened Species 2018: e.T9404A136250858. (http://dx.doi.org/10.2305/IUCN.UK.2018-2.RLTS.T9404A136250858.en.)
Plumptre, A. *et al.* (2016). Gorilla beringei. The IUCN Red List of Threatened Species 2016: e.T39994A102325702. (http://dx.doi.org/10.2305/IUCN.UK.2016-2.RLTS.T39994A17964126.en)
Takenoshita, Y., & Yamagiwa, J. (2008). Estimating gorilla abundance by dung count in the northern part of Moukalaba-Doudou National Park, Gabon. *African Study Monographs, 39*, 41–54.

15　平等な育児と保育園——ペンギン

森　貴久

1　どんな動物？

ペンギンと聞くと、誰もが二本足で直立するよちよち歩きのかわいらしい生きものを、白い氷原や氷山とともに思い浮かべるでしょう。歩く姿からは想像しにくいけれども、水中ではまさに「飛ぶ」ように高速で泳ぎます。姿かたちをよく見ると、くちばしを持っていて、短いけれどもたしかに羽毛で覆われていて、前肢の動きも翼と同じですし、骨のかたちやつき方、生理学的な特徴すべてから、ペンギンは間違いなく鳥類だということがわかります。

とはいっても、「ペンギン」という鳥が一種類だけいるわけではありません。ペンギンはペンギン目ペンギン科の鳥ですが、大きく分けると六つのグループ（属）に分けられて、全部でおよそ一八種います。およそ一八種という曖昧な言い方になるのは、外見が似ていて生息場所が違うペンギンを同種にするか別種にするかで見解がわかれることがあるからで、二〇種いるという研究者もいます。

ペンギンと言えば南極を思い浮かべますが、種類としてはこれだけのペンギンがいるので、実際には南極大陸から赤道直下のガラパゴス諸島まで、いろいろな種が広く分布しています。ただ、いずれの生息地も、程度の差はあれ、南極大陸を周回している南極環流という海流と、そこから派生した寒流の影響を受ける低い海水温の地域にあるので、その意味ではペンギンはやはり「寒いところ」の鳥と言えるでしょう。そしてどのペンギンも飛ぶことはできませんが、飛ぶ鳥と同じように前肢を羽ばたかせて水中を自由に泳ぎ回り、オキアミや魚などの動物性の餌を捕食しています。体高が一二〇センチメートル（小学校低学年の児童くらい）を超える最大種のコウテイペンギン（*Aptenodytes forsteri*）だと、最長で二〇分以上呼吸せずに五〇〇メートル以上潜水していた記録があります。体高が四〇センチメートル（生まれたてのヒトの赤ちゃんよりも一回り小さい）ほどの最小種のコガタペンギン（*Eudyptula minor*）でも、最長九〇秒くらいは呼吸をしないで、七〇メートルくらいまでは潜れます。

このように水中生活に特化しているペンギンですが、ほかの鳥と同様に卵生なので、陸上で繁殖します。配偶形態はほかの多くの鳥と同じ一夫一妻ですが、つがい外交尾による雛がいることもあり、アデリーペンギン（*Pygoscelis adeliae*）では雛の一〇パーセント程度がその巣にいるオスの子どもではないという報告があります。寿命は種によって（大きさによって）違い、大型のコウテイペンギンやオウサマペンギン（*Aptenodytes patagonicus*）は二〇年くらいは生きますが、中型のペンギンだと一〇年くらいの種が多く、コガタペンギンでは平均すると一〇年未満になります。ただ、飼育下ではもっとずっと長く生きることが知られており、オウサマペンギンでは四〇年以上生きた記録がありま す。

2　どんな子育て？

図15-1　小石を集めた巣で抱卵するヒゲペンギン

繁殖生態

ペンギンの営巣地（コロニー）はルッカリーと呼ばれることがありますが、繁殖に適した営巣地は限られているので、営巣地では多数の個体が隣り合って巣をつくります。巣の材料は小石だったり（図15－1）木の枝だったり、あるいは土を掘って穴を巣とするなど、種によってさまざまです。例外として、コウテイペンギンとオウサマペンギンは巣をつくらずに、卵を自分の足の上に乗せて温めます。産卵数はだいたい二個ですが、コウテイペンギンとオウサマペンギンでは、足の上に乗せられる卵は一個だけなので、一個しか産卵しません。

卵を二個産むペンギンの中でも、頭部に目立つ冠羽を持つマカロニペンギン属は、最初に小さい卵を一個産み、その数日後に大きい卵を一個産むことが知られています。しかし、最初に産んだ小さい卵はふ化しても巣立ちまで育つことは少なく、大きい卵からふ化したきょうだいとの餌獲得の競争に負けて、たいていの場合は途中で死亡してしまいます。餌環境などから最終的には一羽しか育てられないけれども、最初から一個だけしか産まないと途中で失敗した時にやり直しがきかないので、もう一個を保険として産んでおくのだというのが、現在考えられている理由です。ですから親鳥も、弱りつつある雛のほうにあえて給餌するということはしません。そうすると、本来育つはずのもう一羽への給餌量が減って、中途半端な量の餌しかもらえなかった両方の雛が共倒れするかもしれないからです。ひどいことをすると感じるかもしれませんが、このようにふ化しても育たない雛を前提とする保険をかけた産卵は、ワシやタカのような猛禽類やカツオドリやカモメ類などの海鳥のほか、多くの鳥類で知られています。

子育て——産卵からふ化

ペンギンはオスとメスが共同で子育てをします。「子育て」というのは、卵を温める抱卵と、その卵からふ化した雛の保護と給餌という作業です。ペンギンはこの作業を、オスとメスが交代で務めます。ただし、ペンギンにも多くの種類がいるので、オスとメスがどう子育てに関与するのかには、いろいろな種ごとの生態があります。これについて少し詳しく見てみましょう。

まず「抱卵」ですが、実はメスが産卵に至る前には、ペアの形成段階があります。ペンギンの多くの種類は、非繁殖期は陸上ではなく海上で生活していて、繁殖期になると営巣地に集まってきます。この時、ほとんどの場合、オスのほうが先に営巣地に集まります。そして、前回の繁殖期で巣をつくった場所とほぼ同じ場所に巣をつくり、メスを待ちます。オスより数日から数週間遅れてきたメスは、先に来ているオスの中から相手を選んでペアになります。この時、前回の繁殖時と同じ場所に来れば同じ相手がいることが多く、結果として同じ相手を選ぶことはよくありますが、前回の繁殖がうまく行かなかったりすると、相手を変えることも珍しくありません。また、巣をつくらないコウテイペンギンでは、毎年相手が違うのがふつうです。

ペアが形成されると、メスが産卵して抱卵開始です。卵を温めるのは一羽なので、もう片方は採餌に出かけます。実は、営巣地にやって来てペアを形成するまでは、オスもメスも採餌しません。絶食しながら相手を見つけてペアになるのです。ですから、オスもメスも、できれば最初の抱卵は相手にまかせて、自分はまず餌をとりに行きたいところですが、どちらが先に餌を取りに行くかは種ごとの事情で決まっています。南極域で繁殖するコウテイペンギンやアデリーペンギンなどでは、メスが先に採餌に出かけ、最初に抱卵するのはオスです。採餌域はもちろん海ですが、南極域で繁殖する場合、繁殖開始時点では海は氷に覆われていて、営巣地は海から遠く離れています。したがって、海と営巣地の往復には、最初はかなり日数がかかり、オスもメスも絶食期間が相当長くなっているのですが、こういう状況で抱卵を開始する種では、まずメスが採餌に出かけます。オスはメスよりも先に営巣地に来ていますから、さらなる絶食を強いられるわけです。抱卵開始時点でオスの絶食期間のほうが長いとはいえ、メスにとっては、長い絶食期間の上に栄養に富んだ卵をつくって産まなければならないことはかなりのエネルギー消費なので、体力回復の必要性は、卵生産の分だけメスのほうが強いのかもしれません。これに対して、営巣地と海が比較的近い状況で繁殖するペンギンでは、多くの種で、メスは産卵後にそのまま抱卵を開始し、オスがまず採餌に行きます。つまり、産卵時点での絶食期間が長いほうが先に採餌に出かけます。そして、最初に採餌に出かけた個体が戻ると、抱卵を交代して、もう一方の個体が採餌にでかけます。これを交代で繰り返します。

抱卵期間は、長い種では五〇～六〇日以上かかりますが、多くの種では三五日前後です。抱卵期間中に何回抱卵と採餌を繰り返すのかは、営巣地と海までの距離に大きく影響されますが、南極のように繁殖開始時には海から遠く離れていた営巣地でも、時期が進むにつれて海氷が減少していき、交代までの期間は短くなっていきます。ただし、毎日交代ということはなく、だいたい二～三日から一週間以内で交代していくことが多いようです。この時、一回の採餌にかける時間（相手にとっては抱卵している時間）には、オスメスで大きな差はありません。自分だけがたくさん餌をとって相手に抱卵をまかせようとしても、抱卵を交代した時に、長く待った分だけ空腹になった相手もたくさん餌を獲ろうとして採餌時間が長くなり、結果として自分の抱卵時間が長くなってしまうからです。つまり、相手に自分の都合を一方的に押しつけられない対称的な状況が、結果としてオスとメスの負担を平等にしています。

ただ、コウテイペンギンの場合は特殊で、産卵後に最初にメスが採餌に行って帰ってくるまでには、七〇日くらいかかります。そして、コウテイペンギンの卵は六五日くらいの抱卵でふ化するので、コウテイペンギンでは抱卵するのはオスの仕事になります。雛がふ化するくらいのタイミングでメスが戻ってきて、やっとオスは採餌に出かけます（イラスト）。この時点では海までの距離はだいぶ近くなっていますが、それでも採餌に出かけるまでにオスは三カ月程度の絶食になるのです。ですから、

コウテイペンギン
オス
約65日間
抱卵してメスを待つ
オス
ふ化すると
ペンギンミルクを与える
メス
オス
約70日後
メスが帰ってくると
育児を交代する

抱卵期間については、オスの負担のほうがメスよりも大きいようです。なお、メスが戻る前に雛がふ化すると、コウテイペンギンのオスは食道からミルクのような白い分泌物を分泌して雛に与えます。これをペンギンミルクと呼ぶことがありますが、こういうミルク様分泌物は、コウテイペンギンのほかにフラミンゴやハト（第8章）でも見られるものです。

図15-2　雛にオキアミを吐き戻して給餌するジェンツーペンギン

子育て——ふ化したら

卵がふ化すると「育雛《いくすう》」しなければなりません。卵からふ化した雛がどのくらい成熟しているのかは、鳥の種類によってさまざまです。ニワトリの雛（ヒヨコ）のように、卵殻を割って出てきたらすぐに歩き回れて自力で餌がとれるくらい成熟してふ化してくる早成性の種もいれば、スズメの仲間のように、羽毛も生えていないし目も見えない状態でふ化してくる晩成性の種もいます。ふ化時の雛の成熟度は、その後の子育てに片親だけがかかわるのか両親がかかわるのかに大きな影響を与えます。晩成性の雛は、両親が共同して子育てをしないと巣立ちまで成長できませんが、早成性の雛は、片親だけの保護下でも巣立ちまで成長できるからです。ペンギンの雛は、どちらかというと晩成性で産まれてきます。ふ化直後の雛は綿毛に覆われていて目も見えるようですが、自力で動き回ることはできません。ですから親からの保護と給餌が不可欠で、ペンギンは両親が保護と給餌をします（図15－2）。

親にとっては抱卵期の採餌は自分のためですが、雛がふ化すると、採餌は自分と雛のためになります。ふ化後の育雛期になると、一回の採餌時間が短くなり、多くのペンギンでは、ほぼ毎日一回の頻度で海と営巣地を往復して雛に給餌するようになります。オスメスが交代して採餌に出かけるので、雛からすれば一日に二回の頻度で親から給餌されます。私が調査したヒゲペンギン（*Pygoscelis antarcticus*）では、抱卵期から育雛期の一回の採餌時間の減少は、雛がふ化したタイミングで急激に起きます。つまり、それまで採餌に出かけたら二〜三日戻らなかった親鳥が、雛がふ化した当日から、必ずその日のうちに戻るようになります。親鳥の採餌行動に大きな変化が生じたということですが、これがどういうメカニズムで生じるのかはわかっていません。擬人的に言えば、おそらく雛の鳴き声によって何か「早く帰宅して子どもに食べさせないといけない」という気持ちになるような物質が親鳥の脳内で分泌されるのでしょうが、そういう行動の変化がきちんと起きるのは不思議です。

育雛期には採餌と雛の保護をオスメスが交代で繰り返しますが、マカロニペンギン属のいくつかの種では少し事情が違ってきます。これらの種では、抱卵はオスメスで交代しますが、育雛期になるとしばらくの間（あるいは種によっては雛が巣立つまで）オスが雛の保護を受け持ち、メスが雛に給餌するのです。つまり、育雛期が始まると、メスは自分と雛の分の餌を獲りに毎日海に出かけるのですが、オスは雛のいる巣にい続け、絶食を続けるのです。また、メスは海から帰ると雛に餌を吐き戻して与えますが、すぐ横にいるオスに給餌することはありません。この時期、雛が巣を離れてうろうろ動き回ることはまだないので、雛の保護といってもそれほど大きな運動量ではなく、したがって必要なエネルギー量は少なくてすんでいるはずですが、それでも採餌に出られないというのは、オスにとってはかなりの負担だと思われます。ただし、メスは一個体だけで雛を育て上げる量の餌を獲らないといけないので、育雛期のマカロニペンギン属の一回の採餌時間（たとえばマカロニペンギンでは一二〜一四時間）は、オスメスが交代で給餌する種の採餌時間（たとえばヒゲペンギンでは七〜一〇時間）よりも倍近く長くなっています。ですから、（前述のように）マカロニペンギン属の育雛期の雛は実質一羽だけとはいえ、メスの負担もそれなりに大きいと言えるかもしれません。

育雛期にオスメスが交代で餌を獲りに出かける場合でも、やはり一回の採餌にかける時間はオスメスであまり変わりません。ただ、餌がどのくらいの水深にいるかが時間帯によって違ったりすると、実際に潜る深さが違ってきたりすることはあります。たとえば、私が調べたヒゲペンギンでは、少し暗くなる時間帯にかかったほうが餌のオキアミが浅いところにいることが多いので、夜明けとか夕方の時間帯に採餌したほうが浅い潜水で楽に餌が獲れるはずなのです。実際にペア間で潜っている深度を比較してみると、たしかにどちらかの潜水深度が浅いことはあります。ただ、オスメスのどちらが楽をしているのかについては、一貫した傾向はありません。また、ある時は夕方に採餌に出かけていたのが、相手が帰ってきて交代しているうちに、いつのまにか昼間に採餌するタイミングにずれてしまうというペアもいます。どうやらペアのオスメスは、自分のほうが楽をしたいというふうになっているわけではなく、たまたまそのタイミングで交代して採餌に出かけているだけのようなのです。そういう意味ではオスメスは平等に子育てに関与していると言えるでしょう。

3　保育園

育雛期が進み、（種によりますが）ふ化後三〜四週間経過して雛がだいぶ大きくなると、雛は巣から出て行って、巣の近くでうろうろするようになります。どの巣の雛も同じように成長しているので、育雛期の後半にはあちこちで雛の集団が形成されます。この集団のことを「クレイシ」と言います（図15－3）が、多くのペンギンの種でこれが見られます。この時期には雛はまだ綿毛に覆われていて泳げないので、餌は親鳥に頼りますが、親鳥は交代ではなく、二羽とも餌を獲りに出かけます（ただし、一緒に出かけるというわけではありません）。そして、海から戻ると自分の雛がいるクレイシに近づき、その周辺から自分の子どもを呼び出します。雛もその声に反応して、クレイシから外れて親鳥に近づき、鳴き交わして餌をねだります。この時、親鳥は雛を連れ出すようにトットコトットコと走り出し、雛がそれを必死で追いかけていきます。そうやってクレイシから少し離れた場所まで雛を連れ出した後、給餌

図15-3　ジェンツーペンギンのクレイシ

をします。クレイシの周囲には成鳥が多くいますが、これらの成鳥はそこにいる雛の親というわけではなく、繁殖に失敗した成鳥がただ立っているだけであることがほとんどです。これらの成鳥はUnsuccessful Non-breeder（繁殖がうまく行かず子育てをしていない個体）と言います（これをとある研究者は「アンノン族」と呼びました）。ある研究者は「アンノン族」と呼びました）。近くの雛がトウゾクカモメなどに襲われたりすると、それを追い払おうとすることもありますが、雛を守るというよりは、自分のそばでうろちょろされるのが嫌だということで追い払おうとしているようにも見えます。

クレイシでの給餌の際に見られる音声による個体識別は、ペンギンにふつうに見られるもので、抱卵や雛の保護を交代する時にもオスメスで鳴き交わして、相手を確認してから交代します。雛がふ化すると餌乞いで発声しますから、親子間の識別は雛が巣にいる間に確立するのでしょう。クレイシでの呼び出しと鳴き交わしによる確認はかなり厳密なもので、自分の雛ではない個体に給餌することはありません。まれに両親の帰りが遅くなって空腹になった雛が、自分の親ではない個体の呼び出しに応じて出て行くことがありますが、いくら空腹を訴えても、よその雛の声には親鳥は反応しません。少しひどい感じを受けますが、よその雛に給餌すればその分自分の雛に与える餌が少なくなってきちんと巣立つ確率が下がるので、親鳥からすればよその子と自分の子を区別するのは当然です。クレイシはフランス語で「保育園」という意味ですが、保育園とは違って、保育士が子どもたちの面倒を見ているというわけではないのです。

クレイシ期の終わりは雛の巣立ちを意味し、雛は換羽して海に出て行きます。これは夏の終わりになることが多く、多くの種ではクレイシ期は三〇日前後続きます。ただし、オウサマペンギンは非常に特殊で、クレイシ期は九カ月から一年近く続きます。これが生活史の中でどういう利点を持つのかについてはわかっていません。海に出た雛は、性成熟を経て、数年後にまた営巣地に戻ってきて、今度は親として繁殖期を迎えます。

ペンギンの種類は多いので、種毎に特有の事情がありますが、このように見てくると、ペンギンの子育ての負担はオスもメスも同じようになっているようです。ほ乳類と違って鳥類は一般に一夫一妻で子育てをし、その時の負担割合もどちらかに偏るということはあまりありません。ヒトはほ乳類の中では特殊で、おそらく家族で子育てにかかわるように進化していますが、母乳を与えられるのは母親だけなので、やはり母親の負担のほうが大きいという特徴があります。それに比べるとペンギンの子育ては、ほかの身近な鳥類と同じように、オスもメスも平等に子育てをしていると言えるでしょう。

研究紹介コラム

私が研究しているのは、潜水動物の最適採餌行動についてです。潜水動物というのはペンギンやオットセイなど、肺呼吸動物でありながら、呼吸が制限される水中を主な行動場所としている動物のことです。自由に呼吸できない分、かなりうまいこと行動しているはずだという予測のもとで、それではどういうふうに行動しているのだろうかということを調べています（Mori, 1997）。

図　カメラロガーを装着したジェンツーペンギンが水中で撮影した、潜水採餌する他個体

このような研究では、動物の水中での行動を記録する必要がありますが、実際問題として野生の潜水動物の水中での行動を長期間直接観察する方法はありません。そこで、観察者が動物の行動を記録するのではなく、動物自身にその行動を記録してもらう方法を用います。この方法を「バイオロギング」と言います。具体的には、たとえば潜水行動なら、水深（水圧）の時系列を記録する記録計を装着して動物に潜ってもらい、後で記録を回収して解析します。

バイオロギングでの研究は一九八〇年代以降にさかんになり、今では機器の小型化と記録チャネルの多様化、記憶容量の増大で、記録できる項目と期間は増え続けています。当初の記録項目は水深と水温くらいだったのですが、現在ではそれに加えて遊泳速度、身体の動きにともなう加速度とその変化、地磁気の方向、ＧＰＳ信号、静止画、動画（図）などに広がり、その動物が経験している環境を詳細に記録できるようになっています。

子育てエッセイ

私は動物学者ですが、動物学者だから子育てがうまいということはもちろんありません。ただ、動物学者でよかったと思うのは、基本的に動物は子孫を残すように、いろいろとうまいことできているということをあらかじめ知っていたことです。ですから、初めての子育てだけど、まあどうにかなるようになっているに違いないと、ある意味で楽観的に臨んでいます。ただ、子育てにこれだけ手間がかかるなんて、ヒトというのは生き物としてどうなんだろうかと思うこともあります。

また、知識として知っていた現象を追体験することもおもしろいなあと感じています。父親は母親と違って、いきなり赤ちゃんを見せられて父親になります。私はもともと、特に赤ちゃんが好きというわけではなかったので、わが子と対面するとどうなるだろうと、少し楽しみでした。知識ではオキシトシンが分泌されることでわが子をかわいいと感じるはずと知ってはいましたが、実際に対面すると、まだヒトっぽくなく、冷静に見ればたいしてかわいくなかったのかもしれませんが、これがやっぱりかわいいなあと思えたのです。オキシトシンすげえ、というのが、私の実感です。子どもの誕生前後でオキシトシン量を量っておけばよかったと思います。

子どもを初めて見てもう一つ思ったことは、この子は私に似ているなあということでした。与太話を許してもらえれば、ヒトの赤ちゃんの場合、父親からの子育て努力をいかにたくさん引き出すかは、生存率を上げる上で重要です。その一方で、ほ乳類の場合、父性の不確実さがあるので、父親からすれば、確実に自分の子でないと子育てに努力するのは無駄ですから、子どもが自分の子かどうか相当強く見分けようとするはずです。すると、子どもからすれば、自分はあなたの子なのだということを母親ではなく父親に強くアピールする必要があるわけで、生まれた子どもはまずは父親に似ていることを示すように進化しているのだろうというのが、私が子どもを見た時に考えたことでした。もっとも、ふつうはこんなふうに父性とかオキシトシンに操作されているとか考えて子育てしませんから、こういうことを考えるのは、動物学者の悪い点かもしれません。

子どもは二歳になったところで、大人にとって意味のあることをたくさんしゃべることはまだできませんが、よくわからない音声から子どもが世界をどう認識しているのかが少し垣間見える時があって、そういう時はちょっとうれしくなります。あんなに小さい子どもが、言語を介さないで、どうにか生得的なしくみを使って対等にコミュニケーションをとろうとするのは今の時期だけで、もうすぐふつうに話すようになることでしょう。その時はその時でどんな話をしてくれるのか楽しみではありますが、こういうコミュニケーションがなくなって、子どもはそれを覚えていないというのは、子育てというのは子どもがどんどん親から離れていくことなのでしかたありませんし、私も親にそうしてきたのですが、やっぱりさみしいなと今から思ってしまいます。ただ、そのさみしさというのも、親の醍醐味の一つなのかもしれません。

さらに学びたい人のための参考文献

サロモン、D／出原速夫・菱沼裕子（訳）（二〇一三）．ペンギン・ペディア　河出書房新社

ギル、F・B／山階鳥類研究所（訳）（二〇〇九）．鳥類学　新樹社

渡辺佑基（二〇一四）．ペンギンが教えてくれた物理のはなし　河出書房新社

引用文献

Mori, Y. (1997). Dive bout organization in the Chinstrap penguin at seal island, Antarctica. *Journal of Ethology*, *15*, 9–15.

16 子育ての正解は一つじゃない――シクリッド

篠塚一貴

1 どんな動物？

シクリッドって何？

この章では、子育てをする魚、シクリッドを紹介します。そもそもシクリッドという名前になじみがないかもしれません。日本ではカワスズメと呼ばれ、スズキ目ベラ亜目カワスズメ科に属する魚のことをさします。魚類のデータベースであるFishBase（http://www.fishbase.org/）には、二〇一九年現在約三万四二〇〇種が記載されています。ここでカワスズメ科の魚を検索すると、二五〇属一七一二種の記載があります。あまりなじみはないけれども、種の数で言えば、魚類全体のうち五パーセント前後を占める大きなグループであることがわかります。数が多いだけあって、中には有名なシクリッドもいます。観賞用の熱帯魚としておなじみのエンゼルフィッシュやディスカス、食用魚として有名なティラピアも、シクリッドの一種です。シクリッドは、アフリカ、中南米、インドなど、世界に幅広く分布しています。その多様性から、生物進化のモデルとして研究対象になっており、繁殖のしくみや子育ての方法も多様です。本章では、シクリッドの子育てについて見ていきます。

進化の実験場——爆発的な種分化

淡水魚であるシクリッドは、アフリカ大陸から南米大陸にかけて広く世界に分布していることから、共通祖先はこれらの大陸が地続きだった頃に誕生し、大陸の分断によって世界に分布するようになったという説があります。この説によれば、シクリッドは大陸が分断する一億三五〇〇万年前よりも早く誕生していたことになります。しかし、現在見つかっている最古のシクリッドの化石がおよそ四六〇〇万年前のもので、九〇〇〇万年近く空白期間ができてしまい、シクリッドが含まれるスズキ目が誕生したのが五〇〇〇万～六〇〇〇万年前であると考えられていることと矛盾してしまいます。一方で、五〇〇〇万年程度前にシクリッドが誕生したのだとすれば、すでに海洋によって分断されている大陸間を、淡水魚であるシクリッドが何らかの手段で渡っていったと考える必要があります(Friedman *et al.*, 2013)。

このように、誕生時期については議論のあるところですが、東アフリカの湖、タンガニーカ湖、マラウイ湖、ヴィクトリア湖に生息するシクリッドは、爆発的な種分化を遂げたことでも有名です。特にマラウイ湖やヴィクトリア湖では、それぞれ五〇〇種ほどものシクリッドが数万年から数百万年という短期間に、独自に進化したと考えられており、「進化の実験場」とも呼ばれています。

2　どんな子育て？

シクリッドの子育ての進化

魚類全般を見ると、二割程度の科で子育てをする種が報告されています。子育てをする種では、オスによる子育てが五～六割程度と多いため、メスによる子育てが多いほ乳類や、両親による子育てが多い鳥類とよく比較されます。では、誰が子を育てるかは、どのようにして決まるのでしょうか。ジョン・メイナード‐スミスは、子育てをする性を決める要因として、①今の子が生存できる確率、②メスが将来産むことができる子の数、③オスが将来繁殖することができる回数、の三つを考慮し、これらのバランスで子育てをする性が決まると説明しました（Maynard-Smith, 1977）。たとえば、両親が今の子を育てることに時間やエネルギーを費やすと、今の子が生存できる確率が上がる半面、メスが将来産める子の数や、オスが将来繁殖することができる回数は減ります。両方の性が将来の繁殖可能性を下げてでも、両親で今の子を育てたほうがトータルで多くの子を残せる時に、両親による子育てが進化するというわけです。オスのみが子育てをするのはどういう時かというと、少々複雑ですが、メスにとっては、両親で今の子に時間をさくよりも、オスにまかせて次の産卵をしたほうが得、かつオスにとっては、今の子育てを放棄して次の繁殖をするよりも、単独で今の子を育てたほうが得、という状況になります。子育てを損得で説明するのは私たちの感覚からするとあまりなじまないかもしれませんが、進化とは自分と同じ遺伝子を持った子をいかに多く残すかということですから、結局はそれぞれの性にとってトータルで残せる子の数が重要になってきます。

シクリッドは、種の数が多いだけに、繁殖のしかたも、一夫一妻、一夫多妻、一妻多夫、乱婚など多様です。産卵後にどちらの性が子育てをするかを、シクリッドの一七四属について系統間で比較すると、約六割の属ではメスが単独で子育てをし、オス単独の子育ては一属しか見られません。メス単独の子育てのうち五〜六割は、アフリカのマラウイ湖とヴィクトリア湖に生息するシクリッドで見られます。両親による子育ては、系統的により古い南米のシクリッドで多く見られます。これらのことから、シクリッドでは両親による子育てをする種から、メス単独で子育てをする種が進化してきたと考えられています（Goodwin *et al.*, 1998）。

どうやって育てる？——見張り型保護と口内保育

シクリッドの子育ては、子どもの世話のしかたから、大きく見張り型保護と口内保育に分けることができます。見張り型保護は、卵をなわばり内の岩などに産みつけ、ふ化した子を親が保護します。口内保育は、受精卵を親が口に含み、そのまま口内でふ化した稚魚を育てます。系統的には、見張り型保護から口内保育が進化してきたと考えられています（Goodwin *et al.*, 1998）。それぞれの子育ての具体的な例を見てみましょう。

コンビクトシクリッド（*Amatitlania nigrofasciata*）は、中米に生息し、見張り型保護を行う全長

図16-2　飼育下で設置した植木鉢の中に産卵され、ふ化した稚魚

図16-1　コンビクトシクリッド

八センチメートル程度（一〇〇円ライターくらいの長さ）のシクリッドです（図16－1）。生後半年程度で性成熟して、一夫一妻で繁殖します。オスとメスのペアがなわばりを共有し、なわばり内にある岩などに産卵、放精します。体内受精の動物と比べたら、父性の確実性はかなり高いと言えるでしょう。メスの大きさにもよりますが、一回に一〇〇～四〇〇個程度の卵を産みます。産みつけられた卵は、二～三日でふ化しますが、稚魚はまだ泳ぐことができず、その場で二～三日過ごします（図16－2）。この時期、両親が稚魚を口に含んで巣を移動することがあります。一回に数匹の稚魚を口に含み、移動先で吐き出すという行動を何度も繰り返します。稚魚は、泳げるようになると、密な群れをつくって親の近くで過ごします（図16－3）。親は、群れからはぐれて遠くに行ってしまった子を見つけると、口に含んで群れに戻します。また、体を震わせて水底の堆積物を巻き上げることで、稚魚が餌をとるのを補助します。そして、夜が近づくと稚魚を口に含んで巣に運びます。この時も、何往復もかけて移動を完了します。稚魚が小さいうちは、はぐれた子の回収に多くの時間をさき、堆積物の巻き上げはあまりしませんが、

図16-3　コンビクトシクリッドの親と稚魚の群れ

稚魚が大きくなりよく泳ぐようになってくると、回収行動の頻度は減り、代わりに堆積物の巻き上げ行動が増えてきます。子育てとは、実際にはさまざまな機能を持った行動の総称であり、コンビクトシクリッドは必要に応じて世話の内容を切り替えていることがわかります。

エジプシャン・マウスブルーダー（*Pseudocrenilabrus multicolor multicolor*）は、東アフリカの河川や湖に生息し、口内保育を行う体長八センチメートルほどの小型のシクリッドです。繁殖時は、オスのなわばり内にメスが来て産卵をし、その卵をメスが直ちに口に含みます。受精は体外および口内の両方で行われます。産卵がすむと、メスはオスのなわばりを出ます。卵は四日ほどで口内でふ化し、産卵から一〇日ほどで稚魚が口内から出てきます。この間、メスは餌を食べることができません。口内保育が終わる頃になると、メスは子育てのためのなわばりをつくり、ほかの魚の侵入を防ぎます。吐き出された稚魚は、このなわばり内でさらに一週間ほど保護されます。危険が迫った時や、夜間には、稚魚は再びメスの口内に回収されます。数週間後にはメスは子と別れて、次の繁殖を始めます（Mrowka, 1987）。

どっちの仕事？——一夫一妻の役割分担

一夫一妻で繁殖するシクリッドの多くでは、子育て中の両親に役割分担があります（イラスト）。一般的にはオスのほうがメスよりも体長が大きいペアをつくり、オスはなわばり防衛に時間を多くさく一方で、メスは子への直接の世話に時間を費やします。前述のコンビクトシクリッドも同様です。なわばりをめぐる闘争では体長が大きな個体が有利なので、オスのほうが大きいペアでは、オスがなわばり防衛をするという役割分担は適応的と言えるでしょう。実際、野外観察では、オスの体長が大きいほどなわばりに入り込む他個体の数が少なくなります。しかし、このような役割分担は、生得的に完全に固定されたものではありません。コンビクトシクリッドに、人為的にメスのほうがオスよりも大きいペアをつくらせます。そして、なわばりへの侵入者として、ペアよりも体長の大きい他個体を見せると、メスもオスと同程度の攻撃行動を示します。その分、他個体がいる間にメスが子の近くにいる時間は減少します（Itzkowitz *et al.*, 2005）。コンビクトシクリッドのメスは、自分とペア相手、進入してきた他個体の体長に応じて、柔軟に子育て行動を切り替えられるようです。

口内保育をする種の多くでは、まずメスが産卵した卵を自分の口に入れます。さらに、オスの尻ビレに卵のような模様（エッグスポット）があり、メスがそれを口に入れようとしてつつくと、刺激となってオスが放精し、メスの口内で受精します。メスはそのまま口内で卵や稚魚を育てます。口内保育をする種は、巣でほかの魚から卵や稚魚を守る必要がなくなるので、両親で子の世話をする必要性が減少します。このため、多くの口内保育種では、両親による子の世話はほとんど見られません。し

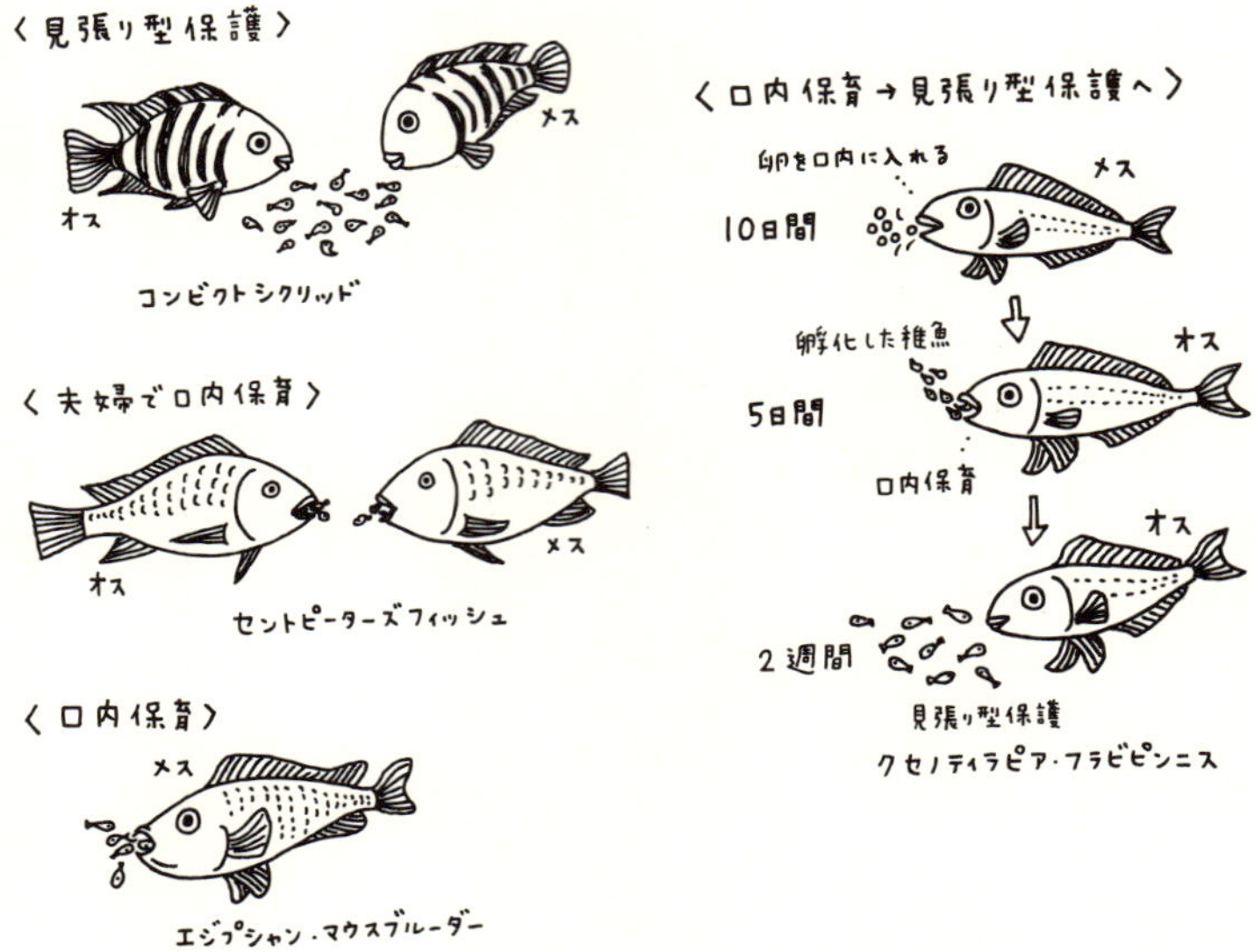

かし、ティラピアの一種であるセントピーターズフィッシュ（*Sarotherodon galilaeus*）は、一夫一妻で産卵し、八割程度の産卵では、両親がともに受精卵を口に入れ、口内保育をします。ところが、状況によっては、オスだけが子育てをする時や、メスだけが子育てをする時もあります。子育てをしない個体は、産卵後すぐに、受精卵を口に入れずにその場を去ってしまいます。ふ化後に口から吐き出された子の数を数えてみると、当然ながら両親で子育てをしたほうが片親だけの時の二倍近くの子を育てることができますが、一匹当たりの保育数を見ると、片親の時のほうが二割程度多くの子を口に入れているようです。子育てを放棄してしまうのはオスのほうが多く、子育てに時間を費やすことによる次の繁殖機会の損失の影響が、オスのほうが大きいため

と考えられます（Balshine-Earn, 1997）。

クセノティラピア・フラビピンニス（*Xenotilapia flavipinnis*）も一夫一妻で口内保育をします。セントピーターズフィッシュとは異なり、産卵直後に卵を口に入れるのはメスだけです。一〇日間ほどメスが口内保育をすると、そこで一旦稚魚を吐き出します。今度はオスがその稚魚を口に入れて、保育を交代します。オスの口内保育は五日間ほど続き、再度稚魚を吐き出すと、さらに二週間ほど稚魚の保護を行います。稚魚の保護にはオスが中心的な役割を果たします。オスが稚魚を守ってくれるので、その間メスは採餌に時間を費やすことができます（Yanagisawa, 1986）。クセノティラピア・フラビピンニスは同じペアで複数回の繁殖をします。このような役割分担によって、メスがより早く卵を生産して、次の繁殖の準備ができると考えられます。

シクリッドが子育てをやめる時

子育て熱心に見えるシクリッドですが、実際には子育てを放棄してしまうことがしばしば起こります。先述のエジプシャン・マウスブルーダーは、口に入れた卵のうち未受精卵を選択的に飲み込みますが、産卵した数の二割程度以下に卵が減ってしまうと、数日内に全ての卵を飲み込んでしまい、子育てを放棄します（Mrowka, 1987）。アンディノアカラ・コルレオプンクタータス（*Andinoacara coeruleopunctatus*）は、一夫一妻、もしくはメスのみで子を育てるシクリッドで、オスの養育放棄が頻繁に観察されます。実験的に稚魚の数を減らすと、メスの子育て行動は変わりませんが、オスが子を守る行動が減少し、より早く子育てをやめてしまいます。子育てをやめたオスのうち二割ほどは、すぐに別のメスと繁殖をします（Jennions *et al.*, 2001）。

前述のように、どちらの性が子育てをするかは、今育てている子の生存確率と、それぞれの性の将来の繁殖可能性とのバランスで決まりますが、子の数が減ってしまったり環境条件が悪くなったりした時に、今の子を育て続けるのか、それともあきらめてしまうかも、将来の繁殖可能性とのバランスで決まるのです。

3　ヒトとの比較・つながり

なぜ子どもを育てるのか

そもそも、動物はなぜ子育てをするのでしょうか。進化の視点で大まかにとらえると、子の残し方には二つの戦略があります。一つは、子育てをしない代わりに小さい卵をたくさん産むという戦略です。子だくさんで有名なのはマンボウで、メスは三億個もの未受精卵をお腹に抱えています。これを一度に産卵するという確証はないようですが、それでも大量の卵を産むことに間違いはありません。産卵された卵は海中を漂い、親の世話を受けることなくふ化し、自力で成長します。このため、多くの卵や稚魚は成体まで育つことなく死んでしまうでしょう。それでも、生き残った子が十分にその次の代の子を残すことができる環境ならば、このような産みっぱなしの戦略は成立します。

もう一つは、大きな卵（子）を少なく産んで大切に育てるという戦略です。鳥類やほ乳類はほとんどの種が何らかの子育てをしますが、一度に産む卵や子の数はせいぜい一〇個（匹）くらいまでです。これは、産みっぱなし戦略と比べたらはるかに少ない数です。親は、少なく産んだ子に対して、保温をしたり、母乳や食べ物を与えたり、あるいは捕食者から守ったりして、子がひとり立ちするまで育てます。そのため、産みっぱなし戦略のように大量の子をつくらなくとも、十分な数の子を残すことができるでしょう。

突き詰めると、動物の繁殖にとって重要なのは、子育てをするかどうかというよりも、子を残すことができる子をどれだけ残せるか（つまり、孫をどれだけ得られるか）ということになります。これを適応度と言います。動物は、さまざまな戦略で自身の適応度を高めるように行動しています。子育てをするかどうかも、その動物がすむ環境において適応度が上がるかどうかが問題なのであって、子育てをすること自体に絶対的な価値があるわけではないということです。

実際、子育てをする動物であっても、餌が極端に少なくなるなどして環境が悪くなると、子育てを放棄することが一般的に知られています。たとえば、両親で子育てをする魚の片親を実験的に取り除くと、残された親は、子をすべて食べてしまうことがあります。シクリッドの養育放棄についても紹介しました。このような養育放棄は、悪い環境で今いる子を育てることに時間やエネルギーをさくよりも、早く放棄して次の繁殖に備えたほうが結果的に適応度が上がるために起こると考えられます。

正解は一つじゃない

では、子育ての方法についてはどうでしょうか。この章で見てきたように、シクリッドは爆発的な種分化を遂げ、両親による子の保護や、口内保育など、さまざまな子育て行動を進化させてきました。これらの行動は、すべてが生得的に固定されたものではなく、環境に応じて性役割などが変化する柔軟性があることも見てきました。また、状況によっては養育放棄なども起こります。

シクリッドの子育てから言えることは、「子どもを育てるための正解は一つではない」ということではないでしょうか。近縁な種の間で、さまざまな環境に適応した子育て行動が見られるのですから、シクリッドにとっての「よい子育て」とは、「種としてあるべき子育て」というよりも、「その環境に適した子育て」であると言えるのではないかと思います。

ひるがえって私たちヒトの子育てについて考えてみると、家族のあり方や働き方が多様化する中で、自分や周囲の人が持つ「子育てはこうあるべき」という「べき論」と、現実とのギャップに苦しむ人も多いように思います。しかし、現代においては、すべての家庭で最適解となるような「あるべき子育て」を想定すること自体が困難ではないでしょうか。それぞれの家庭が置かれた環境によって、あるべき家族の姿、子育てのかたちは異なるはずです。

ヒトとヒト以外の動物の大きな違いと言えば、高度に発達した認知・学習能力が一番にあげられます。シクリッドは、進化による種分化というかたちで、世代交代を通してさまざまな子育て行動を獲得してきましたが、私たちヒトはそのようなプロセスによらず、個人が新たな行動を次々に獲得することができます。だからこそ、「べき論」にとらわれずに、家庭や地域が協力して、それぞれの家族が置かれた環境に適した子育てを柔軟に組み立てられるようになれば、よりよい子育てや子どもの幸せにつながるのではないでしょうか。また、近年、親による子の虐待やネグレクトが大きな社会問題になっています。ヒト以外の動物では、今いる子を放棄することが親にとって適応的となる場合もありますが、ヒトの社会ではそのようなことは許されません。ですから、親が子育てを続けられる環境を維持するための社会的支援のしくみも非常に大切だと思います。

研究紹介コラム

筆者がシクリッドに接していたのは大学院生の頃です。コンビクトシクリッドを対象として、子育て行動とホルモンの関係を研究していました（Shinozuka, 2012）。コンビクトシクリッドは、一夫一妻で繁殖して、両親とも子育てに参加します。研究を始めるにあたって文献を読み進めると、飼育が容易で欧米ではポピュラーな熱帯魚ということで、入手性にも問題なし、と実際に始めてみたのですが、どうやら日本ではあまり人気がないようで（地味な体色のせい？）、いろいろな熱帯魚屋さんを回ってもなかなか手に入らず、これが最初のハードルでした。

研究では、子育てをしているシクリッドにホルモンを注射して、その前後の子育て行動を観察したりしました。注射のためにシクリッドをそっと網ですくう必要があるのですが、比較のためにホルモンが入っていない注射をした個体を水に戻すと、それまで頻繁に堆積物の巻き上げをして子に餌を食べさせていたのに、一転して子を口に含んで一カ所に集める行動の頻度が増えました。これは、あえて擬人的に表現すると、

「危ないから食べさせている場合じゃない、避難しなきゃ！」ということだと思います。考えてみれば当然のことですが、ヒトでも危険が迫っている状況で赤ちゃんにミルクをあげ続ける親はいません。当時、筆者にはまだ子どもはおらず、「子育て」の具体的なイメージを持っていなかったのですが、子育てとは子の生存のために行うあらゆる機能の行動を含むのだということを、魚の行動から実感しました。そして、擬人的に表現してしまうくらい共感できる魚の子育てが、ほ乳類の子育てとは別々に進化したというのですから、進化というのは本当に不思議だなと思います。

子育てエッセイ

「自分の子どもが一番かわいい」とよく言います。この言葉、子どもが生まれるまでは、「自分の子どもが一番大切だ」という意味の表現なのだと思っていました。ところが、実際に子どもが生まれてみてびっくり。自分の子の顔のつくりそのものが、本当によその子よりもかわいく見えるのです。これには本当に驚きました。残念ながら、私も（……妻も）周りを見渡した時に一番の美形とは言えないと思いますので、その二人から生まれた子が「一番かわいい」のは、客観的事実というよりは、私の主観的事実なのでしょう。なぜ自分の子が一番かわいく見えるのか。これは、より多くの子育て行動を引き出すための適応に違いないと思います。

子どもがかわいいという話をしておきながら、実は私は、妻が最初の子を妊娠している時にアメリカに単身赴任し、出産後、一歳半の時に日本に戻ってきました。単身赴任中も何度か日本に戻ってきてはいたものの、とても子育ての主力メンバーと言える状況にはありませんでした。一番大変な時期に、子育てに参加していなかったわけです。まさに一夫一妻のオスの養育放棄のような状態になってしまっていて、私も心苦しかったのですが、妻は本当に大変だったと思います。それでも妻が踏ん張ってくれたおかげで、子どもはすくすくと育ち、これには感謝しかありません。

帰国後は二人目にも恵まれました。二人とも男子で、今は七歳と四歳ですが、日々兄弟げんかが途切れることはありません。印象的なのは、上の子のなわばり意識です。いつも寝る時には布団を三枚敷いて、上の子は真ん中の布団に寝るのですが、この布団は彼のなわばりになっていて、下の子が彼の布団の上に乗ろうものなら、即座に争いが勃発します。「僕の布団に乗るな！」という彼の叫びを聞くたびに、「オスのなわばり意識の片鱗を見た」といつも勝手に思っているのですが、姉妹の場合はこういうなわばり争い、あるいは領土紛争は起きないものなのでしょうか。それとも性別は関係ないのでしょうか。わが家では確かめることができません。

男子二人で大変に騒々しいわが家ですが、二人の関係性の変化も興味深いです。下の子がもっと小さい頃は、上の子の主張を下の子が理解できず、一方的にけんかになることが多かったのですが、最近はけんかの主張が双方向的になってきました。また、けんかばかりでなく、二人で同調してはしゃぎまくることも増えてきました。親としては、二人のはしゃぎスイッチが同時にONになると、どうにも手がつけられないので、できれば避けたい状況なのですが、最近はその頻度が増してきているようです……。

ともあれ、二人にはたくましく生きていってほしいと、一夫一妻で子育て中の父は願っているのです。

さらに学びたい人のための参考文献

桑村哲生（二〇〇七）．子育てする魚たち　海游舎
桜井淳史（一九九六）．シクリッドの世界　緑書房

引用文献

Balshine-Earn, S. (1997). The benefits of uniparental versus biparental mouth brooding in Galilee St. Peter's fish. *Journal of Fish Biology, 50,* 371–381.

Friedman, M. *et al.* (2013). Molecular and fossil evidence place the origin of cichlid fishes long after Gondwanan rifting. *Proceedings of the Royal Society B: Biological Sciences, 280,* 20131733.

Goodwin, N.B. *et al.* (1998). Evolutionary transitions in parental care in cichlid fish. *Proceedings of the Royal Society B: Biological Sciences, 265,* 2265–2272.

Itzkowitz, M. *et al.* (2005). Is the selection of sex-typical parental roles based on an assessment process? *Animal Behaviour, 69,* 95–105.

Jennions, M. D., & Polakow, D. A. (2001). The effect of partial brood loss on male desertion in a cichlid fish. *Behavioral Ecology, 12,* 84–92.

Maynard-Smith, J. (1977). Parental investment. *Animal Behaviour, 25,* 1–9.

Mrowka, W. (1987). Filial cannibalism and reproductive success in the maternal mouthbrooding cichlid fish *Pseudocrenilabrus multicolor. Behavioral Ecology and Sociobiology, 21,* 257–265.

Shinozuka, K. (2012). Hormonal modulation of aggression. In: Watanabe, S. and Kuczaj, S. (Eds.), *Emotions of animals and humans.* Springer, pp. 23–47.

Yanagisawa, Y. (1986). Parental care in a monogamous mouthbrooding cichlid *Xenotilapia flavipinnis* in Lake Tanganyika. *Japanese Journal of Ichthyology, 33,* 249–261.

IV

のぞいてみよう！

驚きの子育て戦略

17 冬眠中の出産！ 身を削っての子育て——ツキノワグマ

小池伸介

1 どんな動物？

ツキノワグマとは

クマの仲間が世界に八種類しかいないことに驚かれるかもしれませんが、ツキノワグマ（*Ursus thibetanus*）はその一種です。日本ではツキノワグマという名前ですが、世界的にはアジアクロクマと呼ばれ、西はイラン、南はタイ、北はロシア沿海州に至る地域の森林に生息しています。日本では本州と四国に生息していますが、四国では、絶滅が心配されています。日本に生息するクマ（以下、クマと書いた場合はツキノワグマを示します）の体重はオスで六〇〜一〇〇キログラム、メスで四〇〜六〇キログラムで、頭胴長（頭の先からお尻まで）は一一〇〜一三〇センチメートルと、私たちとあまり体の大きさは変わらず、丸々と太った大型犬といった感じです。二本足で立った状態だと、われわれがクマを見下ろすぐらいの大きさです。

クマは肉食と思われがちですが、クマの食べ物の九〇パーセント以上は植物です。主なメニューは、春は木や草の若葉や花、夏は野生のサクランボやキイチゴといった果実のほか、アリやハチをよく食べます。秋になると森には多くの種類の果実が実ります。これらの果実の中でも、クマは特にドングリ類（ブナ科の樹木の果実）を主な食べ物としています。

クマの一年

クマの生活の中で、最も特徴的なイベントは冬眠です。冬眠とは文字通り、さまざまな動物が、厳しい気候で食物が少ない冬に、活動を停止してやり過ごす現象です。クマ類は冬眠を行う最大の動物です。

クマの一年について、冬眠を終える春から見てみましょう（イラスト）。三月から五月にかけて冬眠を終えたクマは、“walking hibernation”（歩きながら冬眠をしている）と言われるように、寝たり起きたりを繰り返しながら、冬眠中に低下した体力を徐々に回復させます。そして、六月から七月にかけて繁殖期（交尾期）を迎えます。この期間中にメスが発情するのは数日から一〇日程度です。そのため、繁殖期のオスはひたすら発情したメスを探す毎日を送ります。普段は単独で生活を送っているクマですが、オスとメスが出会うと、一緒にいる時間が増え、交尾に至ります。クマは一頭のメスが複数のオスと交尾を行う乱婚制ですが、メスをめぐってはオス同士の熾烈な競争があるようで、実際に交尾に至るオスは限られます。ちなみに、メスは交尾の刺激やオスからのにおいなどの刺激によ

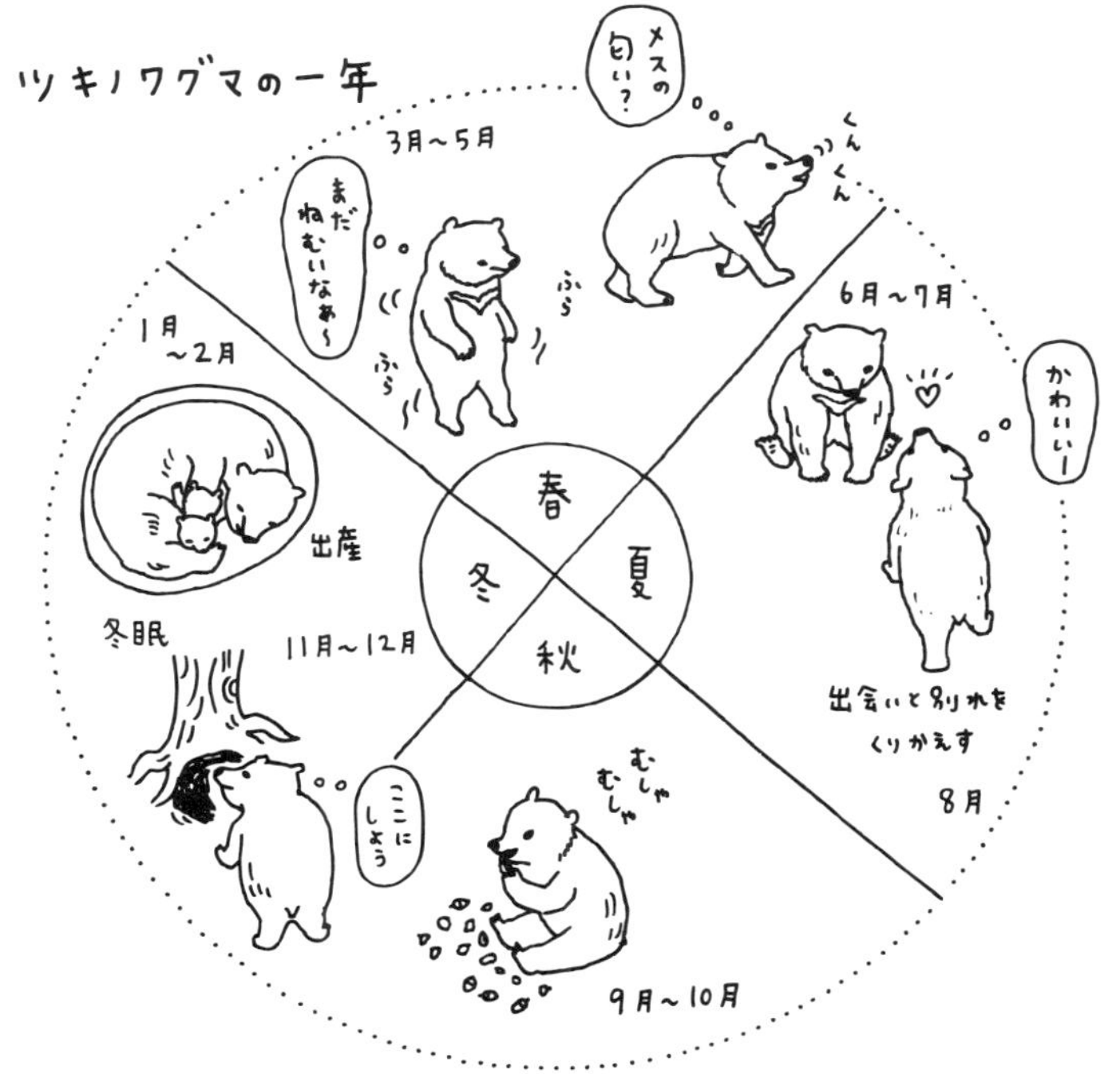

って排卵することが知られています。また、メスは発情している期間中に、複数回にわたって排卵することがあります。そのため、それぞれの排卵時に別のオスと交尾を行い、父親の異なる双子を出産することがあります。

九月あたりから過食期と呼ばれ、食べることに専念する季節を迎えます。その理由は、この後に控える冬眠にあります。冬眠中のクマは飲まず食わずの状態で過ごします。もちろん、排せつや排尿もしません。さらに、体温を五度以下まで下げて冬眠を行うシマリスやヤマネとは異なり、クマはせいぜい三〇度台前半ぐらいにまでしか体温を下げずに冬眠を行います。その代わり、呼吸数を（一分あたり八〜九回を二〜三回に）少なくして、代謝（エネルギーの消費）を抑えます。しかし、冬眠中も徐々にはエネルギーを消費することから、秋の間にエネルギーを貯めておく必要があります。そのため、クマは昼行性である生活リズムを、秋は夜にも食事を行うように変えてまでも、ひたすら食べまくるのです。そして、春から夏に比べて体重を脂肪というかたちで三〇パーセント近く増やし、冬眠の準備が整ったら、一一月から一二月にかけて、木の洞や岩穴などで冬眠を始めます。

2　どんな子育て？

クマの妊娠

一八〇〇年代初期のアメリカの本に、「白人、インディアンを問わず、腹に子を持つメスグマを殺した者はいまだかつていない」と書かれています。これまでのハンターによって殺されたすべてのメスのクマが不妊、あるいは妊娠していないということがあるのかというと、実はそんなことがあるのです。アメリカに生息するアメリカクロクマ（*Ursus americanus*）やヒグマ（*Ursus arctos*）の繁殖期も、六月から七月にかけてです。しかし、クマ類では、交尾とともに受精が行われ、胚が胚盤胞まで発達した段階でほぼ発達を停止する、いわゆる着床遅延（胚の発育停止）が起こります。そして、一一月下旬から一二月上旬に冬眠の準備を始める頃になると、ようやく着床が起こります。その後、一月下旬から二月上旬の冬眠中に子どもが生まれます。ですから、クマの妊娠期間は六～七カ月ではなく、約六〇日ということになります。

なぜ、クマは着床遅延を行うのでしょうか。いくつかの説が考えられていますが、いずれも冬眠が大きく関係しているようです。冬眠中のクマのエネルギー源は秋に貯めておいた脂肪であることは前述しましたが、もし冬眠開始までに十分な量の脂肪を体内に貯めることができなかった場合、うまく子育てができずに子どもの命を失うだけではなく、母親自身の命の危険すらあります。そのような共倒れを防ぐためにも、冬眠開始までに十分な量の脂肪を貯めることができた場合にだけ、妊娠がスタートするようになったのではないかと言われています。ただし、実際には何がきっかけとなり、妊娠がスタートするのかは、まだよくわかっていません。

また、なぜクマは秋に交尾して、すぐに受精卵を着床させないのでしょうか。さらに、なぜクマは十分な妊娠期間を経て胎児を発育させ、春に出産しないのでしょうか。これらにも冬眠が関係しています。秋は冬眠に向けて、ドングリをお腹いっぱい食べて、脂肪を十分に貯めなくてはなりません。そのため、時間がかかり、しかも体力を消耗する（特にオスにとって）交尾を行っている余裕はないのでしょう。そう考えると、交尾を行うことができるのは、春と秋の間の限られた夏だけということになります。一方、春は冬眠中に低下した体温は戻るものの、まだ活発な状態ではありません。そのため、この時期に体力を消費して大きく育った子どもを産み育てるのは都合が悪いのでしょう。

図17–1　冬眠中のアメリカクロクマの母子

子どもは生後約１カ月。母親は調査研究のため麻酔によって眠っている。

クマの出産と子育て

クマの子どもは体重三〇〇グラムと母親の約二〇〇分の一という大きさで生まれます。そのため、冬眠中の母親にとっては、出産のために消費するエネルギーは少なくてすみます。また、クマの母乳には、クマ類に特有のオリゴ糖が含まれ、高脂肪、高タンパク質で、家畜やヒトの乳に比べるととても高栄養で、短期間で子どもは急速に成長することができます。そのため、母親と一緒に冬眠を終える四月から五月には、子どもの体重は二～三キログラムと、約三カ月で一〇倍にもなります。クマは小さく産んで、大きく育てるのです（図17－1）。

しかしながら、母親が授乳などを通じて冬眠中に消費する脂肪の量は体重の三〇～四〇パーセントと相当な量となります。そのため、冬眠前に十分な量の脂肪を貯めることができなかったメスは、出産や冬眠中の子育てに失敗してしまうことが多いようです。また、栄養状態の良好な母親は少しでも早く出産を行い、子育ての期間を長くする傾向があります。したがって、栄養状態のよい母親から生まれた子どもは、冬眠を終えた時の体重も大きく、その後の生存率も高いです。ちなみに、クマは一回の出産で一～二頭の子どもを出産します。一回の出産で生まれる子どもの数が、どのように決まるのかはわかっていません。ただし、アメリカクロクマは一回に最大六頭もの子どもを出産することがありますが、食べ物が豊富な地域ほど生まれる子どもの数が多い傾向があるので、クマの場合も母親の栄養状態の違いが生まれる子どもの数と関係しているのかもしれません。

クマの子育てはすべて母親が担います。冬眠を終えた母親と子どもは、約一年を一緒に過ごし、再び母親と一緒に冬眠を行い、一・五歳の初夏には親もとを離れます（いわゆる子別れ）。スウェーデンのヒグマの事例では、子どもが一・五歳あるいは二・五歳の時に子別れを迎えますが、子別れは子どもから離れていくのではなく、むしろ母親のほうから子どもを引き離します。一般的に、授乳をしているほ乳類のメスはホルモンの影響で発情が起こりません。しかし、子どもが成長するにともない、母親からの授乳の頻度が低下することで、発情の抑止が徐々に解除されます。そのような時に母親がオスと遭遇して発情し、母親が自ら子どもを引き離すことで、子別れが発生します。

親から離れた後の子どもは、四歳までにはオスもメスも性的に成熟します。また、クマの寿命は動物園などでは三〇年を超えることもありますが、野生の個体は二〇歳代半ばまで生きることはあまり多くはないようです。では、何歳まで繁殖が可能かというと、野生の二二歳のメスが出産した記録もあることから、メスの繁殖可能な年齢はおよそ一〇歳代半ばから二〇歳代半ばまでと考えられています。一方、オスが何歳まで繁殖が可能なのかの十分な情報はありませんが、前述したようにオスが繁殖活動に参加するためには、メスをめぐるオス同士の競争に勝ち抜かなければいけないため、野生のオスが子孫を残せる期間は短い可能性があります。

オスと子どもとの関係

オスは交尾までが繁殖活動で、その後の子育てには全くかかわりません。しかも、メスの子育てにとって大きな障害になります。それは、オスによる子殺しがあるからです。子殺しとは、メスの発情を促すために、オスがメスの子どもを故意に殺すことです。その過程でオスが子どもを食べてしまうことすらあります。スウェーデンのヒグマでは生後一年間の子どもの死亡の八五パーセントが繁殖期に発生することから、その主な死因が子殺しであることが知られています。つまり、子どもにとってオスは最大の天敵となります。そのため、生まれたばかりの子どもを連れた母親は、冬眠を終えた後は常にオスの存在に気を配りながら、子育てを行わなければなりません。

3　ヒトとの比較・つながり

クマによる事故にも理由がある

多くの人にとって、クマは猛獣としてのイメージが強いと思います。しかし、クマは基本的にはおとなしく、ヒトを食べようとして積極的に襲う動物ではありません。さらに、とても臆病な動物なので、森の中ではヒトがクマの存在に気づく前に、クマのほうが先にヒトの存在に気づき、その場を離れることが多いです。そのため、私たちが森の中でクマの姿を目にすることはほとんどありません。ところが、見通しや風通しの悪いところで、出会いがしらにヒトと鉢合わせてしまうと、クマもパニックになり、その場から逃げ出そうとして、ヒトをはたいてしまうのです。つまり、クマによってヒトが傷ついてしまう事故の原因のほぼすべてが、クマの防御を目的にした攻撃によるものです。ただし、一部の事故では少し事情が異なります。これらの事故に共通しているのは、事故現場で複数のクマが目撃されているということです。勘のいい人ならすでにおわかりかと思いますが、これらは母親の防衛本能による事故です。ヒトとクマとの間に通常であれば十分な距離があったとしても、子連れの母親は非常に神経質になっているため、子どもを守ろうとしてヒトを威嚇し、場合によっては攻撃することがあります。つまり、これらの事故は、母親と子どものとても強い結びつきが存在するがゆえに発生すると言えます。

女系家族のつながり

母親と子どもの結びつきの強さは、子別れの後も残っているようです。子別れ後の子どもの行動は、オスとメスとで大きく異なります。オスの子どもは生まれ育った場所から大きく離れ、新たな場所での生活を始めます。一方、メスの子どもは、生まれ育った場所から大きくは移動せず、慣れ親しんだ母親の生活場所やその周辺にとどまることが多いです。クマのメスはどこに食べ物があるとか、どこによい冬眠場所があるなどといった、生きていく上で大切な知識を最初から備えていることで、大変な子育てを少しでも有利に進めようとしているのかもしれません。さらに、ある沢の流域といった非常に狭い範囲に、祖母、母、娘、叔母、従姉妹といった同じ女系家族のクマが生活していることがあります。同様な事例は、スウェーデンのヒグマでもあり、出産経験の豊富な母親の周囲には近縁なメスが多く暮らし、母親の年齢が高いほど、娘は母親の近くで生活することが知られています。クマの場合、母親以外の個体が母親と共同で子育てを行うことはないのですが、これらの事例は、メスが血縁関係のあるメスを認識し、寛容な姿勢を示すためと考えられています。つまり、限られた食べ物などの資源に対し、自分と近縁な個体に対してはお互いに融通することで、自分と同じ血縁を少しでも残そうとしているのかもしれません。

身を削っての子育て

人間もさることながら、クマも子育ては大仕事です。前述したように、生まれたばかりの子どもを連れた母親は、冬眠を終えた後は、オスによる子殺しを避けるために常に周囲を監視しなければならず、十分に食事をとる時間もありません。また、子どももまだ十分に歩くことができないため、活動できる範囲は狭くなりがちです。そのため、冬眠を終えた後の母親は、冬眠中に引き続き自身の体を削って子育てを続けることになります。私たちが長年、野外で観察してきたあるメスのクマの場合、子どもを連れていない年の六月の体重は六二キログラムでしたが、翌年の六月に〇歳の子どもを引き連れていた時の体重が四〇キログラムしかなかったことがありました。

さらに、体重以外にも身を削って行う子育ての影響は現れます。人間も同じですが、クマの歯も年々成長して大きくなり、歯の歯根部の表面を覆うセメント質も、年齢とともに厚さを増していきま

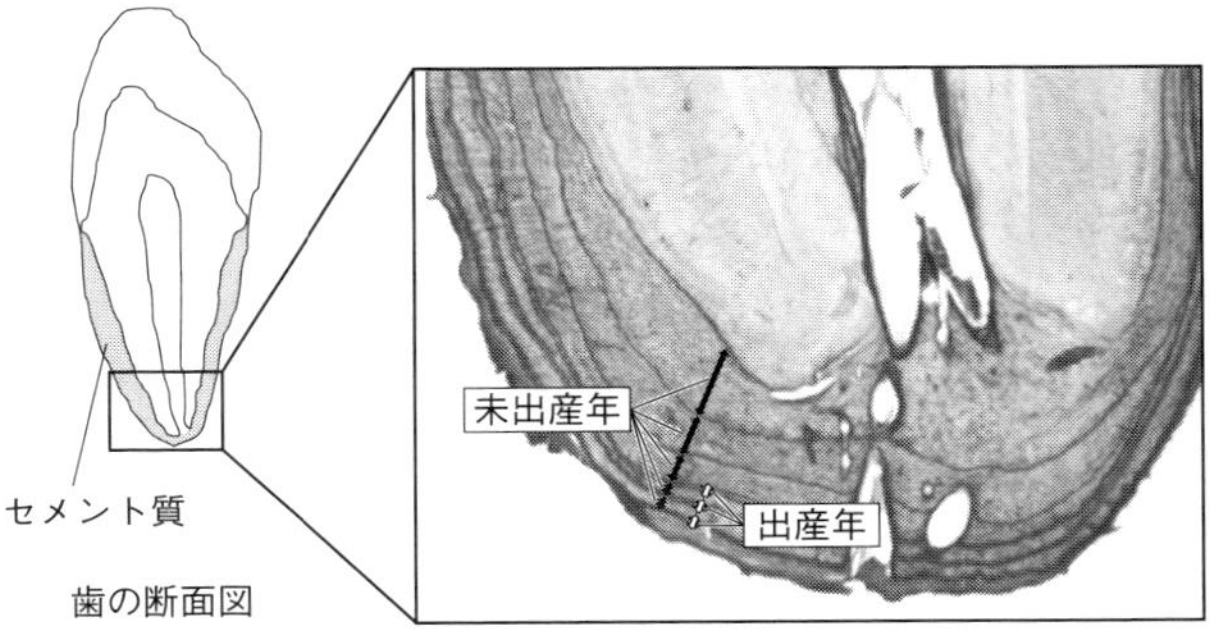

図17-2　クマの歯根部セメント層に見られる年輪幅の変化
黒矢印の部分が未出産年、白矢印の部分が出産年（4，6，8歳の時）を示している。

す。セメント質は、動物の栄養状態のよい春から夏には活発に発達しますが、冬には発達が停滞します。そのため、歯根部を薄くスライスし、染色すると、冬に形成されたセメント質は濃く染まり、木の年輪（層）のように見えます（図17―2）。ヒトをはじめとするさまざまな動物では、この年輪幅の違いには栄養状態の違いが反映されることがわかっています。つまり、栄養状態のよい時には年輪幅が広くなりますし、栄養状態が悪い時には狭くなります。そこで、クマの子育てにともなう母親の栄養状態の低下が、クマの歯の年輪幅にどのように影響するかを調べたところ、出産と子育てに成功した年には、出産をしていない、あるいは子育てに失敗してしまった年と比べて、年輪幅が狭くなることが確認できました。つまり、子育てによって母親の栄養状態は低下し、年輪幅が狭くなったと考えられます。また、子育てに成功した場合でも、人間の生ゴミなどといった高栄養な食べ物を食べていた場合には、年輪幅は狭くならないこともわかっています。これらの母親の体重の変化や歯の年輪幅の変化からも、いかにクマの母親が身を削って子育てを行っているかがわかります。

研究紹介コラム

私は、森の中でクマが森や植物、ほかの生物たちとどのような関係を持って暮らしているのかを調べています。たとえば、クマは森の中でさまざまな果実を食べて生活をしています。クマが野生のサクランボやブドウの果実を食べた時には、果実の中にあるタネを噛み砕いたり消化したりせずに、糞とともにタネを森のあちらこちらにまきます。その結果、果実を食べて糞をするというクマの日常生活が、クマが自らすむ森をつくる手伝いをしていることがわかってきました（小池、二〇一三）。

また、クマは秋にドングリをたくさん食べますが、ドングリにはある特徴があります。それは、豊作の年と凶作の年を繰り返すとともに、それぞれの木同士でドングリのなりの程度が同調するということです。つまり、ドングリが豊作の年には森のほとんどの木の多くが豊作になるし、凶作の年にはほとんどの木が凶作になり、森の中にドングリが全く存在しない状況になります。そのような年には、多くのクマは、秋の大事な食べ物であるドングリを口にすることができません。そのため、クマは普段生活してきた場所から遠く離れた場所まで移動して、代わりの食べ物を探します。そして、秋の終わりには、何事もなかったかのように元の生活を送っていた場所に一気に戻り、冬眠を開始します。この一連の動きから、クマもドングリの凶作の年には、鳥がある季節になるとある目的地に一気に移動する、いわゆる「渡り」のような行動を行うことがわかってきました（小池、二〇一七）。

子育てエッセイ

クマの子育てとヒトの子育ては似ていると思うことがあります。クマの子どもは母親と一緒に過ごす濃密な一年半の間に、生きていくために必要なさまざまなことを学びます。その一つの事例として、木の樹皮はぎ行動があります。なぜ、クマがそのような行動を行うのかはよくわかっていませんが、樹皮の下の形成層を食べるために、樹皮をはいでいる可能性があることがわかってきました。ところが、この樹皮はぎ行動ですが、同じ地域に生息するすべてのクマが行うわけではありません。特定の家系のクマだけが行うのです。つまり、樹皮はぎを行う母親のもとで育った子どもは、その母親から別れた後も樹皮はぎ行動を行い、さらにその子どもがメスの場合には、さらにその子どもへと行動が伝わっていきます。一方、クマは森の中で単独で生活しているため、樹皮はぎ行動を行わない母親に育てられた子どもは、成長しても樹皮はぎ行動を学習する機会はないため、樹皮はぎ行動を行わないのです。ヒトでも家庭によって、微妙に食文化が違うことを経験したことがあると思いますが、クマも食文化は母親からの学習で決まっているようです。

私には四歳の男の子がいます。私も妻も和食が好きなため、食卓には和食、特に魚料理が並ぶ機会が多いです。また、子どもの離乳食もだし中心のもので、その後の食生活も和食が多いため、彼も和食が好きになり、多くの子どもが好きなハンバーグなどの味つけの濃い洋食はあまり好きではありませんでした（最近は変わってきたのですが……）。そのため、ファミリーレストランに行くと、ほかの子どもが口の周りをスパゲッティーで真っ赤にしながらお子様ランチを食べている一方で、私の子どもはわかめうどんを黙々と食べており、親の食文化が子どもの食文化をかたちづくっていることを実感したりします。さらに、私の晩酌を目にする機会が多いためか、塩辛やナマコ酢、オリーブの塩漬けなど、ふつう四歳はあまり手をつけないようなものも好んで食べるあたりも、教えてはいないのですが、親からの学習の存在を感じたりします。
　ただ、生涯単独生活を送るクマと違って、ヒトは成長とともに多くの人々と接し、多くのことを学んで、自らの文化をかたちづくっていきます。私の子どもも保育園に通って三年もたつと、日々親が知らないことを学び、ものすごい記憶力でそれらを覚え、毎晩得意げに私たちに披露してくれます。もちろん、身を削って彼に授乳をして、クラスの誰よりも大きく育て上げてくれた妻のおかげではあるのですが、親以外の世界との接触がいかに彼を成長させるのかを日々実感しています。親としては、彼の新しい世界がつくられ始めていることにうれしさを感じる反面、これまでの親と子どもだけの世界が失われていくところにちょっとさみしさを感じることもあります。ただ、そんな彼の姿を毎日見て、これから五、一〇、一五年後には、彼はどんな性格で、どんな価値観を持ち、どんな人生を送っているのかを想像するのが、とても楽しいです。

さらに学びたい人のための参考文献

小池伸介（監修）（二〇一六）．クマ大図鑑　ＰＨＰ研究所
山﨑晃司（二〇一九）．ムーン・ベアも月を見ている　フライの雑誌社

引用文献

小池伸介（二〇一三）．クマが樹に登ると　東海大学出版会
小池伸介（二〇一七）．わたしのクマ研究　さ・え・ら書房

18 進化がとぎすましただまし術――ジュウイチ

田中啓太

1 どんな動物？

ジュウイチ（*Cuculus fugax*）はカッコウの仲間で、自分では子育てをせず、他種の巣に卵を産み込んで育てさせる、托卵鳥です。成鳥はハトより少し小さく（尾羽根が長いため、全長はハトより長い）、胴回りは大人が両手を使ってつかめる程度です。あまり聞きなじみのある鳥ではありませんが、日本を中心とする東アジアだけに生息しており、フィリピンやインドネシアで冬を越し、初夏に九州以北に渡ってきて、繁殖を行います。同じカッコウの仲間でも、カッコウ（*Cuculus canorus*）やホトトギス（*Cuculus poliocephalus*）はヒトの生活圏にも生息していますが、ジュウイチは人里離れた深い山や渓谷などに生息するため、「ジュウイチ～、ジュウイチ～」とかなりけたたましい声で鳴きますが、声を聞いたことがある人はあまり多くないでしょう。私も自分で研究することになるまで、知りませんでした。

托卵の方法

ジュウイチも含めカッコウの仲間は、やみくもに見つけた鳥の巣に卵を産み込むのではなく、原則として決まった相手（種）に托卵をします。ジュウイチの場合、宿主（托卵相手）はオオルリ、コルリ、ルリビタキという、青い小鳥三種です。どの鳥も山林に生息し、笹や木の根の下に空いた穴やちょっとした段差にできたくぼみなど、基本的に地面に巣をつくります。ジュウイチのメスは宿主から見つからないように森の中を飛び回り、木の枝葉の中からこっそり宿主が巣をつくる様子をうかがいます。そして、巣が完成し、宿主が二〜三個卵を産んだタイミングで巣に忍び込み、すばやく一個、自分の卵を産み込みます。五月から七月ぐらいまでの繁殖期の間に、おおよそ三〇個ほどの卵を宿主の巣に産み込むと考えられています（田中、二〇一二）。

この時、ジュウイチのメスは、宿主の卵を一個くわえて抜き取り、代わりに自分の卵を産み込みます。抜き取った卵は食べてしまいます。卵を抜き取ることで、卵の数合わせをしているように思えますが、実はそうではないようです。カッコウやジュウイチの宿主は、通常、一度に四〜六個の卵を産みます。宿主が托卵された卵を巣から捨てるのは、自分の産んだ卵を守るためですが、卵が一個抜かれると、宿主からすれば守る卵が一個減ることになります。托卵鳥が卵を抜きとるのは、自分の卵を捨ててしまう宿主が残せる子の数を少しでも減らし、少しでもそういう宿主を増やさないようにする、苦肉の策として進化した行動のようです（Mikami *et al.*, 2015）。

カッコウやホトトギスでは、メスが産んだ卵は宿主の卵に色や模様がそっくりで、宿主は自分の卵とカッコウやホトトギスの卵を見分けることができず、知らずに温めてしまいます（田中、二〇一二）。ジュウイチの場合、産むのは薄い青の卵で、きれいなターコイズブルーのコルリの卵には若干似ていますが、オオルリやルリビタキの白い卵には全く似ていません。なぜ似ていないジュウイチの卵をオオルリやルリビタキが捨ててしまわないのか、詳しいことはわかっていません。

ジュウイチの雛のあやつり術

宿主の卵と一緒に温められたジュウイチの卵からは、おおよそ二週間弱で、宿主の雛がかえる一～二日前に雛がかえります。卵から出てきたジュウイチの雛は、背中に宿主の卵を載せて、すべて巣の外に落としてしまいます。こうすることで宿主からもらう餌を独占できるだけでなく、自分が托卵鳥という寄生者であることがバレないようにしていると考えられています。もちろん、雛が「しめしめ、これでバレないぞ」と思っているのではなく、カッコウやジュウイチの雛が巣を独占する行動を進化させたことで、宿主が托卵鳥の雛を見ても、それが托卵鳥の雛なのかを判断する能力の進化が阻害されているのです。

こうした理由で、ジュウイチの雛を見てもわが子と錯覚している宿主は、餌ねだりをするジュウイチに一所懸命餌を運びます。この時、ジュウイチの雛は、世界中でも彼らしかしない「はなれわざ」を使います。なんと、分身の術です。ジュウイチの雛の口の中は鮮やかな黄色をしています。さらに、翼の裏側に羽が生えていない部分があり、そこの皮膚も口の中と同じ鮮やかな黄色をしています。そ

図18–1　宿主に向かって翼を広げるジュウイチの雛

図18–2　ジュウイチの雛の翼の裏側に給餌しようとする宿主

して、宿主が巣に餌を運んでくると、口を大きく開けると同時に翼をバッと持ち上げ、裏側の黄色の部分を見せびらかすような行動をとります（図18－1）。宿主からすると、この翼の裏側の黄色い部分はもう一羽の雛の口に見えるようです。実際、この翼の裏側に宿主が間違って餌をあげようとするのが観察されています（Tanaka *et al.*, 2005）（図18－2）。巣の中には実際にはジュウイチの雛は一羽しかいませんが、翼の裏側の黄色の皮膚を見せられることで、宿主は巣の中に三羽の雛がいると勘違いさせられてしまい、三羽分の餌をせっせと運ぶことになるのです（Tanaka & Ueda, 2005, Tanaka *et al.*, 2011）。

ではどうしてこのようなだまし方をジュウイチは進化させる必要があったのでしょうか。一つの理由は、雛が生育に必要としている餌の量です。ジュウイチの雛の体重は、宿主の親鳥の四～五倍になります。宿主が自分の雛を育てる時は四～五羽の雛を育てるので、運ぶ餌の量はさほど変わらないはずです。しかし、もし自分の子が一羽だけだったら、運ぶ餌の量はぐっと少なくなるはずです。雛が消化しきれない量の餌を与えても意味はなく、親鳥も無駄に体力を消耗することになるからです。いくらジュウイチの雛が大きくても、巣には一羽しかいないので、宿主が運んでくる餌の量は少なくなってしまうでしょう。一羽しかいなくてもたくさん餌をもらえる方法、それが分身の術というわけです（第IV部扉イラスト）。

2　托卵という育児寄生

托卵をする鳥

托卵をする鳥はカッコウの仲間だけではありません。完全に托卵だけで子孫を残すのは、カッコウのほかにカモの仲間、ミツオシエ、そしてスズメの仲間のコウウチョウとテンニンチョウが知られています。また、普段は自分で子育てをするものの、条件がそろった時には同じ種の別の個体の巣に卵を産み込み、雛を育てさせる鳥もいます。これを種内托卵と言い、スズメやツバメ、ムクドリやオオバンといった、都市部にも生息している比較的身近な鳥で知られています（田中、二〇一二）。ただ、実際のところ、ほかの鳥で本当に種内托卵がないかどうかはわかっていません。

托卵鳥とその托卵相手の関係はさまざまで、托卵が宿主にとってどれくらい迷惑かによって宿主の反応は変わってきます。たとえばカモの仲間では、親にとって子育ての負担はあまり大きくありません。ヒナは卵からかえるとすぐ、自分で餌をとって食べることができるからです。目も開いておらず、身動きもままならないカッコウの雛とは大きな違いです。カモの親がすべきことは、天敵から守ることと、餌がたくさんある場所に連れて行くことぐらいです。このような場合、托卵を受け入れることは有利になります。というのも、家族の群れが天敵に襲われた時、自分の子ではない雛が混じっていると、犠牲になるのがわが子である確率が下がるからです。これは卵を抱いて温めている時も同じで、托卵された卵は敵に持って行かれやすい、巣の外側に押しやられていることもあります。親が托卵する時もカッコウの場合と全く異なっています。托卵する親鳥は、まさに卵を抱いている巣の主の腹の下に潜り込み、卵を産み込むのですが、宿主は特に何かをするわけでもなく、されるがままです。

ジュウイチやカッコウの場合、宿主は激しく抵抗します。子育て中の動物は基本的に警戒心が強くなりますが、鳥の場合、それは巣をつくる場所を決めた時から始まります。たいがいは捕食者に対する警戒ですが、ジュウイチやカッコウの宿主の場合、捕食者だけでなく、托卵鳥に対する警戒も必要になります。自分が巣をつくっている近くで托卵鳥を見つけた場合、執拗に攻撃します。攻撃力の高いモズの場合、カッコウの親鳥を殺してしまうこともあります。カッコウの仲間は外見がタカに似ていることが多いのですが、これは宿主からの攻撃を軽減するためと考えられています。狼の皮をかぶった羊ならぬ、タカの羽毛をまとったカッコウというわけです。興味深いことに、宿主が托卵鳥に対して警戒するのは、托卵される危険性が高い時期、つまり自分が卵を産んで温め始めた頃だけで、その後はあまり気にしなくなることがわかっています。

宿主がちょうど卵を産んでいる時期に巣の周りでカッコウの姿を見ると、宿主は巣の中の卵にも注意するようになり、少しでもあやしい卵は巣から捨てるようになります。宿主にとっては巣の周りでカッコウの姿を見たということは、托卵されている可能性が高いことを意味するからです。ジュウイチやカッコウが托卵する際、宿主の巣に滞在するのは一〇秒程度ですが、これは文字通り、宿主にばれないようにこっそり卵を産み込むためです。托卵鳥でも宿主でも、これらの一連の行動は練習してできるようになるものではありません。つまり、托卵鳥とその宿主がこうした行動をとるのは、自分が残せる子孫をかけた攻防戦の進化を繰り広げてきた結果なのです。

鳥以外の托卵

托卵をすることでジュウイチやカッコウは自分の子孫を残せますが、宿主は、自分の子どものためのはずの、卵を温めるであったり餌を運ぶであったりという、子育て行動を横取りされてしまいます。托卵鳥は他の鳥の子育て、つまり育児に寄生しており、托卵という行動は育児寄生とも言われます。

育児寄生は、昆虫や魚など、鳥以外の生物でも知られています。たとえば、シジミチョウという、都市部の公園などでも見かける、紫色をした小型のかわいらしいチョウです。シジミチョウは草の茎などに卵を産みつけますが、この卵からはアリ（第12章）を惑わす匂い（フェロモン）が出ており、その匂いを嗅いだアリはシジミチョウの卵を巣に持って帰り、卵からかえった幼虫をアリの幼虫として育ててしまいます。通常、労働アリが育てるのは自分の弟や妹ですが、シジミチョウの卵が出すフェロモンによって、シジミチョウの幼虫が弟妹であるとだまされてしまうのです。春も過ぎて暖かくなった頃、公園などで石をひっくり返すとアリの巣があり、アリの卵や幼虫、サナギを見つけることができます。アリのサナギは真っ白いマユですが、もっと大きくて色は茶色、表面はツルツルしていて羽化する成虫のかたちがわかる、違和感満載のサナギが入っていることがあります。それがシジミチョウのサナギです。シジミチョウは日本で最も身近に見られる托卵生物と言えます。

魚では、アフリカのタンガニーカ湖に生息するカッコウナマズが知られています。このナマズの犠牲者になるのはシクリッド（第16章）の仲間です。シクリッドには口内保育といい、卵がかえり、稚魚がある程度大きくなるまで、自分の口の中で子を保護する種が多くいます。シクリッドのメスは、自分で産んだ卵をオスが受精させると、水底から口で卵を拾い上げます。カッコウナマズはその瞬間を狙って卵に襲いかかって食べるのですが、本当の狙いは自分の卵とすり替えることです。かわいいわが子（卵）に襲いかかる敵に反撃しつつ、必死で守って口の中に入れたのは、実はしれっと産み落とされたナマズの卵というわけです。シクリッドの母親はその後も口の中がいっぱいになるまで卵を産み、何日もかけて卵を守りますが、卵からかえったナマズの稚魚はシクリッドの卵をすべて食べてしまい、シクリッドの親はナマズを自分の子のように育てます。

ほかには、二枚貝に卵を産みつけるタナゴの仲間も托卵していると言えるでしょう。ワニの巣に卵を産み込むカメもいます。コガネムシの仲間では、動物の屍肉で幼虫を育てるシデムシの仲間や、動物の糞を丸めて卵を産みつけるフンコロガシの仲間に、他種の巣（フンコロガシの場合は糞の玉）に托卵をするものがいます。さらに、化石でも托卵の可能性を示す証拠が見つかっています。オヴィラプトルという恐竜の巣の化石が発見されているのですが、オヴィラプトルの卵と一緒に、なぜか別の恐竜、ヴェロキラプトルのふ化直前の卵が巣の中に残されており、これを托卵の証拠と考える研究者もいます。つまり、子育てをする生き物の周りには、必ずと言ってよいほど托卵をする生き物がいて、子育てあるところに托卵ありという図式が成り立っているのです。

3　ヒトでも托卵が？

カッコウやジュウイチのような種を超えて起こる托卵だけでなく、スズメやオオバンのような種内で起こる托卵でも、共通しているのは、両親ともに血がつながっていないという状況です。それでは、ヒトでの両親とも血がつながっていない場合について、育児寄生という観点から考えてみましょう。

ヒトでも遺伝的にはつながりのない、社会的なつながりだけの親子は一定数存在すると言えます。そのほとんどは養子でしょうが、まれに産院などでの取り違えという場合もあるでしょう。ではこれは育児寄生と言えるのでしょうか。こうした事例は、カッコウなどの育児寄生者とは大きく二つの点で異なっています。まずは、実の親の意図です。カッコウの行動の目的（意図）は、自分の子を他人（他個体）に育てさせるというものです。体系的なデータをもとに議論するわけではありませんが、おそらくヒトの場合、産院での取り違えについては言わずもがな、最初から積極的に他人に育てさせるつもりで子を持つという実の親は、ほとんどいないでしょう。

もう一つの大きな違いは、育ての親の、子に対する認識です。カッコウの宿主の場合、見た目は全く違っていても、宿主は自分の子と誤認しているので、気丈にカッコウの雛を育てます。私はニューカレドニアという南太平洋の小島で、そこに生息しているヨコジマテリカッコウと、その宿主であるカレドニアセンニョムシクイという鳥の研究もしています。カッコウやジュウイチの宿主とは違い、カレドニアセンニョムシクイの中には、ヨコジマテリカッコウの雛が自分の雛ではないと見抜くものがいます。すると、カレドニアセンニョムシクイは巣の中からヨコジマテリカッコウの雛を引きずり出し、捨ててしまいます。同じ托卵鳥の宿主でも、なぜここまで違っているのかはまだ明らかになっていませんが、自分の子かどうかの認識がこの違いを生み出しているのは間違いなさそうです。

では先にあげたヒトの事例ではどうでしょうか。養子の場合、里親が自分の子でないとわかった上で養子を育てているのは間違いないでしょう。一方、産院での取り違えという場合は、たしかに自分の子と誤認していることになりますが、誰かにだまされてそうしているわけではないため、やはり托卵とは言えないでしょう。母親が妊娠するほ乳類の場合、自分の子が卵という状態になることはないので、そもそも托卵自体が起きにくいと言えるでしょう。

一方、構造上、托卵に最も近いのが、いわゆるオレオレ詐欺です。息子をかたって電話をかけ、高齢者をだますオレオレ詐欺の、子を装い、資源を搾取するという構造は、育児寄生そのものです。しかし、カッコウなどの育児寄生との大きな違いは、だます主体が子側にあるという点です。つまり、育児寄生では、だます意図を持っているのは親であり、卵や雛ではありません。それがオレオレ詐欺では、だます意図を持っているのは子をかたる詐欺師自身です。そういう意味では、厳密には育児寄生には含まれないということになります。しかし、だまされる側が、情報が限られた状態で子の養育について大きな決断を下さなければいけないという状況は共通しています。ひょっとしたら、托卵研究からオレオレ詐欺を防ぐ解決策のヒントが見つかるかもしれません。

カッコウやジュウイチの雛が、自分を誰だと思っていて、育ててくれる宿主と自分がどういう関係にあると認識しているかは、知る由もありません。しかし、刷り込み（第3章）によってコンラート・ローレンツを親だと思い込んだハイイロガンと同様に、宿主のことを親だと誤認している可能性は高いと言えます。ということは、カッコウやジュウイチの雛も、自分の実の親を知らない、托卵という戦略の哀れな犠牲者ということになります。カッコウやジュウイチの場合、自身が托卵鳥であることで特に損をすることはありませんが、托卵鳥であるがゆえに捨てられてしまうヨコジマテリカッコウの雛は、正真正銘の托卵戦略の犠牲者ということになります。

では、カッコウやジュウイチの親はどうでしょうか。カッコウとジュウイチは、カッコウ目の中でもカッコウ亜科というグループに含まれます。このカッコウ亜科に含まれる鳥はすべて托卵鳥で、自分で子育てをする鳥はいません。進化の歴史をさかのぼると、カッコウ亜科の祖先は数十万年から一〇〇万年ほど前に、自分で子育てをする能力を失ったと考えられています。つまり、長い進化の歴史の結果、カッコウやジュウイチの親には、もはや自分で自分の子を育てるという選択肢はなく、好むと好まざるとにかかわらず、子孫を残すためには托卵をするしかないのです。ひょっとしたら、「自分で子育てできればどんなに楽か……」とぼやきながら、托卵をしているのかもしれません。

研究紹介コラム

　ジュウイチの研究は、大学院生時代から、学位を取った後の博士研究員をしていた頃に行ったもので、富士山五合目の標高約二〇〇〇メートル付近で、車中泊で調査をしていました。毎年六月から調査開始ですが、その頃はまだ雪も残っていて、夕方になると外は真冬の寒さになります。梅雨が明けて山開きとなると、今度は登山客でごった返すようになり、駐車する場所を確保するのも一苦労でした。ジュウイチの調査のほとんどは、宿主の巣を探すことです。托卵されたジュウイチの卵や雛を追い求めて、富士山の山腹を這いずり回ってルリビタキの巣を探しました。

　研究のテーマの一つが、今回紹介した、翼の裏側の黄色い皮膚をジュウイチの雛はどのように使っているのかというもので、見つけたジュウイチの雛のうち、幸運にもテンに捕食されなかった雛を使って野外実験を行いました。ジュウイチの雛の翼の黄色い皮膚に黒い顔料を塗り、宿主には黄色に見えないようにするという実験です。ルリビタキの巣の中は暗いので、小型の赤外線カメラをハンディカムにつなぎ、録画した映像データを分析しました。結果は、ジュウイチの翼の裏側を黒く塗った条件では、透明の溶剤を塗った条件と比べ、宿主が餌をあげた回数が少なくなり、宿主に餌を運ばせるために翼の黄色の皮膚を使っていることが証明されました。この研究はアメリカの学術誌 *Science* で論文として発表され、ＮＨＫの「ダーウィンが来た！」でもテーマとして取り上げられました。

子育てエッセイ

ジュウイチの行動でも私が着目していたのは、餌ねだり行動でしたが、もう少し幅広いテーマとして、子どもの要求についてはいろいろと考えさせられるものがあります。ジュウイチの雛も宿主が餌を運んでくる回数が少ない時には激しく餌乞いをしますが、回数が多い時にはサボりがちになり、翼はピクリとも動かさず、口を開けるだけになったりします。つまり、少なくとも餌については、ジュウイチの雛は必要性に応じて正直に要求しているように見えます。

この問題は進化生物学的に重要なテーマの一つで、さまざまな研究が行われています。一連の研究でわかったことをまとめると、次のようになります。必要以上に餌をねだるなど、親に負担をかける行動は、結果として親が残せる子の数、つまりきょうだいの数が少なくなるため、親に負担をかける遺伝子を持つ個体の絶対数は最終的に少なくなるはずです。しかし、状況によっては、親に負担をかけてでも自分の利益を追求する遺伝子のほうが次世代において遺伝子が多くなる場合と、自分の利益を抑える遺伝子のほうがきょうだいが増えることによって次世代の遺伝子が多くなる場合があり、その結果、同じ必要性をもとにしていても、子の要求量は変わってくるということになります。きょうだいでも何でも、とにかく周りを蹴落として自分の利益を追求するほうが有利な状況では、要求量は多くなり、ある程度の数でまとまって協力関係を築いたほうが有利になる状況では、要求量は抑えられるということになります。

わが子の要求について考えてみると、不思議と、「お腹が空いた」はむしろほほえましく、「どんどんお食べ」という気分になるのですが、お菓子やジュースがほしいだったり、レストランに行きたいだったり、あのおもちゃがほしい、みんなが持っているあのゲーム機がほしいと、やはり年を重ねるごとに金額的にエスカレートしてくる要求については、だんだんと応える気持ちが薄れてきます。ただし、ここで忘れてはいけないのが、ヒトという生き物にとって、属している社会は非常に重要で、特に子どものうちは、同世代の狭い交流関係の中での社会的地位が本人の幸福の絶対的な基準になってしまうということです。それを考えると、子どもたちの要求は、一見わがままに見えても、本人が今置かれている社会的状況の中で、正直に必要な要求をしているのだと思えてきます。とはいえ、やはり資源には限りがあるので、「ウチはそんなにお金持ちじゃない。ほしいなら将来お金持ちになって、自分で買いなさい」と、こちらも正直に対応するのが最善と考え、実践しています。

さらに学びたい人のための参考文献

デイビス、N／中村浩志・永山淳子（訳）（二〇一六）．カッコウの托卵　地人書館
日本生態学会（編）（二〇一三）．シリーズ現代の生態学5　行動生態学　共立出版
種生物学会（編）（二〇一四）．視覚の認知生態学　文一総合出版
上田恵介（編）（二〇一六）．野外鳥類学を楽しむ　海游舎

引用文献（参考文献以外）

Mikami, O. K. *et al.* (2015). Egg removal by cuckoos forces hosts to accept parasite eggs. *Journal of Avian Biology, 46*, 275-282.
田中啓太（二〇一二）．騙しを見破るテクニック：卵の基準・雛の基準　日本鳥学会誌、第六一巻、一―一七頁
Tanaka, K. D., & Ueda, K. (2005). Horsfield's hawk-cuckoo simulate multiple gapes for begging. *Science, 308*, 653.
Tanaka, K. D. *et al.* (2005). Yellow wing-patch of a nestling Horsfield's hawk cuckoo Cuculus fugax induces miscognition by hosts. *Journal of Avian Biology, 36*, 461-464.
Tanaka, K. D. *et al.* (2011). Rethinking supernormal sitimuli in cuckoos. *Behavioral Ecology, 22*, 1012-1019.

19　意外なイクメンぶり――ノラネコ

山根明弘

1　どんな動物？

イエネコとは

みなさんがよく耳にする「カイネコ」や「ノラネコ」は、分類学的には同じ「イエネコ（*Felis silvestris catus*）」という種に分類されます。同じ「イエネコ」なのに、いろんな呼び方をするのは、人間とのかかわり方が異なるからです。

「カイネコ」とは、みなさんもよくご存じのように、ヒトの家で飼われているイエネコ（以降、「ネコ」とします）のことです。もう少し厳密に言うと、ヒトの所有権のあるネコのことです。「サザエさん」に出てくる「タマ」は磯野家の「カイネコ」ということになります。一方、この章のタイトルにもある「ノラネコ」は、飼い主のいないネコのことです。ノラネコは、街の中や漁村などで自由気ままに暮らしています。ノラネコはいくら自由なネコだといっても、ヒトなくして生きていけるわけではありません。ヒトから餌をもらったり、ゴミをあさったり、路地裏や軒下で子育てをしたりと、何かしらヒトの生活に依存しながら暮らしています。カイネコもノラネコも同じ種ですので、お互いに繁殖をして子猫を産むことができます。

ネコは家畜

ネコは、イヌやブタと同様に、家畜の一つです。どの家畜にもそのもととなった原種の野生動物が存在します。イヌの原種はオオカミ、ブタはイノシシ、そしてイエネコの原種はリビアヤマネコ（*F. s. lybica*）という野生のヤマネコです。リビアヤマネコは現在も北アフリカやアラビア半島を中心に生息しています。このリビアヤマネコと人類が最初に関係を持ったのは、今から一万年前のメソポタミア（現在のイラク周辺）と言われています。穀物を食い荒らすネズミに困っていた当時の人類と、ネズミを大好物とするリビアヤマネコとの利害が見事に一致した結果、現在まで続く共存関係の始まりとなりました。リビアヤマネコが現在のイエネコのような姿になり、一緒に暮らせるまでに家畜化されたのは、今から約四〇〇〇年前の古代エジプト時代だと考えられています。イエネコは、その後にヨーロッパへと持ち込まれ、全世界へと広がって行きました。

ノラネコの生き方

自由気ままに暮らしているように見えるノラネコの生き方とは、いったいどのようなものでしょうか。まず食べ物ですが、これはノラネコが暮らす環境によってずいぶんと違います。都市部や郊外の街中に暮らすノラネコは、ゴミをあさったり、あるいは人間が与えるキャットフードに頼るなどして生きています。一方、漁村などでは、魚をさばいた後の廃物（アラ）が豊富に存在することから、それを餌としています。また、近隣に林や森などが存在し自然の残る環境では、自らトカゲやネズミ、野鳥などの小動物を捕食することもあります。

次に、ノラネコの基本的な社会について説明します。まず、ネコ科の動物は、ライオンを除いて、群れをつくらずに単独生活をしています。つまり、母親から離乳した子ネコは、しばらくすると母親のもとから離れて独立し、自分の居場所を確立していきます。ただ、メス（娘）は、オス（息子）に比べて、母親のいる場所の近くに自分の居場所を構える傾向にあるようです。ノラネコの場合、生息環境によっては単独生活を行ったり、あるいは血縁関係にあるメス同士でグループ（母系グループ）をつくったりと、かなり柔軟な社会を持っています。私が長年研究を行っている福岡県の相島のノラネコのメスは、自分の産まれた場所にとどまり、母親や祖母、姉妹たちとともに母系のグループをつくります（図19-1）。一方、オスは、しばらく自分の生まれたグループにとどまっているものの、将来的にはほかのグループに移ります。中には、自分の生まれたグループにずっととどまる居候のようなオスもいます。

カイネコの平均寿命は約一五年です。ノラネコの寿命は、よくわかっていませんが、だいたい三～五年くらいと言われています。次に、繁殖を開始する年齢ですが、これはネコの栄養状態によります。

図19-1　ノラネコの母系グループ（©NHK）

カイネコなどのように、栄養状態が良好であれば、生後一年を待たずに繁殖することは可能です。ノラネコの場合は、カイネコほど栄養状態がよくない場合が多いので、繁殖年齢に達するのは、一歳を超える場合が多いようです。また、オスのノラネコは、メスとの交尾をめぐる競争が激しいために、実際に繁殖できるようになるのは、それからさらに数年先となります。

2　どんな子育て？

ノラネコの繁殖期の行動

ノラネコの子育ての話に入る前に、妊娠に至る繁殖行動について少し説明しておきましょう。メスは通常、一月から三月までの期間に、数日間発情します。発情とは、メスがオスの交尾を受け入れ、排卵・受精を行い、妊娠できる状態のことを言います。ヒトと違い、イエネコのメスは交尾の刺激によって排卵します。メスが発情すると、オスたちは発情したメスの周りをとり囲んで、求愛を行います。求愛するオスの数はメスによって異なります。出産や子育ての実績の少ない若いメスよりも、これまでに何度も出産・子育て経験のあるメスが、よりたくさんのオスから求愛されます。これは、経験豊富なメスのほうが子ネコを無事に育て上げ、オスの遺伝子を次世代に残す可能性が高いからだと思われます。

発情メスの周りに集まったオスたちは、お互いにおどし合い、けん制しながらメスに近づこうと文字通りシノギを削ります。メスのすぐ近くに陣取って求愛できるのは体の大きな優位なオスで、体の小さな劣位なオスは、メスから遠い位置からしか求愛できません。交尾のほとんどは、メスの近くに陣取る複数の優位なオスによって行われます。オスもメスも複数の相手と交尾をすることから、ノラネコの配偶形態は「乱婚制」であると言われています。

母親ネコによる子育て

妊娠したメスは、受精から約二カ月後に出産します。出産が近づくと、メスは安全な出産場所を探すようになります。出産場所は、漁村の相島では漁具倉庫の中や、空き家などです。特に漁具倉庫などは、漁網や段ボール、発泡スチロールなどがところ狭しと積まれており、保温性に優れ、外敵にも見つかりにくいなど、格好の出産・子育て場所と言えるでしょう。出産の数日前から、母親ネコは出産場所にこもるようになり、ひとりで出産を行います。

一回に生まれる子ネコは、ノラネコの場合だと通常、三〜六匹です。授乳を終えるまでの約一カ月半は、母親は一瞬たりとも気の抜けない日々が続きます。特に、出産後から数日間は、母親ネコが子ネコのもとを離れることはほとんどありません。出産によって濡れて汚れた子ネコの体を丹念になめ上げ、子ネコに授乳するのと同時に保温を行います。天敵に見つからないようにするため、子ネコの尿や糞も母親がきれいになめとります。子ネコの成長にともなって、ミルクの要求量も増加していきます。母親は自分の体に蓄えた脂肪を母乳に換え、それだけではとても足りないので、子ネコを置いて餌探しに出なくてはなりません。その間が、子ネコにとっては非常に危険な時間となります。母親のいない間にアオダイショウというヘビに丸のみにされてしまうこともあります。また、雑食のタヌキなどが、子ネコを襲って食べてしまうこともあります。母親ネコは、少しでも子育て場所に危険を感じると、子ネコをくわえて別の安全な場所へと引っ越します。子ネコが歩くことができるようになり、倉庫や軒下から外に出るようになると、今度はカラスやトビが空から子ネコを狙ってきます。

オスネコによる子殺し

ノラネコのオスは、母親が妊娠中はもちろんのこと、出産後も子育てには一切かかわらないと考えられています。極端な言い方をすれば、父親が子どもに提供するものは、目に見えない小さな精子一つだけです。それどころか、父親でないオスは、母親ネコと子ネコにとって大きな脅威となります。オスネコによる「子殺し」という行動があるからです。この行動は、同じネコ科のライオン、霊長類のチンパンジー（第21章）やハヌマンラングールをはじめ、いくつかの野生動物でも報告されています。

ライオンの場合は、放浪オスがプライドと呼ばれる群れを乗っ取った直後に、前のオスとの間にできた子どもを殺してしまいます。乗っ取ったオスも、数年後には別のオスにプライドを乗っ取られてしまう運命にあるため、それまでの数年の間に、できるだけたくさん自分の子どもを残そうとします。しかし、前のオスとの間に産まれた子どもの子育てが終わらない限り、メスは発情しません。そこで、メスの発情を促すために前のオスの子どもを殺してしまうのです。このようなライオンの子殺しは、私たち人間から見ると非常に残酷です。しかし、オスにとっては、自分の遺伝子をできるだけ多く次世代に伝えるための、適応的な行動なのです。

ノラネコの子殺しの場合は、母親ネコがいない間にオスが子ネコのもとに現れて、首筋を噛んで次々と殺していきます。子ネコを食べてしまう場合もあります。ノラネコの子殺しについては、海外の研究者からもいくつかの報告があります。しかし、どのようなオスが、どのような理由で子殺しを行うのか、また、ノラネコの社会で子殺しは一般的な行動なのか、それさえわかっていません。その理由は、ネコの子育てが、倉庫の中などの隠れた場所で行われるからです。また、観察者が子育て場所に頻繁に出入りしていると、母親が子育て場所をすぐに変えてしまうからです。そのような中、相島で番組の撮影をしていたＮＨＫ「ダーウィンが来た！」のスタッフが、子育て場所である狭い倉庫の中に、何台もの定点カメラをしかけたことによって、次のようなことが明らかになってきました。それは、子殺しがかなりの頻度で行われていること、母親がその場にいて抵抗していても、子殺しが行われることがあること、そして、その母親ネコと交尾をすることができなかった若いオスが、子殺しを行っている可能性が高いことです。子殺しによって子どもを失ったメスは、その後に発情が観察されることが多いことからも、ノラネコの子殺しはライオンの場合と同じような理由で行われている可能性が高いと思われます。

共同保育

ノラネコの母親と子ネコにとって、オスによる子殺しは大きな脅威です。母親が子殺しに対して全くなす術がないわけではありません。まず、慎重に子育て場所を選び、少しでも危険を感じると子ネコを連れて場所を移動します。また、子ネコたちも母親が不在時には、声をひそめて隠れています。母親が戻ってきて一鳴きすると、隠れていた子ネコたちは鳴き声をあげながら、母親の周りに集まってきます。

それ以外にも、ノラネコには、共同保育という行動が見られます。これは、母親と娘、あるいは姉妹といった血縁関係にある（血のつながった）メス同士が、同じ倉庫の中で、共同で子育てをするというものです。片方の母親が餌を探して留守にしていても、片方の母親が子ネコたちを見守ったり、乳を分け与えたりもします。また、オスが子育て場所に入ってきたとしても、二匹の母親が協力して抵抗すれば、子殺しのリスクも小さくなると思われます。相島では片方の母親が子育て場所の倉庫の外で見張りをし、近くを通りかかるオスを激しく威嚇し、追い返すという場面も見られました。このように共同保育は、子ネコが子殺しに遭遇するリスクを下げ、無事に子ネコたちを育て上げる可能性を引き上げる、母猫たちの子育て戦略の一つだと思われます。

3　ヒトとの比較・つながり

ノラネコにイクメンはありえないのか

ノラネコの社会には、ヒトの社会で見られるようなイクメンなど存在しえないのでしょうか？　ノラネコの場合、一度に生まれてくる一腹の子ネコの父親は、一匹のオスであるとは限りません。つまり、四匹の子ネコが一匹の母親から一緒に生まれてきても、二匹はオスAの子ども、そして残る二匹はオスBの子どもということが、ふつうにありうるのです。極端な例では、四匹の子ネコの父親はすべて違うオスである場合もあります。このような場合、父親が自分の子どもの世話をしようとすれば、まず四匹の子ネコの中から、自分の子どもを見分ける能力が必要となります。もしそれが可能だったとしても、四匹の子ネコが団子状態でいる中、自分の子どもだけに差別的に餌を与えることは不可能です。これまでのノラネコの研究では、オスが子ネコに餌を運ぶといった行動は、報告されていません。このようなことから、つい最近まで、父親は子ネコの世話に一切かかわらない、と考えられていました。ところが、前出のＮＨＫ「ダーウィンが来た！」スタッフによる数百時間にも及ぶ撮影によって、その結果は覆されることとなりました。

図19-2　子ネコの周りで頻繁にマーキングを行うコムギ（©NHK）

図19-3　子育て場所の倉庫の前で居座り続けるコムギ（©NHK）

子殺しからわが子を守るオスネコ

わが子を子殺しから守るという行動が観察されたのは、コムギという当時まだ二歳になったばかりの若オスです。同年代のネコよりも体が大きく、オスネコの間でも頭角を現しつつありましたが、まだまだ年上のオスたちとのけんかにもよく負けていました。相島の海岸沿いの倉庫の中では、二匹のメス（メルとヨゴミ）が出産していました。母親が不在の時に、コムギが小さな隙間からその倉庫の中に入っていくのが確認されました。連日、子殺しのシーンを撮影してきた原田美奈子ディレクターと脇屋弘太郎カメラマンは、「コムギよ、お前もか⁉」と暗澹たる気持ちになったそうです。ところが倉庫の中の様子を撮影してみると、コムギは子ネコたちの匂いをおそるおそるかぐものの、攻撃することはありませんでした。倉庫に戻ってきた母親ネコも、コムギを威嚇することもありません。さらにコムギは、狭い倉庫の中で、スプレー（尿による匂いつけ）やラビング（首や顔の臭腺をこすりつける匂いつけ）などのマーキングを頻繁に行っているのが観察されました（図19－2）。このようなマーキング行動は発情期などに、オスが自分の存在をライバルオスたちに示す時によく行う行動です。コムギは、その後も倉庫に頻繁に出入りし、さらにほぼ一カ月の間、倉庫の外で用心棒のように居座り続けました（図19－3）。そして、近づくオスたちをことごとく追いかけ回し、徹底的に排除していきました。

コムギのこのような不可解な行動を観察しながら、原田ディレクターと私は、「もしかしたら、コムギはわが子を子殺しから守っているのでは⁉」と考えるに至りました。それを裏づけるために、倉庫の中の子ネコたちの父親をＤＮＡ鑑定によって調べることにしました。その結果、二匹の母親から生まれた合計七匹の子ネコのうち、少なくとも四匹はコムギの子どもであることが判明しました。コムギはオスたちによる子殺しから、わが子を守っていたのです。コムギは子どもに餌を運ぶなどの、直接的な世話をするイクメンではありませんでしたが、命を奪いにやって来るオスから、わが子を必死で守り抜く、見守り型のイクメンだったのです（イラスト）。

コムギに見られた見守り行動が、ノラネコの社会の中で普遍的なものかどうか、今後も観察と事例を重ねていく必要があります。しかし、これまでオスが子育てに一切かかわらないとされていたネコ科動物の常

識を覆したコムギの一例は、ネコの父親の役割を考え直すきっかけになったことには間違いありません。

4　ヒトの子育てと比較して

ノラネコの父親は、ヒトの父親と比べると、育児を全く放棄していると言ってもいいでしょう。極端な言い方をすれば、父親が子どもに授けるのは遺伝子のみです。ノラネコの繁殖システムがヒトとは異なる乱婚制であるため、オスにとって生まれてきた子どもが自分の子どもであるという確証がないことが、オスが進化的にイクメンになれない一つの理由だと考えられます。もし、何らかのメカニズムによって、自分の子どもである確証が持てるのであれば、今回のコムギのような見守り行動が広く見られても（進化しても）おかしくはありません。

ノラネコの母親は、ヒトの母親と同等、あるいはそれ以上に大変な子育てをしているのかもしれません。それは、父親が母親や子どもに餌（ヒトの場合だとお金や食料など）を運んでくることがないからです。それに加えて、常に子殺しや天敵などの危険にさらされているからです。それに対抗する一つの戦略として、ノラネコは血縁メスによる共同保育を進化させたと考えられています。ヒトの場合では、母親と娘が同時に妊娠・出産して共同保育をするのはまれですが、年の近い姉妹や従姉妹同士で子どもを預け合ったり、娘が実家の母親に子どもを預けたりして束の間の息抜きをするというのも、広い意味で共同保育と言えるのだと思います。

研究紹介コラム

私は三〇年ほど前から、本文にもたびたび出てくる福岡県の相島で、そこに生息するノラネコの生態や社会の研究を行っています。調査域のネコを個体識別して、その行動を個別に追跡するというスタイルで、現在も研究を続けています。大学院生の頃は、オスの繁殖行動を主なテーマとして、発情期を中心に観察を行っていました。オスの繁殖成功度（どれだけ子孫を残したか）を評価するために、当時開発されたばかりのDNAを使った親子判定を行いました。

今後の研究として考えていることは、オスやメスの繁殖戦術が年齢とともにどのように変化していくのか、長期的な視点でネコたちの一生を追跡してみたいと思っています。また、機会があれば、イエネコの原種であるリビアヤマネコと、ノラネコの生態を比較して、家畜化によって失われてしまったり、あるいは新たに獲得したりした行動や社会性を明らかにしたいとも思っています。

子育てエッセイ

動物の研究者は、その研究対象動物に似てくるとよく言われます。私の場合もまさにその通りだと思います。特に子育てに関しては、私はノラネコのオスそのものでした。

学位を修得した年に私は結婚しましたが、多くの若い研究者がそうであるように、定職に就くまでの、いわゆるポスドク時代を経験しました。全国の研究機関を渡り歩き、一年先はどうしているのかが全く予想のつかない、収入や身分の不安定な生活が八年間も続きました。その間に、子どもを三人も授かりました。「あなたが就職するのを待っていたら、いつ子どもが産めるかわからない。後悔したくないから、若いうちに産むわ！」との妻の意気込みに圧倒された結果です。私のほうは、業績を積んで早く安定した身分を手に入れるために、研究に没頭する毎日。単身赴任も二年間経験しました。その間、子育てはほぼシングルマザー状態で、経済的にも妻の稼ぎや貯蓄に依存することが多かったのです。このように私はイクメンからはほど遠い父親でした。私自身は、コムギのようにわが子の成長を、少し離れたところから見守っていたつもりではありましたが。

うちの子どもも、上の娘と息子はすでに成人して、現在は福岡を離れ、東京で暮らしています。一番下の息子は高校三年生、受験生です。一緒に暮らす家族が減って静かな夜を過ごす今、子どもたちがまだ小さくてにぎやかだった頃を懐かしく思います。それと同時に、いくら忙しくても、あの頃の家族との時間をもっと大切にしておけばよかったと、後悔もしています。現在の若い共働きのパパやママたちが、子どもたちとのかけがえのない時間をもっとゆっくりと過ごすことのできる、そんな余裕のある社会になることを望んでやみません。

さらに学びたい人のための参考文献

伊澤雅子（一九九四）．ノラネコの研究　福音館書店
山根明弘（二〇〇七）．わたしのノラネコ研究　さ・え・ら書房
山根明弘（二〇一四）．ねこの秘密　文藝春秋
ライハウゼン、P／今泉みね子（訳）（二〇一七）．ネコの行動学　丸善出版
NHK　ダーウィンが来た！「ねこ大特集！2　荒ぶるオスの真実」（二〇一七年一一月一九日放送）

20 失われた父性——オオカミからイヌへ

今野晃嗣

1　どんな動物？

イヌの祖先はオオカミ

みなさんご存じ、イヌ。彼らの魅力の一つは、大きさや見た目や性格が「十犬十色」なことです。私の父は動物好きで、今野家にはいつもイヌがいました。初代はケン、二代目はドン、三代目はダン。みんな「雑種」でしたが、毛色もバラバラでしたし、性格も優しいイヌから臆病なイヌまでいろいろでした。

そんな個性豊かなイヌたちですが、たとえ犬種や性格が違っていても、生物学的に見ればどれも同じ「イヌ」という種に分類されます。学名は *Canis familiaris*。「イヌ属の飼いならされた種」といった意味です。その名の通り、ヒトに「家畜化」された動物です。家畜化とは、ヒトが野生種の暮らしに介入することでその種の特定の形質（個体が持つ特徴）を遺伝的に変化させる過程を言います。

一方、イヌの祖先種がどの種かという点はかつて謎でしたが、遺伝子研究が進むにつれて、特にイヌとオオカミの遺伝子配列が似ていることが示されました。これにより、イヌの祖先種はオオカミ（*Canis lupus*）であることが確定したのです。実際、初期の遺伝子解析では両種を区別するのが難しいほどでした。ですから、イヌの学名を *Canis lupus familiaris* として、オオカミの亜種と見なすこともあります。柴犬もプードルも雑種犬も、現在のイヌはすべてオオカミの血を引いているのです。

オオカミからイヌへの家畜化

さて、オオカミからイヌへの家畜化はどのように進んだのでしょうか。私を含めた研究者の多くは、自然淘汰と人為淘汰という二つの進化的な経路がイヌの家畜化を方向づけてきたと考えています。

まず、イヌの祖先集団のオオカミがヒトの近くで暮らすように自らの形質を変えた段階があったと思われます。この段階はおよそ数万年前、ゆるやかな自然淘汰により生じました。自然淘汰とは、生物が暮らす環境において生き延びやすく子孫を残しやすい形質が「自然に」選ばれて集団内に広まることです（第1章）。当時のオオカミは、人里離れた森林や荒原で狩りをして生活していました。しかし、いつ獲物を得られるかが不確実なので、一部のオオカミはもっと安定した食料源として、ヒトが出す残飯やゴミに目をつけました。オオカミがヒトの生活圏に入り込むにはそれなりの「適性」が必要だったはずです。たとえば、臆病でない個体のほうが食料をうまく盗むことができたでしょうし、攻撃的でない個体のほうがヒトに受け入れてもらいやすかったでしょう。そういう自然の圧力がはたらいたことで、ヒト社会という新たな環境にうまく適応した一部のオオカミが、ほかの個体よりも長生きして子どもを残しました。現在のイヌはそんな祖先集団をもとに成立したと考えられます。

次の段階に入ると、人為淘汰が進みます。人為淘汰とはヒトがイヌの繁殖を管理して望ましいイヌの形質を「人為的に」選んでいく過程です。たとえば、狩猟犬や番犬などに向いた「役に立つ」個体は大事にされて子どもも増えたでしょう。一方、攻撃的で従順でない「危険な」個体は繁殖から排除されたでしょう。また、変わった毛色や模様、巻き尾やたれ耳など、見た目が「珍しい」個体はそれだけで価値があると見なされ、その子孫は繁栄したでしょう。特に、数百年前から現在まで続く純粋犬種の作出は、計画的な人為淘汰の最たるものです。

イヌはオオカミから進化した最古の家畜動物です。ここからは、オオカミからイヌへの家畜化にともない、彼らの食生活と家族構成、そして子育て戦略がどう変化してきたのかを紹介します（Asa & Valdespino, 1998; Lord *et al.*, 2013; Marshall-Pescini *et al.*, 2017）。

2　どんな子育て？

「狩人」のオオカミを支える「核家族」

食肉目に属するオオカミは、肉食に偏った「狩人」です。彼らは、生きた動物を狩るか、死んだ動物の肉をあさるかして肉を調達しますが、基本は狩りです。狩りが成功すれば、新鮮な肉に含まれる良質な栄養を摂取できます。実際、オオカミはシカやイノシシなどの大型動物や、ウサギやネズミなどの小動物を主な獲物とします。一方、狩りは重労働です。成功率は高くありませんし、たくみな狩猟技術を習得するには豊富な経験が必須です。また、獲物に反撃されてけがを負う危険もあります。さらに、十分な獲物の数を確保するため、ほかのオオカミから自分のなわばりを守る必要があります。

こうした苦労の絶えないオオカミの食生活を支えるのが、家族の絆です。オオカミの家族構成は、いわば「核家族」です。彼らは一組の夫婦とその子どもからなる血縁集団で暮らします。家族の中心はオスとメスの繁殖ペアで、一年に一回、春先から初夏にかけて子どもをもうけます。オオカミの夫婦関係はほ乳類では珍しい一夫一妻制で、同じ相手と一生を添い遂げることもよくあります。子どもたちは、繁殖のために家族から離れるまでの二〜三年を出生家族の一員として暮らします。

重要な点は、オオカミの暮らしのすべてが家族単位で行われることです。彼らは小動物であれば単独で狩ることができますが、大きな獲物を狙う時は家族で協力します。この行動は集団狩猟または協同狩猟と呼ばれ、誰かが獲物を見つけたら、家族全員で長時間にわたり追跡し、交互に攻撃をしかけて弱らせ、仕留めた獲物の肉を分け合います。また、オオカミの家族は同じなわばりを守ります。もしほかのオオカミの家族が自分たちの生活領域に入ってこようとすれば、家族総出で追い払います。

オオカミの核家族による育児

同じように、オオカミは家族全員が協力して育児をします。母親だけでなく父親も子育てに参加し、前年生まれの子どもたちも育児を手伝います（図20－1）。

オオカミの母親は一度の出産で四～六匹ほどの子を産みます。子どもは両親が掘った巣穴で育ちます。生後すぐから母親のおっぱいを飲んで成長しますが、一カ月が過ぎるともう乳離れです。すると、両親やお兄ちゃんお姉ちゃんが「離乳食」をくれるようになります。子どもは、狩りから戻ってきた家族の口もとをなめて肉をねだります。すると、家族たちは食べた肉を吐き戻して子に与えるのです。

図20-1　群れで子育てする多摩動物公園のオオカミ（提供：植田彩容子）

生後二カ月ほどになると、家族は肉片やウサギなどの小動物を巣穴に運んで子に分け与えます。その後、子どもはほかの家族とともに狩りに出かけ始めます。一歳頃には自分で狩りができるようになりますが、その頃でもまだ、家族から吐き戻した肉をもらうこともあるようです。

ちょうど同じ頃、両親に新しい赤ちゃんが産まれます。今度は、前年生まれの子オオカミが一歳下の弟と妹の子育てを手伝う番です。さらに数年が経過して性成熟を迎えると、家族を離れて自分の繁殖相手を探します。でも、それまでは出生家族に残って一家の狩りや子育てに協力します。このように、オオカミの子育ては数年にわたり続く長いもので、核家族の絆により、手厚く支えられています。

「掃除屋」のイヌで進んだ「無家族」化

続いて、イヌに目を向けましょう。ペットとして暮らす「カイイヌ」は、食事と繁殖が完全にヒトの管理下にあるため、彼らの本来の生態がわかりづらい部分があります。ですから、ここでは野外で自由に暮らす「ノライヌ」とか「放浪犬」と呼ばれるイヌの暮らしを見ていくことにします。実際には、カイイヌよりもノライヌのほうが多数派で、世界中のイヌの七〇～八〇パーセントを占めるという推定もあります。

まず、イヌの食生活です。オオカミと異なり、ノライヌは狩りをほとんどしません。その代わり、ヒトが捨てた残飯やゴミをあさって食べる「掃除屋」として暮らします。また、ヒトの排泄物を食べる集団もいます。そのため、イヌは常にヒトの住居やゴミ捨て場の近くに住んでいます。生きた獲物の狩りは大変ですが、どこにでもあるゴミを手に入れるのはさほど苦労しません。ただし、もともと肉食のオオカミがヒト社会の廃棄物という採食環境に適応するためには、なんでも食べる雑食になるほうが得でした。特に、ヒトは穀物やイモを主食にします。そこで、残飯や排泄物に残るデンプン質を利用できるように、オオカミよりもイヌのほうがデンプンを効率よく消化する能力を持っています。

ヒトの廃棄物は、量が豊富で、あちこちに点在します。ですから、ほかのイヌとの競争も比較的おだやかで、大勢で協力して食料を確保する必要もありません。基本、イヌはひとりで食事ができるので、イヌどうしの絆はかなりゆるいものになりました。ノライヌは、ふつう二～八匹、時には二〇匹以上になる集団をつくります。ただし、その集団を「家族」と呼べるかどうかは微妙です。というのも、ノライヌの集団には繁殖可能なメスとオスがどちらも複数いることが多く、彼らは血のつながりのない「他人」だからです。イヌの繁殖は自由に行われる「乱婚制」で、オスとメスは夫婦と呼べるような長期的な繁殖関係を結ぶことはありません。ゆえに、生まれた子の父親が誰なのかが不明確です。メスは一度の発情で複数のオスと交尾するので、同じ腹のきょうだいが「種違い」の別の父親の子であることも少なくありません。このように、イヌの集団は個体どうしの血縁関係があやふやで、集団の絆がはっきりしないので、「無家族」化していると言えます（イラスト）。

イヌの母親によるワンオペ育児

そんなイヌの子育ては、ずばり、母親の「ワンオペ育児」です（イヌだけに！）。近くに暮らす父親や親戚が子に吐き戻して食事を与えたという報告もありますが、それはとても珍しい例です。

実際、イヌは一年に二回、一度の出産で平均六匹ほどの子どもを産みます。子どもの世話は母親だけが行います。主な育児業務は、おっぱいを与えることと、時々吐き戻した食べ物を与えることです。オオカミと同じくノライヌの母親は吐き戻しを行いますが、毎日欠かさず行うわけではありません。イヌの繁殖を行うブリーダーに聞くと、その半数以上が母親の吐き戻しを見たことがないと答えたそうです。そんなイヌの母親の育児は、子が生後一〇～一一週になると終わります。離乳後の子に母親が食事を分け与えたという報告は、これまでにありません。母親は育児を切り上げ、次の子どもをつくる準備をするのです。そうなると、子どもは自分で食事を探す必要に迫られますが、心配ご無用。

ヒトの残飯やゴミは周りにいっぱいあるので、子犬でも簡単に食事にありつけます。このように、イヌの子育ては主に母親がひとりで行いますが、オオカミに比べて楽に早く終わるようになっています。

3　ヒトとの比較・つながり

失われた父性

オオカミからイヌへの家畜化により、両種の生活は激変しました。生業は「狩人」から「掃除屋」へ、家族形態は「核家族」から「無家族」へと移行しました。そして、そこで失われたのが「父性」です（イラスト）。

父性という言葉には、二つの意味が含まれます。一つは、子どもの実の父親である度合いのことです。オオカミは夫婦関係を長く続けることで父性を高めています。オスは繁殖相手のメスと独占的に交尾し、なわばりに入ってくるほかのオスを排除して、メスが浮気をする可能性を減らします。その結果、妻が産む子が自分の実子である可能性が高まります。一方、イヌはゆるやかな集団内で乱婚的な繁殖活動を行うので、子の遺伝的な父親が誰なのかわかりません。

父性のもう一つの意味は、子の父親に期待される性役割のことです。オオカミの父親は、子に食事を与えるだけでなく、家族で暮らすために必要な多くの仕事をこなします。授乳中の母親は巣穴で子の世話をするので、どうしても行動が制限されます。そこで、父親は母親が食べる獲物を巣に運んで

きます。母親が狩りに出かけると、父親が巣穴にとどまって子どもを見守ることもあります。父親は、離乳後の子どものよい遊び相手でもあります。また、なわばりの広い範囲を偵察するのも父親の役目です。一方、イヌはオオカミが行う「父親らしい」ことをほとんど行いません。このように、父性の確実性と家族への投資には強い関係があり、その差こそがオオカミとイヌの子育て戦略を隔てています。

似ている!?　オオカミとヒトの父性

さて、私たちヒトの繁殖戦略は、父性がはっきりしているオオカミの繁殖戦略と似ていると思います。ヒトは長期的な一夫一妻的な夫婦関係を持ち、父性の確実性を高め、夫婦で協力して子どもを育てます。ヒトの子どもが自立するまでには、養育者の長期的かつ莫大な投資が必要になります。言うまでもなく、父親の役割は重要です。では、オオカミと同じように、現代

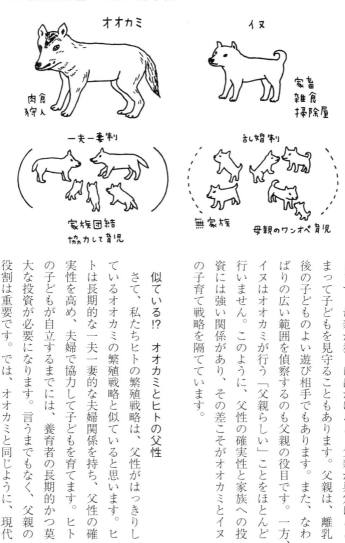

のヒトの家族の父親も、子どもや妻に対して惜しみない「父性」を十分に示すことができているでしょうか？　私自身、胸に手を当てて考えてみると、何となく心もとない気がします。

また、私たちヒトの育児の成否のカギを握るのは、父親だけでなく、両親以外の親戚や非血縁者からの支援体制です。しかし、現代のヒト社会では核家族化が進んでおり、個人でも社会全体でも、両親以外の育児支援が得られにくいことが悩みの種です。こんな状況にある私たちは、オオカミの核家族が持つ強い絆とそれに基づく子育てのあり方に、深い親しみと敬意の念を感じずにはいられません。

イヌを「子育て」するヒト!?

一方、家畜化の影響でイヌが父性を失ったことは、イヌの繁栄を後押ししました。端的に言えば、イヌは子育てに使う労力を節約し、純粋に子を増やすためにエネルギーを費やします。母親イヌの育児も簡略化され、子イヌの自立も早まっています。また、イヌの繁殖は季節性を失い、メスの発情回数と産子数も多くなりました。ただし、カイイヌはヒトにより繁殖が厳しく管理されており、イヌ自身の繁殖の「自由」が犠牲になっています（だからこそ動物の繁殖と飼育にかかわる人間は、彼らの福祉や幸福を追求しなくてはなりません）。それでも、ノライヌもカイイヌも、ヒトの社会に依存することで種としての成功を収めました。オオカミはそもそも北半球に広く生息する適応能力の高い種ですが、イヌはさらに生息域を広げました。今では南極大陸以外の世界中のあらゆる地域にイヌが定住しています。イヌはヒトの生活に寄り添うことで適応度を高めてきました（図20－2）。

一方、ヒト側から見れば、イヌの繁殖と子育ての肩代わりをしていることになります。ヒトが子イヌを育ててくれるなら、イヌはただ子を産むだけでよくなります。実際、自分の「愛犬」を「家族」と見なして愛情を注ぐヒトは、昔から世界中にいたと思われます。しかし、ヒトが別の種であるイヌを育てる行動は、進化的に見ると非適応的です。では、ヒトはなぜ、イヌを育てるのでしょうか。この難問に正解はありません。ただ、その答えの一つに、子育ての動機づけはヒトにとって適応的だから、その対象がイヌなど別の種に向けられても不思議ではない、という解釈があります。長谷川・長谷川（二〇〇〇）は、ヒトの夫婦が血のつながりのない養子にも深い愛情を示すことを指摘し、「これは「誤作動」ではありません。なぜなら子に対して愛情を抱くメカニズムは進化的なエラーではなく、適応そのものだからです」と述べています。愛らしいイヌに見つめられると、「愛情スイッチ」がONになるヒトは多いはずです。実際、ヒトとイヌの愛着関係には、両者の間で交わされる視線のやりとりと、それに応じて作動するオキシトシン神経系のはたらきが重要であることが示されています（Nagasawa *et al.*, 2015）。ヒトの子育てに対する動機づけにうまくハマり、その恩恵を受けて繁栄した動物。それがイヌだと、私は考えています。

図20-2　カメルーンの狩猟採集民バカ・ピグミーと暮らすイヌたち（提供：大石高典）

子育ても「十犬十色」!?

最後に、家族や子育ての多様性について申し添えたいと思います。冒頭に、イヌの魅力は豊かな個性だと言いましたが、子育て戦略もまた「十犬十色」です。本章では「イクメンのオオカミ、父性を失ったイヌ」とまとめましたが、実際は例外があります。浮気者で子に無関心のはぐれオオカミもいますし、妻に一途で子育てに励むお父さんイヌもいるのです。オオカミとイヌはどちらも広い生息域に進出を果たした種ですから、暮らす場所の事情に応じて柔軟な解決策を見出す知性を持っています。

私たちヒトも同じです。家族の事情は家族の数だけあります。理想は、子育てのあり方の多様性が広く認められ、それぞれの家族の問題にうまく対応できる受け皿が整っていることでしょう。そんな社会が実現できるといいな。現役の子育て世代の一員として、私はそう願っています。

研究紹介コラム

私はイヌの行動と心理について研究しています。特に個性の問題に関心があります。ヒトが近づくとシッポを振って近寄ってくる社交的なイヌもいれば、シッポを丸めて逃げる臆病なイヌもいます。私は、動物の行動に見られる個体差を「性格」とか「パーソナリティ」と呼び、それがどんな遺伝的基盤に支えられているのかを調べてきました。イヌは個体差と並んで犬種差も大きいため、個性のあり方を幅広く研究するのに適しています。これまでに、ヒトを見つめる度合いが犬種により異なることや、特定の神経伝達物質やホルモンを司る遺伝子変異がイヌの性格と関連することを明らかにしました。

個性と遺伝の問題は、子育て世代の最大の関心事の一つでしょう。この子はひょうきんでパパ似だねとか、動物好きなのはおじいちゃんゆずりだね、という会話は楽しいものです。そして、子どもが持つそんな素質を伸ばすにはどんな環境を与えればよいかという悩みも、それはそれで楽しみです。私たちはよく遺伝か環境かという単純な二元論に陥りがちですが、肝心なのは遺伝と環境のマッチングです。絶対的に優秀な遺伝的素質などはなく、個体独自の才能はそれに合う環境に出会って初めて花開きます。私は臭気探知犬の研究も行っているのですが、探知犬の育成現場では、家庭で手に負えなかったペット犬が、今や優れた探知犬として活躍している例を耳にします。訓練士いわく、「あのイヌは家庭におさまる器じゃなかった！」とのこと。その子の個性に合った多様な人生や犬生の選択肢が開かれていることが、何よりも大切だと思います。

子育てエッセイ

私は、妻と娘二人の四人家族で暮らしています。オオカミと同じ、核家族です。娘は絶賛成長中。長女のサヤは三歳、次女のミヤは生後半年になりました。サヤはおしゃべりが上手になり（言語の発達）、今はトイレの練習中です（排泄の制御）。ミヤはおかゆを食べ始め（離乳の準備）、勝手にハイハイの特訓に励んでいます（移動能力の獲得）。どんどん「ヒトらしく」なってきています。

この章でオオカミとイヌの父性について書きましたが、私自身の父性は自分でもよくわかりません。ただ、娘が生まれて初めて、真の「かわいい」という感情を味わった気がします。言葉で表すのは難しいのですが、サヤが「抱っこ！」といって飛びついてきたり、ミヤがニコッとほほえんでやわらかな指でふれてきたりすると、心地よく胸を締めつけられるような感覚がわきます。私はもとから子ども好きだったと思うのですが、娘が生まれるより前にこんな感情を経験したことはなかったと思います。逆に、娘以外の子どもは以前よりかわいくなくなったように感じます（笑）。いや、ほかの子もかわいいのですが、わが子には勝てないのです。きっとみんな、そうでしょう。自分の子に向けられる子育ての動機づけが強いことを実感し、生物の進化の力ってすごいなと改めて思いました。

さて、子育ては楽しいですが、楽ではありません。特に、母親の負担は父親の比ではないと感じます。ほ乳類の母親は、胎内に子を宿し、命の危険をかけて出産し、授乳を担当する性です。ゆえに、母親である時点ですでに尋常ではない負担を抱えています。

数年前、故郷の仙台で地元の友人と集まった時、幼なじみの悪友の男が、授乳中の私の妻にこう言いました。「ヒカルちゃん、母乳出るんだな！　アキツグ、ラッキー！」。その悪友は、なんとも豪傑な男なのですが、息子にせっせと粉ミルクを飲ませていました。たしかに、粉ミルクであれば、父も乳を与えることができます（！）。私はハッとしました。自分ではそれなりに育児に参加していると思っていましたが、もう一歩、妻と夫の育児負担の隔たりを埋める努力をしていかないといけないな、と感じた出来事でした（と言いながら、この原稿の締め切りに追われて、最近はいつもより妻に育児をまかせています。反省）。

この章の結びでも述べたように、家族や育児のあり方はいろいろです。幸いにも、サヤとミヤは、私たち夫婦の両親と親戚、つまり娘たちにとっての祖父母や伯母たち（ミコママ、ばあば、じいじ、マミちゃん、カッカ）の手厚い支援に恵まれています。今も隣でミコママがミヤを寝かせてくれたのですが、そういう手助けがあると本当に楽です。育児の基本は「押しつけ合い」なので、それぞれの家族に合った戦略で、したたかに、そして気楽に、子どもと向き合うことができればよいと思います。

先ほどの悪友が、偶然にも、本書の趣旨と同じような意味の言葉を（仙台なまりで）言っていました。「子育てに、正解って、ねえんだな！」

私たち夫婦は、育児の方針に少し迷うような些細な出来事があるたびに、この言葉をお互いにまねして言い合っています。そして、サヤミヤとの日々の暮らしを家族みんなで楽しんでいます。

さらに学びたい人のための参考文献

菊水健史（監修）（二〇一八）．オオカミと野生のイヌ　エクスナレッジ
ミクローシ、A／小林朋則（訳）（二〇一九）．イヌの博物図鑑　原書房
オーベリー、Å／藤田りか子（訳）（二〇一五）．「犬と遊ぶ」レッスンテクニック　誠文堂新光社

引用文献

Asa, C. S., & Valdespino, C. (1998). Canid reproductive biology. *American Zoologist, 38(1)*, 251–259.
長谷川寿一・長谷川真理子（二〇〇〇）．進化と人間行動　東京大学出版会
Lord, K. *et al.* (2013). Variation in reproductive traits of members of the genus *Canis* with special attention to the domestic dog (*Canis familiaris*). *Behavioural Processes, 92*, 131–142.
Marshall-Pescini, S. *et al.* (2017). Integrating social ecology in explanations of wolf–dog behavioral differences. *Current Opinion in Behavioral Sciences, 16*, 80–86.
Nagasawa, M. *et al.* (2015). Oxytocin-gaze positive loop and the coevolution of human–dog bonds. *Science, 348 (6232)*, 333–336.

21 タンザニアの森で障害児を育てる——チンパンジー

松本卓也

1 どんな動物？

チンパンジーという種

チンパンジー（*Pan troglodytes*）はアフリカ大陸の赤道近辺に生息しています。熱帯雨林からサバンナまでさまざまな環境で暮らしており、細かく分類すると四亜種に分けられます。みなさんが日本の動物園で見ることのできるチンパンジーの多くはニシチンパンジーで、私がアフリカで観察しているのはヒガシチンパンジーです。両者は顔の特徴が少し違っていて、研究者同士で動物園へ行くと、「ああ、こいつは典型的なニシ顔やね」と話が盛り上がったりします。残る二亜種はチュウオウチンパンジーとナイジェリアチンパンジーです。成熟した個体の体重はメスで三〇～四〇キログラム程度、オスで四〇～五〇キログラム程度です。ヒトよりも少し小さいですが、実際に見てみると、思ったよりも大きいと感じる人が多いようです。動物園の来場者が「ほら、ゴリラがいるよ」と間違えることもしばしばあります。

そのゴリラ（第14章）のような一夫多妻型の群れとは異なり、チンパンジーの集団には複数の成熟したオスと成熟したメスがいます。このような集団は複雄複雌集団と言われます。集団のメンバーの数はそれぞれ集団によって異なり、十数頭から一五〇頭程度まで幅広い範囲をとります。チンパンジーは日常的に何頭かで集まって行動しますが、いつも集団のメンバー全員で群れをなして移動しているわけではありません。あるチンパンジーを追跡している途中でも、「最近あいつ見かけないな」「あれ、いつのまにかひとりになっちゃった……」ということがよくあります。つまり、集団のメンバーは決まっているのですが、チンパンジーは時にほかのメンバーと集まって移動をすることもあれば、ひとりで過ごすこともあります。この特徴は「離合集散性」と表現され、森の中に点在する果実を食べるのに適していると考えられています。チンパンジーの主な食物は果実ですが、葉・髄・木部・樹皮など植物のほかの部位を食べることもあり、私の観察している集団では四〇〇種類以上の植物性の食物が確認されています。それらに加えて、オオアリなどの昆虫や、ハチミツを食べることもあります。また、サルの仲間のアカコロブスや、ウシ科のブルーダイカーなどの小型・中型ほ乳類を狩猟して食べることもあります。チンパンジーの食性は、果実を中心とした雑食性と言えるでしょう（詳しくは、西田ほか、二〇〇二）。

進化の隣人、チンパンジー

チンパンジーはヒト（*Homo sapiens*）に最も遺伝的に近縁な種の一つ（もう一種はボノボ（*Pan paniscus*）、別名ピグミーチンパンジー）です。系統関係として、ヒトはチンパンジーと五九〇～七三〇万年前頃に分かれたとされています。ただ、種や進化という概念は、過去から現在への時間の流れに沿って考えるとかえって難しく感じるのではないでしょうか（ヒトとチンパンジーが系統的に分かれた、という表現がちょっと難しい）。私が提案したいのは、時間を遡って種や進化を理解することです。まず、あなた（ヒト、ですよね？）はお父さんとお母さんの間に生まれました（社会的な父母ではなく、精子と卵子のもととなった生物学的な父母をここでは指します）。お父さんとお母さんは確実にヒトでしょう。そのお父さんとお母さんにももちろん、それぞれお父さんとお母さん（あなたにとってはおじいちゃんとおばあちゃん）がいます。そのおじいちゃんとおばあちゃんもヒトです。そして時代を遡って、江戸時代にも縄文時代にも、もっとずっと前の時代にだって、あなたのひいひいひい……おじいちゃんおばあちゃんは存在しています。あなたがこの世にいるのですから、必ず、います。ただし、さらに時代を遡るにつれて、二足歩行はしていても、たとえばかなり毛深かったり、あなた（現代のヒト）とは少し違った姿をしており、ヒトと呼べるかどうか微妙な感じになってきます。そしてもっと想像力をたくましくして、チンパンジーにも、お父さんとお母さんが必ずいて、江戸時代にも縄文時代にも、もっとずっと前の時代にだってチンパンジーのひいひいひい……おじいちゃんおばあちゃんが存在していることに思いをはせてみてください。そして、およそ五九〇～七三〇

図21-1　ヒトとチンパンジーの複数世代の例

上：ヒトの複数世代の例。右からたくや（父）、りすけ、いしえ（曾祖母）、まさみ（曾祖父）。下：チンパンジーの複数世代の例。右からクリスティーナ（祖母）、ザンティップ（母）、ザイラ。

万年前。あなたのご先祖様とチンパンジーのご先祖様は、同一人物（チン物？）の可能性があるのです。いかがでしょう、チンパンジーがヒトにとって、あるいはヒトがチンパンジーにとって、進化の隣人だという気がしてきませんか（図21-1、進化のメカニズムについての詳細は第1章）。

私はこれまでに二年半近く、アフリカのタンザニア連合共和国・マハレ山塊国立公園（以下、マハレ）の森の中のキャンプに住み、合計で二〇組のチンパンジーの母子を観察してきました（「あれ、チンパンジーのお父さんは?」という疑問には後ほどお答えします)。野生チンパンジーの調査が開始されたのは、今からおよそ五五年前。マハレは、最も歴史の古い調査地の一つです(詳しくは、中村、二〇一五)。現在報告されているマハレのチンパンジーの最高齢は推定で五二歳ですので、ようやくチンパンジーの一生分に近い期間を調査することができたと言えます。しかし、個体ごとのばらつきの大きい「発達」を研究するには、まだまだ調査期間が足りません。さらに野生チンパンジーの発達のしかたは、地域ごと、あるいは亜種ごとに違っている可能性が指摘されています。そのため次節以降は、私自身の調査地であるマハレのチンパンジーを中心にご紹介したいと思います。

2　どんな子育て?

交尾と出産

チンパンジーのメスは、排卵前後になると、ヒトで言うと「おしり」のところにある性皮が腫れます。性皮が最大まで腫れるようになるのは一〇歳頃で、その頃から成熟したオスと交尾をするようになります。チンパンジーの交尾の時間は短く、射精に至るまで一〇~二〇秒ほどです。たとえば、中順位のオスが発情メスの近くにいたところへ、腹を立てた最優位のオスがやってきて中順位のオスを追い回し、その隙に発情メスがさっと藪に入って低順位のオスとささっと交尾、といった場面が観察されます。ただし、発情メスは特定のオスと何日も連れ立って過ごすこともあります。この行動は

「ハネムーン」と言われています。チンパンジーの出席簿を眺めて、妊娠可能なメスとオスの二個体だけがしばらく欠席していると、「ああ、ふたりでハネムーンへ出かけたな」と想像します。

初めて妊娠するのは一四歳頃ですが、ほとんどのメスは妊娠する前に自分の生まれた集団から他集団へ移籍します。このメスの移籍には、近親交配を避ける機能があると考えられています。子どもを産んだ後は、メスはその集団に残って子育てをします。

性皮の腫れた発情メスは、たくさんのオスと交尾をします。この繁殖の特徴は乱婚制と言われており、父親が誰なのかを不明確にする効果があります。もし生まれた子が確実に自分の子でないとわかったら、オスはその子を殺すことで自分の子を残す機会を増やす、という戦略が成り立ちます。そして実際に、野生チンパンジーのオスによる子殺しが確認されています。メスとしては、子殺しを防ぐために父親が誰かをわからなくする（父性を撹乱する）必要があるのです。また、マハレの調査チームでは、その日観察したチンパンジーの「出席簿」をつけていますが、出産前後のメスは不在（欠席）期間が長くなる傾向があります。この「産休」期間は、オスによる子殺しを避ける機能があると考えられています（Nishie & Nakamura, 2018）。

チンパンジーは、ほかの霊長類の仲間と同じように、数少ない子を大切に育てるという戦略をとっています。一度の出産で生まれてくる子はほとんどの場合一個体です。野生下で双子が生まれたという報告もありますが、双子が両者とも大きくなるまで育った、という例は報告されていません。また、厳しい野生環境下において、動物は弱い子を育児放棄することがある、と考えている読者の方もいるかもしれませんが、野生チンパンジーでそういった例はありません（詳細は、ハーディー、二〇〇五の第20章）。チンパンジーの妊娠期間はおよそ三三～三四週で、ヒトよりも一カ月ほど短いです。現代のヒトの多くは立会人のもとで出産しますが、チンパンジーが他者の出産の手伝いをしたという例はこれまで報告されていません（胎児の様子や飼育下の出産については、平田、二〇一三）。

幼少期の発達

チンパンジーは出生後、四～五歳まで母親のおっぱいをくわえる行動が見られます（中には六歳になってもまだおっぱいをくわえている甘えん坊もいますが）。生まれた直後は、母親は子を手で支えつつ移動しますが、数日後には、子は自分で母親の腹の毛をつかみ、しがみつくことができるようになります。生後一歳になると、子は母親の移動中によく背に乗るようになります。子は五～六歳になるまで、母親が木の枝と葉でつくったベッドで夜一緒に寝ます。

四～五歳は離乳の時期です。母親は子が乳首に吸いつこうとするのをやんわりと避けるようになります。たとえば、母親は子が胸に潜り込もうとすると、すっと移動を始めます。そんな時、子は母親の気を引くために知恵を絞ります。ある日私は、もうすぐ四歳半のリリムという名前の個体を観察していました。リリムは「フ、フ、フ」と不満そうな声を出しながら、母親のリンダの近くの木にぶらさがっていました。リリムはきっと母親に甘えたかったのでしょう。一計を案じたリリムは、おもむろに私の目の前へとやってきて、両手を頭の上に載せて地面に伏せるポーズをとり始めました。何やってんの?と私が思ったのも束の間、リリムは突然「キャー！」と悲鳴をあげて母親のもとへと走りだしたのです。あたかも、「ニンゲンにやられたー！」とでも言うように。驚いたのは観察者の私です。こちらをじっと見ている母親のリンダに対して、「いや、何にもしてないから！」と思わず日本語で言ってしまいました。当のリリムは、まんまとリンダの胸に抱かれることに成功しました。乳首をくわえつつ、こちらを上目遣いで見やるリリムのとぼけたような表情が、今でも忘れられません。こうした「欺き」も、子の成長の証と言えるでしょう。

多様な子育て――母子のみからベビーシッターまで

前述の通り、チンパンジーはひとりで過ごすこともあれば他個体と集まって過ごすこともあります。そのため、チンパンジーの社会では多様な子育てが観察されます。森の中を歩いていると、母子がふたりだけで静かに木の上で休んでいる場面に出くわすことがあります。その時はオランウータン（第10章）のように母子ふたりきりの生活です。また、子育て中のお母さん同士が集まって過ごすこともあります。この時、母親から離れて子どもたちだけで遊び、母親たちは毛づくろいし合う、といった場面も観察されます。ちょうど公園で見られるヒトのやりとりに近いでしょうか。また、子殺しの話が先に出てきたので、チンパンジーのオスに対して恐ろしいイメージを持たせてしまったかもしれませんが、オスが子どもと遊ぶ場面も頻繁に観察されます。私の息子もそうですが、思いきり力を出して遊べる相手は子どもにとって魅力的なようです。チンパンジーの子どもたちも、「ガハッ、ガハッ」

と笑い声を上げながら、オスとレスリング遊びに興じます。

そして、もう亡くなってしまいましたが、マハレのグェクロおばさんを紹介しないわけにはいかないでしょう。グェクロは何らかの理由で子どものできないメスでしたが、子どもが大好きで、いつも他人の子をまるでわが子のように背に乗せて運んでいました。印象的だったのは、いつものようにグェクロが他人の子（フィガロ）を連れ出していた時のことです。突然近くで叫び声があがり、その場が騒然となったのですが、フィガロは母親のところへ向かうのではなく、なんとグェクロの胸に飛び込んでいったのです。ちゃんと信頼関係ができているのだなと、私は感心してしまいました。

3　障害児を育てる

出会い

二〇一一年一月二七日、キャンプの北西に位置する丘の上でチンパンジーの声がするのを待っていた私の前に、三六歳のメスであるクリスティーナと、その一〇歳の娘のザンティップが声もなく現れました。クリスティーナのお腹には、昨日までいなかったメスの新生児がしがみついています。生まれて間もないチンパンジーを観察するのは、私にとって初めてのことでした。そして後にわかることですが、その子は重度の身体的障害を抱えていたのです。

二〇一一年二月一八日、クリスティーナの子（末っ子なので、以下、「ベビー」と表記することに

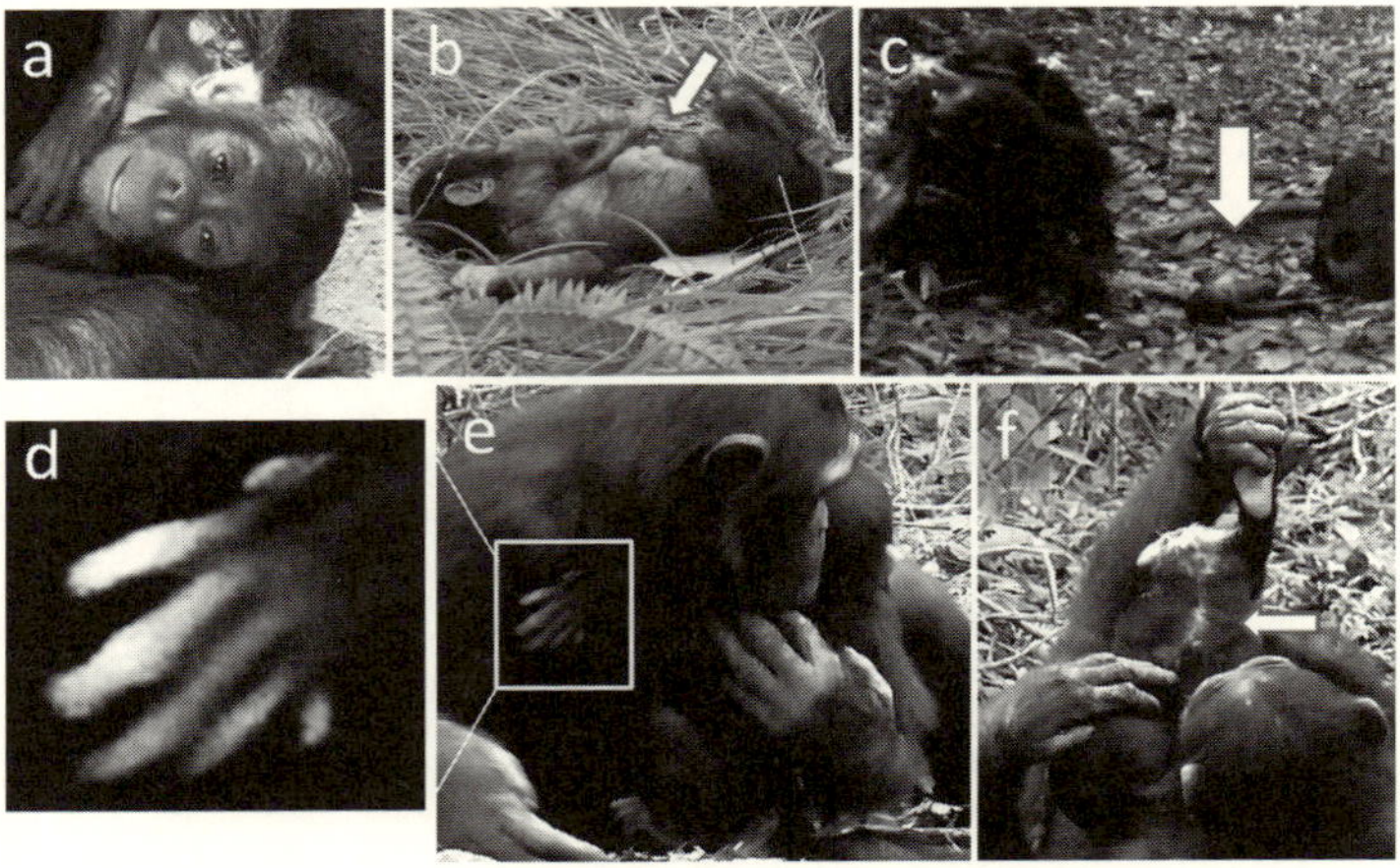

図21-2　野生チンパンジーの障害児「ベビー」（Matsumoto *et al.*, 2016 より抜粋）

a：口が半開きになっていることが多い。b：胸にこぶがある。c：地面に寝かされる。d：左手に6本の指がある。e：姉（ザンティップ）からの世話を受ける。f：背中の毛の一部が薄くなっている。

します）に何らかの身体的障害があるのではないか、という疑いが生じ始めました。通常、生まれて間もない時期であっても、子は自力で母親のお腹の毛をしっかりとつかみ、母親とともに移動することができます。しかし、その子は時おり両足が母親（クリスティーナ）のお腹から離れてしまい、そのたびにクリスティーナが片手で支えてやる必要がありました。残った片方の手を使ってひょこひょこと歩くクリスティーナの様子は、いかにも大変そうです。その他の特徴として、左手の指が六本あり、胸にこぶ（おそらく腫瘍）がありました（図21－2）。外見的な特徴に加えて、「ベビー」は同年代の子が走り回って遊ぶ時期になっても、歩いて移動することができず、よくあお向けで横になっていました。母乳以外のものを口に入れて食べる様子も確認できませんでした。実際にDNAを調べることはできませんでしたが、その子の特徴は、かつてヤーキーズ霊長類生物学研究所で生まれた、染色体の一部がトリソミーになっている（ヒトで言うダウン症候群の）個体とよく似ていました。

二〇一一年八月に私は修士論文を書くため帰国しなければならず、「ベビー」にはもう会えないだろうな、となんとなく思っていました。しかし、私が一年ぶりに戻ってきた時、彼女は生きていました。さらに、驚かされる発見がありました。「ベビー」が一歳半になった頃、藪の中で休んでいるクリスティーナの隣をふと見ると、なんと「ベビー」が地面にちょこんと座っているではありませんか！　ヒトの赤ちゃんもそうですが、「座る」という動作には十分な腰まわりの筋力が必要です。ほかの子たちよりはゆっくりでも、「ベビー」は着実に成長をしているのだと、実感した瞬間でした。

まわりの個体の反応

そんな「ベビー」に対して、同じ集団の他個体は怖がったり、攻撃したり、といった特異な行動を示すことはありませんでした。同年代の子は、「ベビー」の前で転げまわって、レスリング遊びに誘います。大人たちは、母親の腕の中の「ベビー」をそっとのぞくのみで、おかまいなしに母親に毛づくろいをしました。つまり、ほかの子に対するものと変わらない行動を示していました。

「ベビー」の母親であるクリスティーナは、それまで五個体の子を産み、そのうち二個体が成体になるまで成長しています。あれ、少ないなと思われるかもしれませんが、生まれた子を全員亡くしてしまう母親もチンパンジーの社会にはいます。また、過去の子育ての観察から、クリスティーナは比較的放任主義の母親として知られていました。前述の子守り大好きグェクロおばさんがやってきて子を背負って遠くへ行ってしまっても、クリスティーナは平然としていました。しかし、「ベビー」の子育てに関しては、事情が違っていました。娘のザンティップ（「ベビー」の姉）しか「ベビー」を運搬・毛づくろいしておらず、他の個体が「ベビー」の世話をしている場面は観察されませんでした（ただし、息子のクリスマス（「ベビー」の兄）は、一度だけ「ベビー」に触れてあやす場面が観察されました）。もしかしたら、クリスティーナなりに子の障害を理解し、子どもを預ける相手を選ぶ、という子育ての工夫をしていたのかもしれません。特に、クリスティーナからザンティップへと「ベビー」を受け渡すやりとりにはよどみがなく、クリスティーナは普段から積極的にザンティップに「ベビー」を預けているのではないか、と推察されました。

ある日のこと。クリスティーナが「ベビー」を地面に置いて、現地語でイロンボと呼ばれる果実を食べに木の上へ行ってしまいました。イロンボはミカン大で堅い殻に覆われており、ヒトでも上から降ってくる実に当たると相当痛い思いをします。そんな危険地帯で地面に置かれた「ベビー」を私はハラハラしながら見ていました。そこへやってきた姉のザンティップは、「ベビー」のすぐ横にそっと寄り添うように寝転がり、「ベビー」の近くへ手を差し伸べたのでした。私は思わず、「エエ子やで……」とノートに書いてしまいました（イラスト）。おそらくクリスティーナも近くにザンティップがいることがわかっていて、頼りにしていたのだろうと思われます。

人類の進化における障害者

ここで、人類の進化の過程において、障害者と他個体とのやりとりがどのように変化してきたかを考えてみたいと思います（「人類」とは、ヒトとチンパンジーの共通祖先が存在した時代以降の、二足歩行を始めたわれわれのご先祖様たちのことです）。これまで、身体的障害があったと考えられる化石の分析など、考古学的な証拠から、過去の人類の行動が議論されてきました。化石の中には、重度の身体的障害を抱えながらも大人になるまで成長した、と推測できるものがあります。そうした証拠をもとにした議論の中で、重度の身体的障害のある個体は、血縁者だけでなく、同じコミュニティのメンバー（血縁でない者も含む）からの世話を受けることによって生き残ることができたのだ、とする見解があります。

今回のチンパンジーの事例では、障害児の世話はもっぱら血縁者（母・姉・兄）によって行われていました。これを踏まえて考えると、人類の進化の過程で障害者の世話は、血縁者のみによるものから、血縁でない者を含む他個体によるものへと拡張された可能性があります。

ただし、チンパンジーの非血縁者は障害児の世話ができないのだと、早合点はしないでください。今回の障害児の子育ては、マハレにおけるおよそ半世紀の調査の歴史の中で、初めてにして唯一の観察事例です。もしかしたら、今後の調査の中で、チンパンジーたちはまた別の新しい側面を見せてくれるかもしれません。

その後のクリスティーナ

マハレのチンパンジーたちは、三歳の誕生日を迎える頃に名前をつけられます。残念ながら「ベビー」は、名前をもらう前に、二〇一二年一二月一三日に観察されたのを最後に、私たちの前から姿を消してしまいました。きっかけとなる場面を観察した人は誰もいないので、消失の理由はわかりません。ただし、「ベビー」の消失が確認される一カ月ほど前に、よく「ベビー」の世話をしていたザンティップが出産をしました。出産後、ザンティップが「ベビー」を運搬・毛づくろいしている場面は観察されませんでした（前述の通り、寄り添って手を差し伸べることはありましたが）。「ベビー」にとって、姉であるザンティップからの世話が重要だった、ということなのかもしれません。

その後、クリスティーナは、ザンティップの娘（つまりは孫）の世話をしている様子が観察されています（前掲図21－1下）。私はザンティップが自分の娘をクリスティーナに預けて、他個体への毛づくろいに出かけたように見える場面を観察しました。ちょうど子を実家に預けて出かけるヒトのお母さんのようです。チンパンジーは基本的にオスが出自集団にとどまり、メスが出て行く社会だとされているので、チンパンジーの祖母―孫関係が観察できるのは珍しいことです（メスが出自集団にとどまるニホンザルについては、第7章）。人類の進化におけるおばあちゃんの重要性はすでに指摘されています（第2章）が、チンパンジーにとっても、おばあちゃんは子育てに協力してくれる重要なパートナーになるかもしれません。チンパンジーの調査が始まってからおよそ半世紀経ちますが、まだまだ知らないことだらけです。これからも、私はこの進化の隣人たちに寄り添い、彼/彼女らの世界を体験し続けたいと思っています。そんな私にとって「ベビー」は、野生チンパンジーの世界に新しい窓を開いてくれた、小さな赤ちゃんチンパンジーでした。

研究紹介コラム

「研究者」と聞くと、白衣を着て実験室で試薬を混ぜ合わせる姿を想像する読者も多いと思いますが、私が実際にやっていることは、森の中を縦横無尽に移動するチンパンジーたちをひたすら追いかけることです。フィールドワーク、と呼ばれる研究方法です。長靴を履き、藪の中を通るために長袖長ズボンを着ます（それでも生傷は絶えませんが……）。使う道具は主にノートとペン。それに時計と双眼鏡があれば準備万端です。朝ごはんを食べ終わったら、タンザニア人のアシスタントとスワヒリ語で情報交換をしつつ、小高い丘に登って、チンパンジーの声を待ちます。「ヒャウ！　ヒャウ！」「ホヒャー！」という甲高い声が聞こえたら、現場に急行。チンパンジーを発見したら、ある個体を決めてずっと追いかけます。つまり、そのチンパンジーになりきって食物を探し、仲間と毛づくろいし、ベッドをつくって昼寝をし、遊び、そして子育てをします。そうした体験をノートとペンで記録・報告することが、私の研究の第一歩なのです。

夜が近づいてきて、チンパンジーがベッドをつくって寝始めたら、ベッドの位置を記録してその日の調査は終了です。キャンプに帰って、焚き火で温めたお湯を浴びてほっと一息。ご馳走の日には、タンザニア人のコックさんと一緒に、その日絞めた鶏のお肉を使って焼き鳥とタマネギスープをつくります。飯ごうで炊いたご飯と一緒に食べればもう最高です。誰かほかの研究者と一緒の時はチンパンジーの噂話に花を咲かせますが、キャンプにひとりの時は、たいてい九時には布団に潜り込みます。かすかに聞こえるチンパンジーの騒ぎ声を子守歌に、「明日も会えるといいな」と祈りながら、眠りにつきます。

子育てエッセイ

私には生後半年を迎える娘と、もうすぐ三歳になる息子がいます。娘は自由自在に寝返りをして、たたみ終わった洗濯物を体に巻きつけるのが得意です。息子はじっとしている時間より走っている時間のほうが長いのではないかと思うほどにどこでも駆けまわり、テンションが上がるとドラミングをします（息子よ、お父ちゃんは別にいいんだが、それはゴリラだぞ……）。ほんの数年前まで妻とふたりの生活だったなんて、今では想像ができないくらいに、にぎやかで楽しい毎日です。

私をチンパンジーの研究者と知っている友人から、「子どもをチンパンジーみたいに観察しているんじゃないか」と冗談交じりに言われることがよくあります。実は……そうなんです。正直に白状すると、自分の子どもの行動を、森でチンパンジーを目の前にしているような感覚で観察している時があります。悪さをしでかした息子を怒る前に、「お、そんな行動する⁉」「チンパンジーと同じだ。おもしろい！」と、父親というよりも研究者としての顔になってしまうことがあるのです（それでも、イライラが抑え切れずコラー！と怒ってしまったことも多々ありますが……)。妻は呆れているだろうと思われるかもしれませんが、実は妻も以前はニホンザルの母子の研究をしていたので、残念ながら「観察」を止める人はわが家にはいないのです。

しかしながら、この「研究者目線での子どもの観察」は、なにも私たち夫婦が研究者だからというわけではなく、子育てを経験する人はみな、自分の子どもを対象とした研究者なのではないでしょうか。そう思うようになったきっかけは、息子が保育園に通い始めたことです。息子の通う保育園では、参観の後、保護者と保育士さんたちが集まって子育てに関する話し合いをするのですが、その際の議論は、子どもたちに対する細かな観察と鋭い洞察に根ざしたものばかりです。保護者たちは自分の子の行動に関しては自信を持って発言し、保育士さんたちは経験と知識でそれに応えます。私はその場に居合わせながら、学会に来たかのような高揚と、ほどよい緊張を感じていました。

保育園でもよく話し合われることですが、「子どもをどう育てればいいのか」という悩みは、つきることがありません。もちろん、私たち家族も同じです。娘の離乳食を始めるタイミングはこれでいいだろうか。保育園の参観日にも駆けまわる息子に、普段から協調性を求めるべきだろうか。このような問いに、完全無欠の答えなどありません。その答えとは、子どもたちが将来、立派な大人になることが正解なのでしょうか(そもそも、立派な大人って?)。また、子育ての悩みの具体的な解決策を講じたとしても、今日始めた取り組みが実を結ぶのは、一週間後かもしれないし、一〇年後かもしれません。子どもにとってよいことも悪いことも、今の子育ての効果をすぐに実感できることなどそうそうないのです。難しい問いを前にして、安易な答えに飛びついてしまうのではなく、問いに向き合い続ける。そして自分の考え方・やり方を少しずつ修正しながら、正解と思えるものへと近づいていく。そんな姿勢と肺活量が、子育てには必要だろうと思います。それはまさに、「研究」の心構えそのものなのです。

研究の醍醐味は、対象動物を時に客観的に、時に主観的に見つめ直せることです（一応お断りしておきますが、私もあなたも子どもたちも、みな動物です）。端的に言えば、視点を自由に変えられることが研究の醍醐味、と言えるでしょう。進化の隣人であるチンパンジーを含め、子どもを持ついろんな動物たちの編み出した子育ての妙技が、もしかしたら私たちの子育ての視点を大きく変えてくれるかもしれません。私が執筆した本章、ひいてはこの本が、みなさんの子育ての参考文献になることを願っています。

さらに学びたい人のための参考文献

日本モンキーセンター（編）（二〇一八）：霊長類図鑑＝Invitation to Primatology　京都通信社

田島知之ほか（二〇一六）：はじめてのフィールドワーク1　アジア・アフリカの哺乳類編　東海大学出版部

中道正之（二〇一七）：サルの子育てヒトの子育て　KADOKAWA

引用文献

ハーディー、サラ・B／塩原通緒（訳）（二〇〇五）：マザー・ネイチャー（下）　早川書房

平田聡（二〇一三）：仲間とかかわる心の進化　岩波書店

Matsumoto, T. *et al.* (2016). An observation of a severely disabled infant chimpanzee in the wild and her interactions with her mother. *Primates*, 57, 3-7.

中村美知夫（二〇一五）：「サル学」の系譜　中央公論新社

西田利貞ほか（編）（二〇〇二）：マハレのチンパンジー　京都大学学術出版会

Nishie, H., & Nakamura, M. (2018). A newborn infant chimpanzee snatched and cannibalized immediately after birth. *American Journal of Physical Anthropology*, 165, 194-199.

22　子育て経験がなくても里親になる——イルカ

酒井麻衣

1　どんな動物？

イルカ・クジラの仲間は八〇種以上いて、それぞれ生活の様子も異なります。ここでは特に、ハンドウイルカ属の生活史や生態について紹介します（そのほかのイルカの生活史については、粕谷、二〇一一）。私は水族館で飼育のハンドウイルカやその他の種の行動研究を行い、伊豆諸島の御蔵島では野生のミナミハンドウイルカ個体群を水中で観察して彼らの行動を研究しています。クジラ偶蹄目ハクジラ亜目マイルカ科ハンドウイルカ属は、冷温帯から熱帯の世界中の海に広く分布している鯨類で、ハンドウイルカとミナミハンドウイルカの二種が知られています。この二種は同種と考えられていましたが、二〇〇〇年に別種とされました（加藤、二〇〇〇）。

ハンドウイルカ（*Tursiops truncatus*）は多くの水族館で飼育されており、鯨類の中で最もよく知られ、最も研究されている種です。「イルカ」と聞けば多くの人が思い浮かべる、くちばしがあって体が灰色のイルカで、成体の体長は二・五〜三・八メートルと、生息域によってさまざまです。一方、ミナミハンドウイルカ（*Tursiops aduncus*）は、成体の体長は最大で二・七メートル、主にインド洋と西部熱帯太平洋の沿岸域、日本では九州沿岸や、伊豆諸島から小笠原諸島方面の沿岸域に生息しています。両種とも、ヒトの大人の男性よりずっと大きく、特に成体は水中で間近に見ると大きく太くて圧倒されます。

両種とも、魚類、イカやタコなどの頭足類、カニなどの甲殻類など、さまざまなものを食べ、基本的に数頭から時には一〇〇頭以上に及ぶ群れで生活をしています。ハンドウイルカ属は、この群れ構成が複雑です。離合集散性（第21章）といって、日々群れのメンバーが変わるのです。しかしながらその中でも、オス同士は十数年以上にわたって一緒に行動する二頭から四頭の同盟を築き、メス同士は浅く広くつき合うと言われています。オスの同盟メンバーは、交尾するためにメスを群れから引き離す時や、同盟間の争いの時に協力することで知られます。さらに一部の個体群では、オスの同盟同士がくっついて、同盟の同盟、すなわち二次的な同盟を築くことがわかっており、その社会構造は個体群によって異なります。

ここからは特にミナミハンドウイルカについて紹介します。寿命は四〇〜五〇年と長く、性成熟は一〇〜一五歳で、メスは平均で一〇歳頃（早くて七歳、遅くて一三歳）に初産を迎えます（Kogi *et al.*, 2004）。通常、一回の出産で一頭だけ子どもを生み、平均で三年半（短くて二年、長くて五年間）、母親が子どもに授乳し子育てをします（Kogi *et al.*, 2004）。オスの性成熟は一四歳頃と言われていますが、六歳の個体が子どもを残していた可能性が遺伝子を調べることでわかっています（Krützen *et al.*, 2004）。

乱婚制で、オスもメスも複数の相手と交尾するため、ヒトでいうところの家族というものはなく、もっぱら母親が子育てを行います。父親は子や母親と一緒にいないので、遺伝子を分析しない限りはどの個体かわかりません。ハンドウイルカのオスは子殺しをすることが報告されていますが、ミナミハンドウイルカでは今のところ確定的な報告はありません。しかし、御蔵島でも新生児連れをオスが追い回していたり、死んだ新生児を運んでいる母親の後ろをオスたちがついていく様子が観察されているので、子殺しが起こっている可能性はあります。

御蔵島個体群のミナミハンドウイルカの平均出産間隔は三・四年です（Kogi *et al.*, 2004）。春から夏にかけてが出産のピークで、毎年一〇頭前後の新生児が生まれます。親離れがどのように起こるかはわかっていませんが、母親は基本的に一頭の子どもしか連れていないため、下の子が生まれる前までには上の子は親離れをします。

御蔵島の個体群は約一五〇頭で、基本的に島の周りに一年を通して定住しています（御蔵島観光協会、未公開データ）。突然、成熟した新規個体が観察される例はないので、他個体群からの移入はなく、個体群内で繁殖をしていると考えられます。ウォッチングが行われる沿岸で明るい時間帯に水中で観察していても、交尾や出産の瞬間に立ち会うことは今のところできていません。ヒトの観察できない海域や時間帯に交尾や出産が行われているようです。

2　すべて水中で行う出産と子育て

出産・授乳・休息

イルカは、ほ乳類でありながら一生を海中で過ごすため、子育てのすべてを海中で行います。ハンドウイルカ属の妊娠期間はおよそ一年間です。出産の際は、逆子、つまり尾ビレから先に出てきて生まれます。頭から先に出ると、水中で溺れてしまうためだと考えられています。水族館でハンドウイルカの出産を観察した時、母親は、生殖孔から新生児の小さな尾ビレが見えている状態で泳ぎ回っていました。母親が遊泳をやめて、体をくの字に曲げ力を込め、生殖孔から背ビレが出てきたと思うと、一気に生まれました。母親はすぐに新生児に寄り添い、呼吸をスムーズにできるように新生児を下から支え、プールの壁にぶつからないように壁との間に自らの身を置いていました。生後すぐに泳ぎ、呼吸をしなければならないことと、水中は陸上よりも体温を奪われやすいことがあり、ハンドウイルカ属の赤ちゃんは、出生時の体長が一〜一・二メートルと大きく、ある程度しっかりと発達して生まれてきます。

授乳も泳ぎながら水中で行います。母親の乳首は生殖孔の両脇にあるスリットにおさまっており、飼育ハンドウイルカでは、授乳の間、母親は尾ビレを少し持ち上げ、赤ちゃんは母親の体を口先でつつくことでスリットを探し当て、くちばしを押し当ててお乳を吸います。赤ちゃんにとっては、泳ぐことよりもその場で静止することのほうが難しいようで、生後約三週間は、母子は並んで泳ぎ続けます。飼育下の成体のイルカは、泳ぎながら休むほかに、水面や水底で停止して休息します（Sekiguchi & Kohshima, 2003）。しかし、赤ちゃん連れの母親は、赤ちゃんに合わせて泳ぎっぱなしになり、泳ぎながら餌を食べ、泳ぎながら休みます（Sekiguchi *et al.*, 2006）。イルカのお母さんはずっと泳ぎ続けなければならない、と考えるととても大変そうですが、海棲ほ乳類にとって泳ぐコストはとても低い（本川、一九九二）ので、私たちが想像するほど大変ではないのかもしれません。

イルカの抱っこ

母子ペアや、大きな個体と子どもが並んで泳ぐ時、特有のポジションが二つあります。一つはインファントポジションといって、成体のお腹の下に子どもが並ぶポジションです（図22－1右）。このポジションはほとんど母子ペアしかとりません。授乳に関係するポジションと言われており、このポジションに入った後に授乳が起こることが多いです。もう一つはエシェロンポジションといって、母親の横に子どもが並ぶポジションです（図22－1左）。母子ペアにおいて、子どもがエシェロンポジションにいる時、おもしろいことに尾ビレを振る回数が母親に比べて少なくなります。母親のつくる水流に子どもが乗って楽をしているのです。その分、母親の尾ビレ一振りあたりに進む距離は、単独で泳ぐ時よりも短くなり、母親には負担がかかっています。私たちはこれを「抱っこ泳ぎ」と呼んでいます。隠れ場所のない三次元の海中環境では、赤ちゃんと母親が近接を保つことが大切です。抱っ

図22-1　エシェロンポジション（左）とインファントポジション（右）（伊豆諸島御蔵島のミナミハンドウイルカ）

こ泳ぎは遊泳能力が低い赤ちゃんを支えるとともに、母子が離ればなれにならないようにするために役立っているのでしょう。

仮親行動

イルカのメスは、自分の子どもではない子イルカを連れて泳ぐことがよくあります。一見、子育てを手伝っているように見えるのですが、オーストラリアの研究では、仮親と子どもが一緒にいる時でも、母親の採餌時間が長くなるわけではないことと、子育て未経験の若いメスが多く仮親行動を行うことから、子育ての手伝いではなく、若いメスが経験を積むために行っているのではないかと考えられています（Mann *et al.*, 1998）。仮親と子どもが一緒に泳ぐ時は、ほとんどが前述のエシェロンポジションで泳ぎます。水族館でイルカを見る時、前述のようなポジションや抱っこ泳ぎ、仮親行動に注意してみるとより楽しいと思います。

3　里親になるイルカ

　前述の伊豆諸島御蔵島のミナミハンドウイルカは、自然にできたヒレの欠けや体の傷などの特徴から一頭一頭名前がつけられ、戸籍簿がつくられています。そのような基礎的な調査を御蔵島観光協会、ボランティア、学生などが協力し合って、一九九四年からずっと続けています。私は二〇〇〇年からこの島に通ってイルカの研究をしています。

　二〇一二年五月、事件は起きました。その年の春に生まれた赤ちゃんを連れたメス、リンゴちゃん（当時一五歳、図22-2）が漁網に絡まって死んでしまったのです。漁網がしかけられていたのはちょうど村から見える場所で、陸からその様子を見ていた住民のひとりは、多くのイルカが長い間一カ所にとどまっており、いつもと違う、と感じたそうです。赤ちゃんはその後行方不明になり、島の人々は赤ちゃんのことを心配していました。そして約二週間後、若いメスのほっぺちゃん（当時八歳）がリンゴちゃんの赤ちゃんを連れている様子が確認されたのです。赤ちゃんは傷がほとんどなく、個体識別が難しいのですが、イルカウォッチングのガイドさんやお客さんから寄せられた写真やビデオデータを使って、体についた小さな傷をもとに照合し、ほっぺちゃんの連れている子がリンゴちゃんの赤ちゃんと同一であることがわかりました。その後もほっぺちゃんが赤ちゃんを連れている様子がたびたび観察されました。ほっぺちゃんとその赤ちゃんは、母子に特有の縦並びのインファントポ

図22-3　ほっぺちゃんと赤ちゃんがインファントポジションで泳ぐ

図22-2　生前のリンゴちゃんと赤ちゃんがエシェロンポジションで泳ぐ（提供：高縄奈々）

ジションで泳いでおり、行動を見る限りは本当の母子のようでした（図22－3）。私たちや島の人々の次の心配事は、お乳が出ているのだろうか、ということでした。ほっぺちゃんは、これまで子連れで観察されなかったことから未経産である可能性が高く、少なくとも子育て成功経験のないイルカです。七月、私が二頭を水中で観察していると、ほっぺちゃんの乳溝に赤ちゃんが口をつけ、放した瞬間に白いものが煙状に水中に広がりました。お乳がもれていたのです。こうして授乳している様子も確認できました。そのほかに、ほっぺちゃんは赤ちゃんを胸ビレでこする（ラビング：イラスト）など、かいがいしく世話をしている様子もみられ、野生鯨類において里親による直接的な世話が確認できました。

なぜ他者の子どもを育てたのか

私たちは、実母であるリンゴちゃんと里親であるほっぺちゃんの血縁の近さを、血液サンプルと糞サンプルからＤＮＡを取り出して調べました。血縁が近い個体の子どもを育てることは、自分の遺伝子を残すことにつながり、動物の世界では珍しくありません。しか

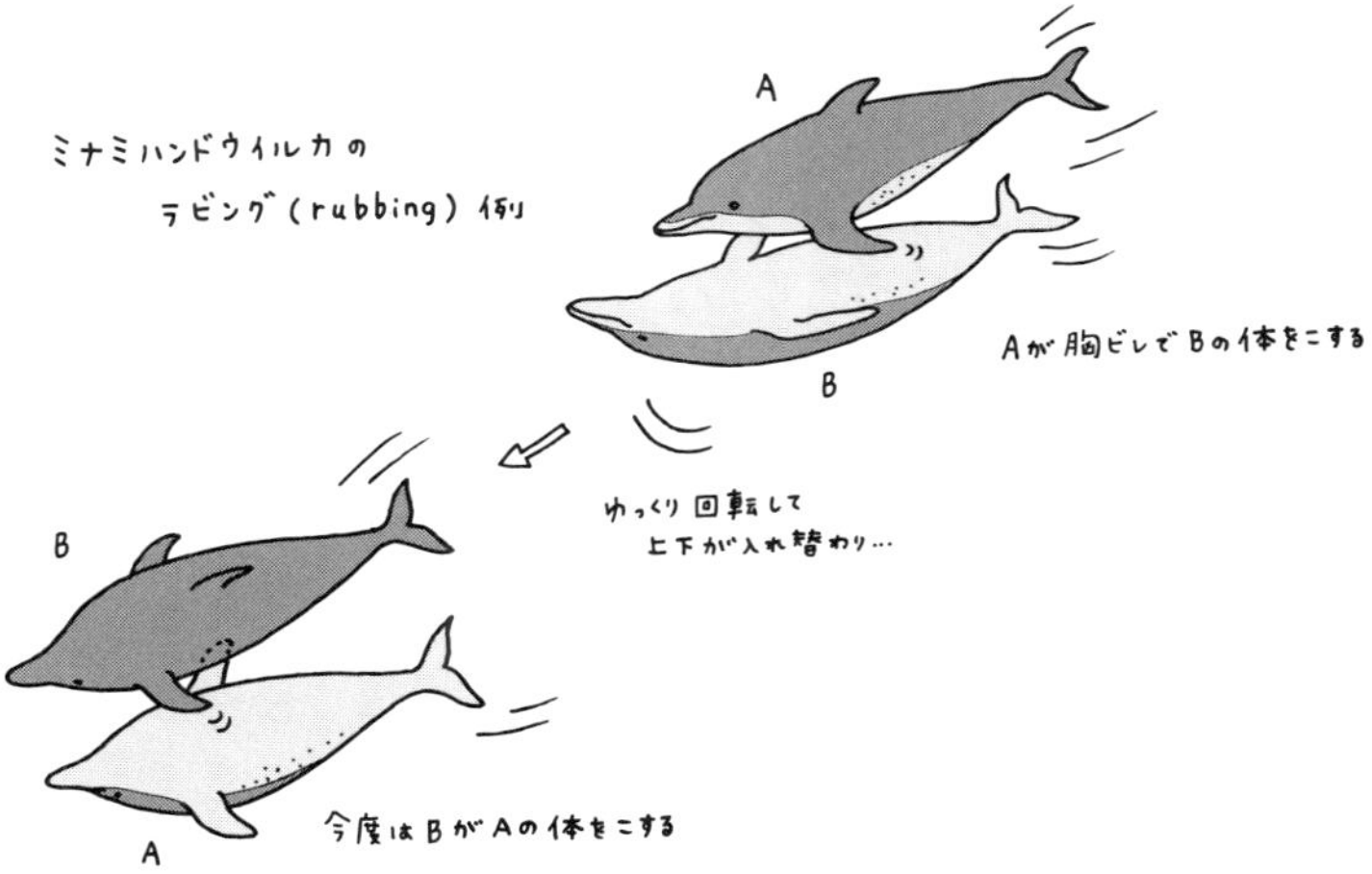
ミナミハンドウイルカの
ラビング（rubbing）例
A
B
Aが胸ビレでBの体をこする
ゆっくり回転して
上下が入れ替わり…
B
A
今度はBがAの体をこする

し、両者は特に血縁が近いというわけではありませんでした。仲よし関係（親和的関係）にある個体同士も、持ちつ持たれつで助け合うことがありますが、過去五年間の映像を分析したところ、両者は、お互いにふれ合ったり並んで泳ぐといった親和的行動は全くしておらず、社会行動ができるくらいの時間間隔で、両者がよく観察されたこともなく、二個体の間に特に強い社会関係は認められませんでした（酒井、二〇一八）。

イルカの「他者を助ける」という特性

これらのことから、両者の間には強い血縁も親和的関係もなく、ほっぺちゃんが、「リンゴちゃんの赤ちゃん」であるから救ってあげた、という可能性は低いと考えられました。ほっぺちゃんはおそらく、偶然リンゴちゃんの事故現場にい合わせ、赤ちゃんに近づいたのでしょう。たとえば、みなしごの子ネコをイヌが育てるなど、他者の子を育てるというのはよくある事例です。しかし、それらは、親代わりの個体が子育て中だったり、自分自身の子を失った直後であることがほとんどのようです。ほっぺちゃんが子どもを育てたことのない若いメスだった、という点も今回の事例の興味深い点です。

イルカは他個体を助ける行動がよく見られる動物です。不調な個体の両脇を下から二頭が支えて呼吸を助けたりする行動が報告されています。そのようなイルカの「助ける」という特性が、今回の事例につながった可能性があります。ヒトと同じく複雑な社会で暮らすイルカの、「他者を助ける」行動に関する研究は、人間社会における助け合いがどのように進化してきたのかをひもとく一つのヒントになるのではないかと考えています。

研究紹介コラム

私はイルカの社会行動、イルカ同士のふれあいや、動きを同調させる行動について研究しています。特に、胸ビレで相手の体をこする行動であるラビングに着目しています。母子間のラビングを見ていると、母が子をこすることが多く（酒井、二〇一八）、時おり垢が落ちる様子も見えるので、体をきれいにする機能があると考えられます。飼育ハンドウイルカではラビングには仲直りの機能があることがわかっています（Yamamoto, 2015; Tamaki *et al.*, 2006）。今後は、イルカはラビングをされた時リラックスするのかといった生理的な効果を調べたり、七〇種近くいるイルカの仲間それぞれのふれあい行動の比較をして、イルカにおけるふれあいの進化を明らかにしたいと考えています。御蔵島のイルカは不思議と左ヒレでラビングすることが多い（酒井、二〇一八）ので、その要因についても明らかにしたいです。

もう一つ注目しているのが、同調行動です。演奏・ダンス・お神輿を担ぐなど、ヒトは頻繁に同調行動をし、それには絆を深めたり一体感が得られたりという効果があります。イルカも並んで泳いだり、呼吸を合わせたり、よく同調をします（酒井、二〇一八）。イルカにとっての同調がヒトのそれと同じような効果があるかどうか知りたいと考えています。

群れで生活するイルカは、複雑で多様な社会生活を送っており、ヒトと似ている面もたくさんあって興味をひかれます。しかし観察が大変なので、陸棲動物に比べてあまり研究が進んでいません。歩みは遅いですが、未知のことが多く残されているイルカの研究に日々ワクワクして取り組んでいます。

子育てエッセイ

私には一〇歳の息子と五歳の娘がいます。毎年子どもたちを連れて、伊豆諸島の御蔵島にミナミハンドウイルカの調査に通っています。御蔵島のママ友には、子ども用の食器を借りたり、遊んでいる子どもを見守る役を交代して商店に買い物に行ったり、ずいぶん助けられています。朝一〇時過ぎに村の真ん中にある公園へ行くと、三歳未満の子どもたちとお母さんたちに必ず会えます。私の子どもも仲間に入れてもらい、みんなでネコをなでたり、道のふちに並んで座ってみたり。時にはけんかも起こりますが、子どもたちは楽しそう。お母さんたちは子どもたちのオムツ外れがどうだったか、などとおしゃべりします。大人の目が多いので、車が来ても、誰かが注意してくれて安心です。

御蔵島のイルカも、同い年の子どもを連れたお母さん同士が一緒にいることが多い印象があります。実際、他地域のハンドウイルカではそういった報告があります。ポイントは、同年代のお母さん同士ではなくて、子どもが同い年であること。子どもが同い年だと、泳ぐ能力が似ていて一緒にいやすい、母親がほしい情報が同じで共有しやすい、子どもを守りやすい、子どもたちが一緒に遊ぶことでイルカづきあいの基盤ができる、などいくつか利点があるのだと考えられます。まさに村の公園と同じですね。

ミナミハンドウイルカの場合、前述の通り子育てには父親は全くかかわりませんし、母親と複数の子どもが一緒にいる状態もほぼなく、母親と子どもが一対一の状態で子育てをします。私や夫をはじめ、夫と私の両親も総出で子育てしているわが家から見ると、家族もすみかもつくらず、なんと潔い子育てのしかただと感心してしまいます。そんなイルカでも、ママ友のつながりがあるのはおもしろいなと思います。子育てには血縁の家族のつながりだけでなく、イルカのような横のつながりもあるとよりよいのかもしれません。子育ては大変だなと思うこともありますが、絵本のおもしろさを再発見したり、逆上がりができるようになって一緒に喜んだり、子どもたちを通じて驚きやうれしさをもう一度体験できるという点が、とても楽しいなと思います。

また、ヒトは、握手をしたり抱き合ったり、さまざまな「ふれあい」を用いて、あいさつをしたり、絆を確かめたり、仲直りをしたりします。多様で高度なコミュニケーションツールが発達した現代でさえ、ふれあいはとても大切です。子どもを抱っこする時、そこには子を運搬する機能だけでなく、子どもを安心させ、さらには抱っこしている自分も落ち着き心おだやかになる効果があることを実感します。

イルカの祖先は約五〇〇〇万年前に海へ戻り、一生を海で過ごすよう進化しました。前肢は胸ビレになり、後肢は退化し、流線型の体を手に入れ、音響能力を発達させ、陸にすむほ乳類とは、似ても似つかない姿になったのです。そんな彼らでさえ、ふれあいを行います。水中で母子を観察していると、母親はその短くなった前肢すなわち胸ビレで、不器用にも子どもに触ったり、相手をこすったりします。前述の通り、イルカの場合「抱っこ」は子を水流に乗せるため触らずにできるのですが、わざわざ触る、ということを頻繁に行うので、触ること自体に意味があるのだろうと考えられます。彼らのふれあい行動を見ていると、ふれあいは私たちヒトを含むほ乳類にとって、重要かつ根源的なコミュニケーション手段であることを再認識させられます。

さらに学びたい人のための参考文献

粕谷俊雄（2011）：イルカ概論　東京大学出版会
水口博也（2015）：イルカ生態ビジュアル百科　誠文堂新光社
Würsig, B. (Ed.)（2019）. *Ethology and behavioral ecology of odontocetes*. Springer.

引用文献

加藤英弘（二〇〇〇）：ニタリクジラの自然誌　平凡社
Kogi, K. *et al.*（2004）. Demographic parameters of Indo-Pacific bottlenose dolphins（*Tursiops aduncus*）around Mikura Island, Japan. *Marine Mammal Science, 20(3)*, 510–526.
Krützen, M. *et al.*（2004）. 'O father: where art thou?'. *Molecular Ecology, 13*, 1975–1990.
Mann, J., & Smuts, B. B.（1998）. Natal attraction. *Animal Behaviour, 55*, 1097–1113.
本川達雄（一九九二）：ゾウの時間ネズミの時間　中央公論社
酒井麻衣（二〇一八）：イルカの水中社会性　哺乳類科学、第五八巻第一号、一三五—一三九頁
Sekiguchi, Y., & Kohshima, S.（2003）. Resting behaviors of captive bottlenose dolphins（*Tursiops truncatus*）. *Physiology and Behavior, 79(4-5)*, 643–653.
Sekiguchi, Y. *et al.*（2006）. Sleep behaviour. *Nature, 441(7096)*, E9–E10.
Tamaki, N. *et al.*（2006）. Does body contact contribute towards repairing relationships? *Behavioural Processes, 73(2)*, 209–215.

Yamamoto, C. *et al.* (2015). Post-conflict affiliation as conflict management in captive bottlenose dolphins (*Tursiops truncatus*). *Scientific Reports*, *5*, 14275.

あとがき

　これは本当に楽しい本です。総勢二一人の若手研究者たちが、それぞれ研究対象としているさまざまな動物たちの子育てを語るのですが、昆虫のアリから、魚類、鳥類、ほ乳類と、紹介される動物たちは実に多岐にわたり、その子育てのやり方もさまざまです。お父さんだけが世話するもの、お母さんだけが世話するもの、両親がそろって世話するもの、また、ほかの個体も一緒になって世話するもの、本当に多様です。これら、それぞれに異なる動物の子育ての様子を知るだけでも十分に楽しいでしょう。

　動物の子育てを紹介する本はいくつもありますが、どれか一つの動物について取り上げ、その動物から「学ぶ」という趣向の本があります。しかし、本書の目的はそういうことではありません。こんなにも多様な子育ての様子を知った後で、お父さんだけが子育てするトゲウオを見て、「お父さんだけでがんばりましょうね」などと言うわけにはいかないし、ほとんど社会生活というもののない単独性のオランウータンがお母さんだけで子育てするのをお手本に、「お母さんとの絆が一番です」などと言うわけにもいかないでしょう。では、子育てとはなんだろうと、本書は、より大きな視点から考える目を持たせてくれるのです。

そして、本書の執筆者たちはみな、自分たちも子育てをしています。その子育て経験に関する話が、各章の終わりにつけられていて、それがまたおもしろいのです。周囲のさまざまな人たちに助けられながら子育てをし、研究を続けている話は、どれも示唆に富み、読む側に力を与えてくれます。

最近の日本は、労働力不足と経済の停滞からか、女性にももっともっと働いてもらおうという風潮が強まっています。ところが、保育所の数は足りず、子育てしながら働く環境が整っているわけではありません。保育所に入れない待機児童の数は、全国で四万七〇〇〇人以上です。なぜまだこんな状態なのかと言えば、高度成長期に「男は仕事、女は家事・育児」という役割分担が普通になってしまい、その後の社会の変化に全く適合できていない後遺症なのです。そして、少子化が進んでいます。

こんな社会状況がある一方、「子どもはこういうふうに育てるべき」という、固定観念のようなものがたくさん転がっています。古い考えが多く、「母性神話」「三歳児神話」など、神話と呼ばれるものも多いですが、相変わらず神話は存続し、信者はいなくなりません。

本書の執筆者たちは、自らの子育てに苦労しながら、動物の行動を研究する科学者として、少し異なる視点から子育てについて考えられる材料を提供しようと試みています。こうして、さまざまな動物の子育てをずらりと並べて見てみると、ヒトという動物の特徴が浮かび上がってきます。ヒトは社会生活をする動物です。脳が非常に大きいので、こんな大きな脳を持つ子どもを育てるのは、大変な仕事です。大人がいろいろと複雑な仕事をこなす生活をしているので、そのような大人に育て上げるまでの期間も長いのです。この大変な子育ては、母親のみ、父親のみ、といった片親でできるものではなく、両親のみでできるものでもありません。ヒトの子育てには、血縁・非血縁を含めた多くの他者の協力が必要なのです。これが、ヒトの子育ての原点です。

貨幣経済が浸透し、産業化が進み、都市化が進んで職住近接が壊れ、「専業主婦」という存在が出現するなど、ヒトの社会は常に変化してきました。その中で、時代に即した子育てに関する固定観念の数々も生み出されてきたのでしょう。執筆者たちは、それぞれの動物を研究する中で、「この動物の子育ては、なぜこのように進化してきたのか」という設問を出発点とし、特定のヒト社会の価値観にとらわれず、ヒトの子育てについての知見を提出しています。

その書き方は、押し付けがましくなく、淡々と、母親としても父親としても、楽しみながら、できる限りの努力をしていることが見て取れます。こんな人たちが次の世代の社会を変えていってくれるのでしょう。そして、本書を読んだ人たちも、いろいろな固定観念を崩し、ヒトの原点は忘れずに、より多くの人々が子育てを楽しめる柔軟な社会をつくっていってくれることを期待します。

二〇一九年九月

長谷川眞理子

執筆者紹介（執筆順・＊は編者・†は監修者）

齋藤《さいとう》慈子《あつこ》*　上智大学総合人間科学部准教授

平石《ひらいし》　界《かい》*　慶応義塾大学文学部准教授

蔦谷《つたや》　匠《たくみ》　海洋研究開発機構ポストドクトラル研究員

藤原《ふじはら》摩耶子《まやこ》　京都大学野生動物研究センター日本学術振興会特別研究員

後藤《ごとう》和宏《かずひろ》　相模女子大学人間社会学部准教授

吉田《よしだ》さちね　東邦大学医学部助教

山田《やまだ》一憲《かずのり》　大阪大学大学院人間科学研究科講師

牛谷《うしたに》智一《ともかず》　千葉大学大学院人文科学研究院准教授

香田《こうだ》啓貴《ひろき》　京都大学霊長類研究所助教

久世《くぜ》濃子《のうこ》*　国立科学博物館人類研究部日本学術振興会特別研究員

川原《かわはら》玲香《りょうか》　元・東京農業大学博士研究員

古藤《ことう》日子《あきこ》　産業技術総合研究所生物プロセス研究部門主任研究員

竹ノ下《たけのした》祐二《ゆうじ》　中部学院大学看護リハビリテーション学部教授

森《もり》　貴久《よしひさ》　帝京科学大学生命環境学部教授

篠塚《しのづか》一貴《かずたか》　理化学研究所脳神経科学研究センター研究員

小池《こいけ》伸介《しんすけ》　東京農工大学大学院農学研究院准教授

田中《たなか》啓太《けいた》　野生動物保護管理事務所計画策定支援室主任研究員

山根《やまね》明弘《あきひろ》　西南学院大学人間科学部教授

今野《こんの》晃嗣《あきつぐ》　帝京科学大学生命環境学部講師

松本《まつもと》卓也《たくや》　総合地球環境学研究所日本学術振興会特別研究員

酒井《さかい》麻衣《まい》　近畿大学農学部講師

長谷川《はせがわ》眞理子《まりこ》†　総合研究大学院大学学長

正解は一つじゃない　子育てする動物たち

2019年10月31日　初　版

［検印廃止］

編　者　齋藤慈子・平石 界・久世濃子

監修者　長谷川眞理子

発行所　一般財団法人　東京大学出版会

代表者　吉見俊哉

153-0041 東京都目黒区駒場4-5-29
http://www.utp.or.jp/
電話　03-6407-1069　Fax 03-6407-1991
振替　00160-6-59964

組　版　有限会社プログレス
印刷所　株式会社ヒライ
製本所　誠製本株式会社

ISBN 978-4-13-063373-4　Printed in Japan